“十三五”高等职业教育计算机类专业规划教材

计算机网络安全项目教程

杨　云　邹　努　高　杰　主　编

肖伟杰　李爱慧　副主编

中国铁道出版社有限公司
CHINA RAILWAY PUBLISHING HOUSE CO., LTD.

内 容 简 介

本书基于项目化教学方式编写而成，循序渐进地介绍了网络安全基础知识及网络安全的各种防护措施。

全书内容包括认识网络安全、针对网络攻击的防护、网络数据库安全、计算机病毒与木马防护、使用 Sniffer Pro 防护网、数据加密、防火墙技术、无线局域网安全和 Internet 安全与应用等。

本书应用案例丰富实用，拓展训练针对性强，操作步骤详尽，适合作为高职院校信息安全技术、计算机网络技术和通信技术专业理实一体的教材，也可作为信息安全技术研究人员的参考书。

图书在版编目（CIP）数据

计算机网络安全项目教程 / 杨云，邹努，高杰主编. —北京：中国铁道出版社，2016.9（2021.8 重印）
“十三五”高等职业教育计算机类专业规划教材
ISBN 978-7-113-22066-2

Ⅰ.①计… Ⅱ.①杨… ②邹… ③高… Ⅲ.①计算机网络-安全技术-高等职业教育-教材 Ⅳ.①TP393.08

中国版本图书馆CIP数据核字（2016）第165802号

书 名：计算机网络安全项目教程
作 者：杨 云 邹 努 高 杰

策 划：王春霞　　**编辑部电话：**（010）63551006
责任编辑：王春霞 彭立辉
封面设计：付 巍
封面制作：白 雪
责任校对：王 杰
责任印制：樊启鹏

出版发行：中国铁道出版社有限公司（100054，北京市西城区右安门西街 8 号）
网 址：http://www.tdpress.com/51eds/
印 刷：三河市宏盛印务有限公司
版 次：2016 年 9 月第 1 版　　2021 年 8 月第 3 次印刷
开 本：787 mm×1 092 mm 1/16　**印张：**14.25　**字数：**325 千
印 数：3 501 ~ 4 500 册
书 号：ISBN 978-7-113-22066-2
定 价：39.80 元

前言

一、编写背景

近年来，高等职业技术教育得到了飞速发展，学校急需适合职业教育特点的网络安全课程的实用型教材。对此，我们基于全国职业院校技能大赛网络信息安全国赛比赛项目编写了本书，目的是减少枯燥难懂的理论，通过对安全建设网络、安全使用网络、安全管理网络等相关知识点的理解和学习，来培养和训练学生的实际操作能力。

二、本书特点

1. 体例上有所创新

“教学做一体”，采用项目化教学方式编写，通过工程实例的学习增强读者对知识点和技能点的掌握。

教材按照“项目导入”→“职业能力目标和要求”→“相关知识”→“项目实施”→→“习题”进行组织。

2. 内容上注重实用

全书共有9个项目，包括认识网络安全、针对网络攻击的防护、网络数据库安全、计算机病毒与木马防护、使用Sniffer Pro防护网、数据加密、防火墙技术、无线局域网安全、Internet安全与应用。针对网络安全中的常见问题分别作了详细介绍，可操作性强。

三、教学大纲

参考学时64学时，授课和实训环节各为32学时，各项目的参考学时参见下面的学时分配表。

章　节	课程内容	学时分配	
		讲授	实训
项目1	认识网络安全	4	2
项目2	针对网络攻击的防护	4	4
项目3	网络数据库安全	2	4
项目4	计算机病毒与木马防护	6	6
项目5	使用Sniffer Pro防护网	4	4
项目6	数据加密	4	4
项目7	防火墙技术	2	2
项目8	无线局域网安全	2	2
项目9	Internet安全与应用	2	2
课时总计		32	32

四、其他

本书是教学名师、企业工程师和骨干教师共同策划编写的一本工学结合教材，由杨云、江西泰豪动漫职业学院邹务、南昌大学共青学院高杰担任主编，江西现代职业技术学院肖伟杰、南昌大学科学技术学院李爱慧担任副主编，其中肖伟杰编写项目1～项目3，李爱慧编写项目8，江西现代职业技术学院范晰编写项目9，杨云、邹务、高杰、肖泽、童晓红、崔鹏、张晓珲、库德来提·热西提、沈洋、张晖、贾如春参加了项目4～项目7的编写。

订购教材后请向作者索要本书中用到的工具软件、PPT和其他资料。QQ：68433059；Windows & Linux（教师群）：189934741。

编　者

2016年4月

CONTENTS

目 录

录

认识网络安全

1.1 项 目 导 入

近年来，计算机网络越来越深入人心，它是人们学习、工作、生活的便捷工具和丰富资源。计算机网络虽然有强大的功能，但也有受到攻击非常脆弱的一面。据美国FBI统计，美国每年因网络安全问题所造成的经济损失高达75亿美元。在我国，每年因网络安全问题也造成了巨大的经济损失，所以网络安全问题是我们决不能忽视的问题。据国外媒体报道，全球计算机行业协会（CompTIA）评出了“最急需的10项IT技术”，结果安全和防火墙技术排名首位。这说明安全方面的问题是全世界都亟需解决的重要问题，我们所面临的网络安全状况有多尴尬，可想而知。

1.2 职业能力目标和要求

在网络高速发展今天，人们在享受网络便捷所带来的益处的同时，网络的安全也日益受到威胁。

网络攻击行为日趋复杂，各种方法相互融合，使网络安全防御更加困难。智能手机、平板计算机等无线终端的处理能力和功能通用性提高，使其日趋接近个人计算机，针对这些，无线终端的网络攻击已经开始出现，并将进一步发展。

总之，网络安全问题变得更加错综复杂，影响将不断扩大，很难在短期内得到全面解决。

安全问题已经摆在了非常重要的位置，如果不解决好网络安全问题，会严重地影响到网络的应用。学习完本项目，要达到以下职业能力目标和要求：

① 掌握网络安全的概念。

② 了解典型的网络安全事件。

③ 了解网络安全的防护体系和安全模型。

④ 了解网络安全体系、标准和目标。

⑤ 掌握Wireshark的安装与使用。

⑥ 掌握TCP协议和UDP协议的抓包分析。

1.3 相 关 知 识

1.3.1 网络安全的概念

1. 网络安全的重要性

① 计算机存储和处理的是有关国家安全的政治、经济、军事、国防的信息及一些部门、

机构、组织的机密信息或者个人的信息和隐私，因此成为敌对势力、不法分子的攻击目标。

② 随着计算机系统功能的日益完善和速度的不断提高，系统组成越来越复杂，系统规模越来越大。特别是随着 Internet 的迅速发展，存取控制、逻辑连接数量不断增加，软件规模空前膨胀，任何隐含的缺陷、失误都能造成巨大损失。

③ 人们对计算机系统的需求在不断扩大，这类需求在许多方面都是不可逆转、不可替代的，而计算机系统使用的场所正在转向工业、农业、野外、天空、海上、宇宙空间、核辐射环境等，这些环境都比机房恶劣，出错率和故障的增多必将导致可靠性和安全性降低。

④ 随着计算机系统的广泛应用，各类应用人员队伍迅速发展壮大，教育和培训却往往跟不上知识更新的需要，操作人员、编程人员和系统分析人员的失误或缺乏经验都会造成系统的安全功能不足。

⑤ 计算机网络安全问题涉及许多学科领域，既包括自然科学，又包括社会科学。就计算机系统的应用而言，安全技术涉及计算机技术、通信技术、存取控制技术、校验认证技术、容错技术、加密技术、防病毒技术、抗干扰技术、防泄露技术等，因此是一个非常复杂的综合问题，并且其技术、方法和措施都要随着系统应用环境的变化而不断变化。

⑥ 从认识论的高度看，人们往往首先关注系统功能，然后才被动地注意系统应用的安全问题。因此，广泛存在重应用、轻安全、法律意识淡薄的普遍现象。计算机系统的安全是相对不安全而言的，许多危险、隐患和攻击都是隐蔽、潜在、难以明确却又广泛存在的，这也使得目前不少网络信息系统都存在先天性的安全漏洞和安全威胁，有些甚至产生了非常严重的后果。

2. 网络脆弱的原因

① 开放性的网络环境：Internet 的开放性，使网络变成众矢之的，可能遭受各方面的攻击；Internet 的国际性使网络可能遭受本地用户或远程用户、国外用户或国内用户的攻击；Internet 的自由性没有给网络的使用者规定任何条款，导致用户自由地下载，自由地访问，自由地发布；Internet 的普遍性使任何人都可以方便地访问网络，基本不需要技术，只要会移动鼠标就可以上网冲浪，这就给人们带来更多的隐患。

② 协议本身的缺陷。网络应用层服务的隐患；IP 层通信的易欺骗性；针对地址解析协议（ARP）的欺骗性。

③ 操作系统的漏洞：系统模型本身的缺陷；操作系统存在 BUG；操作系统程序配置不正确。

④ 人为因素：缺乏安全意识，缺少网络应对能力，有相当一部分人认为自己的计算机中没有什么重要的东西，不会被别人攻击，存在这种侥幸心理、重装系统后觉得防范很麻烦，所以不认真对待安全问题，造成的隐患就特别多。

⑤ 设备不安全：对于购买的国外的网络产品，到底有没有留后门，根本无法得知，这对于缺乏自主技术支撑，依赖进口的国家而言，无疑是最大的安全隐患。

⑥ 线路不安全：不管是有线介质双绞线、光纤还是无线介质微波、红外、卫星、Wi-Fi 等，窃听其中一小段线路的信息是有可能的，没有绝对的通信线路。

3. 网络安全的定义

网络安全是指网络系统的硬件、软件及其系统中的数据受到保护，不因偶然的或者恶意的原因而遭受到破坏、更改、泄露，系统连续可靠正常地运行，网络服务不中断。网络安全包含网络设备安全、网络信息安全、网络软件安全。广义地说，凡是涉及网络上信息的保密性、完整性、可用性、真实性和可控性的相关技术和理论都是网络安全的研究领域。网络安全是一门涉及计算机科学、网络技术、通信技术、密码技术、信息安全技术、应用数学、数论、信息论等多种学科的综合性学科。

4. 网络安全的基本要素

① 机密性（保密性）：确保信息不暴露给未授权的实体或进程——防泄密。

② 完整性：只有得到允许的人才能修改实体或进程，并且能够判别出实体或进程是否已被修改。完整性鉴别机制，保证只有得到允许才能修改数据——防篡改。

③ 可用性：得到授权的实体可获得服务，攻击者不能占用所有的资源而阻碍授权者 的工作。用访问控制机制，阻止非授权用户进入网络，使静态信息可见，动态信息可操作——防中断。

④ 可鉴别性（可审查性）：对危害国家信息（包括利用加密的非法通信活动）的监视审计。控制授权范围内的信息流向及行为方式。使用授权机制，控制信息传播范围、内容，必要时能恢复密钥，实现对网络资源及信息的可控性。

⑤ 不可抵赖性：建立有效的责任机制，防止用户否认其行为，这一点在电子商务中极其重要。

1.3.2 典型的网络安全事件

1995 年，米特尼克闯入许多计算机网络，偷窃了 2 万个信用卡号，他曾闯入“北美空中防务指挥系统”，破译了美国著名的“太平洋电话公司”在南加利福尼亚州通信网络的“改户密码”，入侵过美国 DEC 等 5 家大公司的网络，造成 8 000 万美元的损失。

1999 年，某大学生制造的 CIH 病毒在 4 月 26 日发作，引起全球震撼，有 6 000 多万台计算机受害。

2002 年，黑客用 DDos 攻击影响了 13 个根 DNS 中的 8 个，作为整个 Internet 通信路标的关键系统遭到严重的破坏。

2006 年，“熊猫烧香”木马致使我国数百万计算机用户受到感染。

2007 年 2 月，“熊猫烧香”制作者被捕。

2008 年，一个全球性的黑客组织，利用 ATM 欺诈程序在一夜之间从世界 49 个城市的银行中盗走了 900 万美元。

2009 年，韩国遭受有史以来最猛烈的一次黑客攻击。韩国总统府、国会、国情院和国防部等国家机关，以及金融界、媒体和防火墙企业网站遭受攻击，造成网站一度无法访问。

2010 年，“维基解密”网站在《纽约时报》《卫报》和《镜报》配合下，在网上公开了多达 9.2 万份的驻阿美军秘密文件，引起轩然大波。

2011 年，堪称中国互联网史上的最大泄密事件发生。12 月中旬，CSDN 网站用户数据库被黑客在网上公开，大约 600 余万个注册邮箱账号和与之对应的明文密码泄露。2012 年 1 月

12 日，CSDN 泄密的两名嫌疑人已被刑事拘留。

2013 年 6 月 5 日，美国前中情局（CIA）职员爱德华·斯诺顿披露给媒体两份绝密资料，一份资料称：美国国家安全局有一项代号为“棱镜”的秘密项目，要求电信巨头威瑞森公司必须每天上交数百万用户的通话记录。另一份资料更加惊人，美国国家安全局和联邦调查局通过进入微软、谷歌、苹果等九大网络巨头的服务器，监控美国公民的电子邮件、聊天记录等秘密资料。

2014 年 4 月 8 日，“地震级”网络灾难降临，在微软 Windows XP 操作系统正式停止服务的同一天，常用于电商、支付类接口等安全性极高网站的网络安全协议 OpenSSL 被曝存在高危漏洞，众多使用 https 的网站均可能受到影响，在“心脏出血”漏洞逐渐修补结束后，由于用户很多软件中也存在该漏洞，黑客攻击目标存在从服务器转身客户端的可能性，下一步有可能出现“血崩”攻击。

1.3.3　信息安全的发展历程

1. 通信保密阶段

通信高密阶段（Communication Security，COMSEC）始于 20 世纪 40 ～ 70 年代，又称为通信安全时代，重点是通过密码技术解决通信保密问题，保证数据的保密性和完整性，主要安全威胁是搭线窃听、密码学分析，主要保护措施是加密技术，主要标志是 1949 年 Shannon 发表的《保密通信的信息理论》、1997 年美国国家标准局公布的数据加密标准（DES）、1976 年 Diffie 和 Hellman 在 *New Directions in Cryptography* 一文中所提出的公钥密码体制。

2. 计算机安全阶段

计算机安全阶段始于 20 世纪 70 ～ 80 年代，重点是确保计算机系统中硬件、软件及正在处理、存储、传输信息的机密性、完整性和可用性，主要安全威胁扩展到非法访问、恶意代码、脆弱密码等，主要保护措施是安全操作系统设计技术（TCB），主要标志是 1985 年美国国防部公布的可信计算机系统评估准则（TCSEC，橘皮书）将操作系统的安全级别分为 4 类 7 个级别（D、C1、C2、B1、B2、B3、A1），后补充红皮书 TNI（1987 和紫皮书 TDI（1991）等，构成彩虹（Rainbow）系列。

3. 信息技术安全阶段

信息技术安全阶段始于 20 世纪 80 ～ 90 年代，重点需要保护信息，确保信息在存储、处理、传输过程中及信息系统不被破坏，确保合法用户的服务和限制非授权用户的服务，以及必要的防御攻击措施。强调信息的保密性、完整性、可控性、可用性等。主要安全威胁发展到网络入侵、病毒破坏、信息对抗的攻击等。主要保护措施包括防火墙、防病毒软件、漏洞扫描、入侵检测、PKI、VPN、安全管理等。主要标志是提出了新的安全评估准则（ISO 15408、GB/T18336）。

4. 信息保障阶段

信息保障阶段始于 20 世纪 90 年代后期，重点放在保障国家信息基础设施不被破坏，确保信息基础设施在受到攻击的前提下能够最大限度地发挥作用，强调系统的健壮性和容灾特性。主要安全威胁发展到对集团、国家的信息基础设施有组织地进行攻击等。主要保护措施是灾备技术、建设面向网络恐怖与网络犯罪的国际法律秩序与国际联动的网络安全事件的应急响应技术。主要标志是美国推出的“保护美国计算机空间”（PDD-63）的体系框架。

1.3.4 网络安全所涉及的内容

1. 物理安全

网络的物理安全是整个网络系统安全的前提。在网络工程建设中，由于网络系统属于弱电工程，耐压值很低。因此，在网络工程的设计和施工中，必须优先考虑保护人和网络设备不受电、火灾和雷击的侵害；考虑布线系统与照明电线、动力电线、通信线路、暖气管道及冷热空气管道之间的距离；考虑布线系统和绝缘线、裸线以及接地与焊接的安全；必须建设防雷系统，防雷系统不仅考虑建筑物防雷，还必须考虑计算机及其他弱电耐压设备的防雷。总体来说，物理安全的风险主要有地震、水灾、火灾等环境安全；电源故障；人为操作失误或错误；设备被盗、被毁；电磁干扰；线路截获；高可用性的硬件；双机多冗余的设计；机房环境及报警系统、安全意识等设备与媒体的安全，因此要注意这些安全隐患，同时还要尽量避免网络的物理安全风险。

2. 网络安全

这里的网络安全主要是指网络拓扑结构设计影响的网络系统的安全性。假如在外部和内部网络进行通信时，内部网络的机器安全就会受到威胁，同时也影响在同一网络上的许多其他系统。透过网络传播，还会影响到连上 Internet/Intranet 的其他的网络；影响还可能涉及法律、金融等安全敏感领域。因此，在设计时有必要将公开服务器（Web、DNS、E-mail 等）和外网及内部其他业务网络进行必要的隔离，避免网络结构信息外泄；同时还要对外网的服务请求加以过滤，只允许正常通信的数据包到达相应主机，其他的请求服务在到达主机之前就应该遭到拒绝。

3. 系统安全

所谓系统的安全是指整个网络操作系统和网络硬件平台是否可靠且值得信任。恐怕没有绝对安全的操作系统可以选择。不同的用户应从不同的方面对其网络做详尽的分析，选择安全性尽可能高的操作系统。因此，不但要选用尽可能可靠的操作系统和硬件平台，并对操作系统进行安全配置。而且，必须加强登录过程的认证（特别是在到达服务器主机之前的认证），确保用户的合法性；其次应该严格限制登录者的操作权限，将其完成的操作限制在最小的范围内。

4. 应用安全

应用安全涉及方面很多，以 Internet 上应用最为广泛的 E-mail 系统来说，其解决方案有 sendmail、Netscape Messaging Server、SoftwareCom Post.Office、Lotus Notes、Exchange Server、SUN CIMS 等不下 20 种。其安全手段涉及 LDAP、DES、RSA 等各种方式。应用系统是不断发展且应用类型是不断增加的。在应用系统的安全性上，主要考虑尽可能建立安全的系统平台，而且通过专业的安全工具不断发现漏洞，修补漏洞，提高系统的安全性。

信息的安全性涉及机密信息泄露、未经授权的访问、破坏信息完整性、假冒、破坏系统的可用性等。在某些网络系统中，涉及很多机密信息，如果一些重要信息遭到窃取或破坏，它

的经济、社会影响和政治影响将是很严重的。因此，对用户使用计算机必须进行身份认证，对于重要信息的通信必须授权，传输必须加密。采用多层次的访问控制与权限控制手段，实现对数据的安全保护；采用加密技术，保证网上传输的信息（包括管理员密码与账户、上传信息等）的机密性与完整性。

5. 管理安全

管理安全是网络安全中最最重要的部分。责权不明，安全管理制度不健全及缺乏可操作性等都可能引起管理安全的风险。当网络出现攻击行为或网络受到其他一些安全威胁时（如内部人员的违规操作等），无法进行实时的检测、监控、报告与预警。同时，当事故发生后，也无法提供黑客攻击行为的追踪线索及破案依据，即缺乏对网络的可控性与可审查性。这就要求我们必须对站点的访问活动进行多层次的记录，及时发现非法入侵行为。

建立全新网络安全机制，必须深刻理解网络并能提供直接的解决方案，因此，最可行的做法是制定健全的管理制度和严格管理相结合。保障网络的安全运行，使其成为一个具有良好的安全性、可扩充性和易管理性的信息网络便成为了首要任务。一旦上述的安全隐患成为事实，所造成的对整个网络的损失都是难以估计的。因此，网络的安全机制是网络建设过程中重要的一环。

1.3.5 网络安全防护体系

1. 网络安全的威胁

所谓网络安全的威胁是指某个实体（人、事件、程序等）对某一资源的机密性、完整性、可用性在合法使用时可能造成的危害。这些可能出现的危害，是某些个别有用心的人通过添加一定的攻击手段来实现的。

网络安全的主要威胁有：非授权访问、冒充合法用户、破坏数据完整性、干扰系统正常运行、利用网络传播病毒、线路窃听等。

2. 网络安全的防护体系

网络安全防护体系是由安全操作系统、应用系统、防火墙、网络监控、安全扫描、通信加密、网络反病毒等多个安全组件共同组成的，每个组件只能完成其中部分功能。

3. 数据保密

为什么需要数据保密呢？看下面的案例：

某网游因核心开发人员外泄相关技术及营业秘密向法院提出诉讼，要求赔偿 65 亿韩元的损失费，而游戏公司也只能从零开始。

某科研所多份保密资料和文件，都落入境外情报机关之手。被间谍通过暗藏木马程序后，点击后就迅速控制了该计算机，盗取了绝密资料。

某企业因计算机中病毒程序将单位 OA 中的红头文件转发的途中被网监截取，被国资委多次点名批评。

据专业机构调查，数据泄密每年损失百亿，并呈逐年上升的态势。

从上面的案例中不难看出，若各行各业对数据不作保密措施，很容易造成数据外泄，从而造成重大损失。那么如何将数据保密？

数据信息保密性安全规范用于保障重要业务数据信息的安全传递与处理应用，确保数据信息能够被安全、方便、透明地使用。为此，业务平台应采用加密等安全措施开发数据信息保密性工作：

① 应采用加密有效措施实现重要业务数据信息传输的保密性。

② 应采用加密实现重要业务数据信息存储的保密性。

加密安全措施主要分为密码安全及密钥安全。

（1）密码安全

密码的使用应该遵循以下原则：

① 不能将密码写下来，不能通过电子邮件传输。

② 不能使用默认设置的密码。

③ 不能将密码告诉别人。

④ 如果系统的密码泄露了，必须立即更改。

⑤ 密码要以加密形式保存，加密算法强度要高，加密算法要不可逆。

⑥ 系统应该强制指定密码的策略，包括密码的最短有效期、最长有效期、最短长度、复杂性等。

⑦ 如果需要特殊用户的密码（比如说 UNIX 下的 Oracle），要禁止通过该用户进行交互式登录。

⑧ 在要求较高的情况下可以使用强度更高的认证机制，例如：双因素认证。

⑨ 要定时运行密码检查器检查密码强度，对于保存机密和绝密信息的系统应该每周检查一次密码强度；其他系统应该每月检查一次。

（2）密钥安全

密钥管理对于有效使用密码技术至关重要。密钥的丢失和泄露可能会损害数据信息的保密性、重要性和完整性。因此，应采取加密技术等措施来有效保护密钥，以免密钥被非法修改和破坏；还应对生成、存储和归档保存密钥的设备采取物理保护。此外，必须使用经过业务平台部门批准的加密机制进行密钥分发，并记录密钥的分发过程，以便审计跟踪，统一对密钥、证书进行管理。

密钥的管理应该基于以下流程：

① 密钥产生：为不同的密码系统和不同的应用生成密钥。

② 密钥证书：生成并获取密钥证书。

③ 密钥分发：向目标用户分发密钥，包括在收到密钥时如何将之激活。

④ 密钥存储：为当前或近期使用的密钥或备份密钥提供安全存储，包括授权用户如何访问密钥。

⑤ 密钥变更：包括密钥变更时机及变更规则，处置被泄露的密钥。

⑥ 密钥撤销：包括如何收回或者去激活密钥，如在密钥已被泄露或者相关运维操作员离开业务平台部门时（在这种情况下，应当归档密钥）。

⑦ 密钥恢复：作为业务平台连续性管理的一部分，对丢失或破坏的密钥进行恢复。

⑧ 密钥归档：归档密钥，以用于归档或备份的数据信息。

⑨ 密钥销毁：将删除该密钥管理下数据信息客体的所有记录，且无法恢复，因此，在密钥销毁前，应确认由此密钥保护的数据信息不再需要。

4. 访问控制技术

防止对任何资源进行未授权的访问，从而使计算机系统在合法的范围内使用。意指对用户身份及其所归属的某项定义组来限制用户对某些信息项的访问，或限制对某些控制功能使用的一种技术，如 UniNAC 网络准入控制系统的原理就是基于此技术之上。访问控制通常用于系统管理员控制用户对服务器、目录、文件等网络资源的访问。

访问控制（Access Control）指系统对用户身份及其所属的预先定义的策略组限制其使用数据资源能力的手段。通常用于系统管理员控制用户对服务器、目录、文件等网络资源的访问。访问控制是系统保密性、完整性、可用性和合法使用性的重要基础，是网络安全防范和资源保护的关键策略之一，也是主体依据某些控制策略或权限对客体本身或其资源进行的不同授权访问。

访问控制包括 3 个要素：主体、客体和控制策略。

① 主体（Subject，S）：指某一操作动作的发起者，提出访问资源具体请求，但不一定是动作的执行者，可能是某一用户，也可以是用户启动的进程、服务和设备等。

② 客体（Object，O）：指被访问资源的实体。所有可以被操作的信息、资源、对象都可以是客体。客体可以是信息、文件、记录等集合体，也可以是网络上硬件设施、无限通信中的终端，甚至可以包含另外一个客体。

③ 控制策略（Attribution，A）：主体对客体的相关访问规则集合，即属性集合。访问策略体现了一种授权行为，也是客体对主体某些操作行为的默认。

5. 网络监控

网络监控是针对局域网内的计算机进行监视和控制，在互联网中的使用越来越普遍，网络和互联网不仅成为企业内部的沟通桥梁，也是企业和外部进行各类业务往来的重要管道。

6. 病毒防护

① 经常进行数据备份，特别是一些非常重要的数据及文件，以避免被病毒侵入后无法恢复。

② 对于新购置的计算机、硬盘、软件等，先用查毒软件检测后方可使用。

③ 尽量避免在无防毒软件的机器上或公用机器上使用可移动磁盘，以免感染病毒。

④ 对计算机的使用权限进行严格控制，禁止来历不明的人和软件进入系统。

⑤ 采用一套公认最好的病毒查杀软件，以便在对文件和磁盘操作时进行实时监控，及时控制病毒的入侵，并及时可靠地升级反病毒产品。

1.3.6 网络安全模型

网络安全模型是动态网络安全过程的抽象描述。通过对安全模型的研究，了解安全动态过程的构成因素，是构建合理而实用的安全策略体系的前提之一。为了达到安全防范的目标，需要合理的网络安全模型，指导网络安全工作的部署和管理。目前，在网络安全领域存在较多的网络安全模型，下面介绍常见的 PDRR 模型和 PPDR 模型。

1. PDRR 安全模型

PDRR 是美国国防部提出的常见安全模型。这概括了网络安全的整个环节，即防护（Protect）、检测（Detect）、响应（React）、恢复（Restore）。这四部分构成了一个动态的信息安全周期，如图 1-1 所示。

2. PPDR 安全模型

PPDR 是美国国际互联网安全系统公司提出的网络安全模型，它包括策略（Pollicy）、保护（Protection）、检测（Detection）、响应（Response）四部分。PPDR 模型如图 1-2 所示。

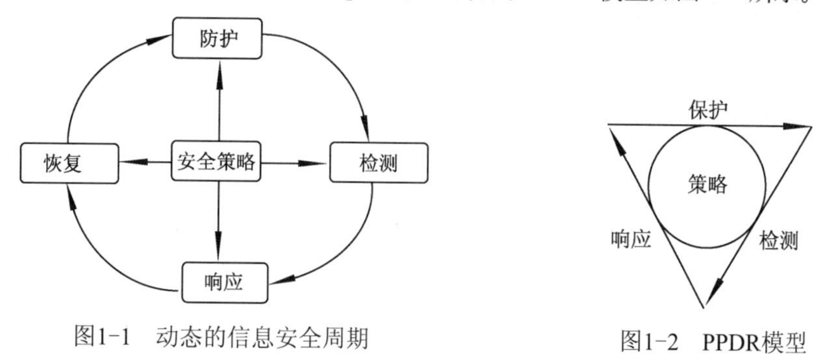

图1-1　动态的信息安全周期

图1-2　PPDR模型

1.3.7　网络安全体系

构建一个健全的网络安全体系，需要对网络安全风险进行全面评估，并制定合理的安全策略，采取有效的安全措施，才能从根本上保证网络的安全。

1.3.8　网络安全标准

1. TCSEC 标准

美国国防部的可信计算机系统评价准则由美国国防科学委员会提出，并于 1985 年 12 月由美国国防部公布。它将安全分为四方面：安全政策、可说明性、安全保障和文档。该标准将以上四方面分为 7 个安全级别，按安全程度从最低到最高依次是 D、C1、C2、B1、B2、B3、A1，如表 1-1 所示。

表1-1　可信计算机系统评价准则

类　别	级　别	名　　称	主 要 特 征
D	D	低级保护	保护措施很少，没有安全功能
C	C1	自主安全保护	自主存储控制
	C2	受控存储控制	单独的可查性，安全标识
B	B1	标识的安全保护	强调存取控制，安全标识
	B2	结构化保护	面向安全的体系结构 较好的抗渗透能力
	B3	安全区域	存取监控、抗渗透能力强
A	A	验证设计	形式化的最高级描述、验证和隐秘通道分析

2. 我国的安全标准

我国的安全标准是由公安部主持制定、国家技术标准局发布的国家标准 GB 17859—1999《计算机信息系统　安全保护等级划分准则》。该准则将信息系统安全分为以下 5 个等级：

① 用户自主保护级。

② 系统审计保护级。

③ 安全标记保护级。

④ 结构化保护级。

⑤ 访问验证保护级。

1.3.9 网络安全目标

目标的合理设置对网络安全意义重大。过低，达不到防护目的；过高，要求的人力和物力多，可能导致资源的浪费。网络安全的目标主要表现在以下几方面：

1. 可靠性

可靠性是网络安全的最基本要求之一。可靠性主要包括硬件可靠性、软件可靠性、人员可靠性、环境可靠性。

2. 可用性

可用性是网络系统面向用户的安全性能，要求网络信息可被授权实体访问并按要求使用，包括对静态信息的可操作性和动态信息的可见性。

3. 保密性

保密性建立在可靠性和可用性基础上，保证网络信息只能由授权的用户读取。常用的信息保密技术有：防侦听、信息加密和物理保密。

4. 完整性

完整性要求网络信息未经授权不能进行修改，网络信息在存储或传输过程中要保持不被偶然或蓄意地删除、修改、伪造等，防止网络信息被破坏和丢失。

1.4 项目实施

1.4.1 安装和使用 Wireshark

1. 安装 Wireshark

① 从网络中下载 Wireshark 1.12.0 版本，开始安装，如图 1-3 所示。

② 单击 Next 按钮，弹出如图 1-4 所示界面。

图1-3 Wireshark安装界面1

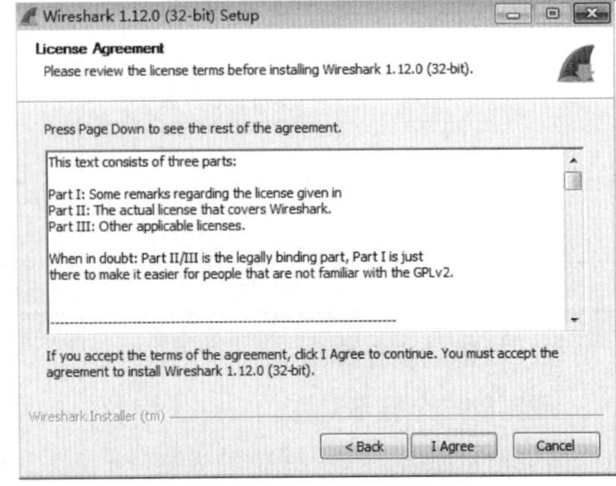

图1-4 Wireshark安装界面2

③ 单击 I Agree 按钮，弹出选择安装组件界面，可根据需要选择，这里选择默认，单击

Next 按钮，弹出选择附加任务的界面，如图 1-5 所示。

④ 单击 Next 按钮，弹出选择安装路径的界面，可以根据情况自行选择，选择好后，单击 Next 按钮，弹出安装界面，单击 Install 按钮，弹出如图 1-6 所示界面。

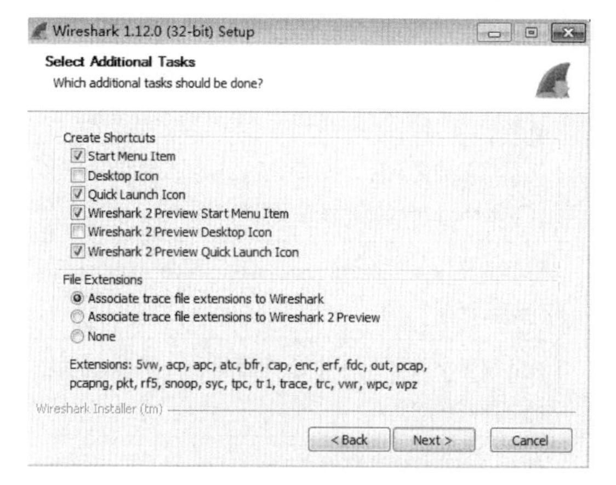

图1-5　Wireshark安装界面3

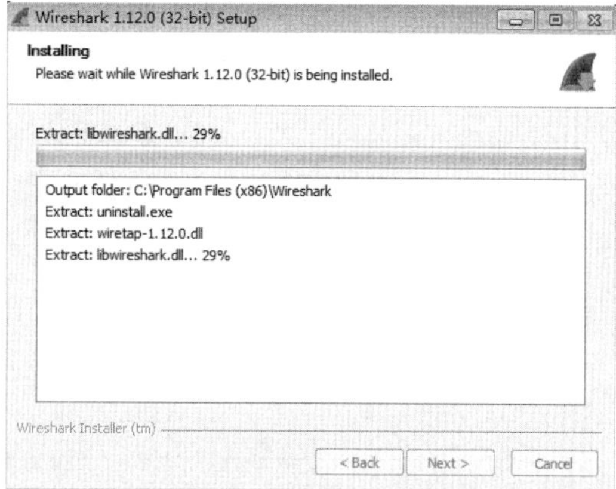

图1-6　Wireshark安装界面4

⑤ 安装成功，进入 Wireshark 启动界面，如图 1-7 所示。

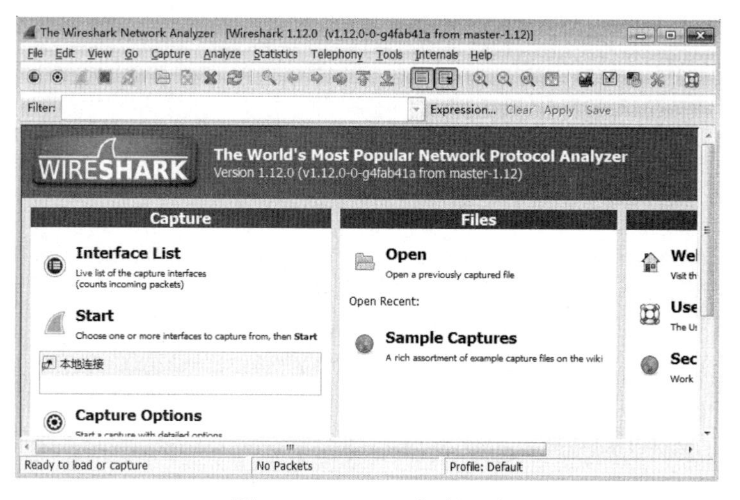

图1-7　Wireshark启动界面

2. 使用 Wireshark

（1）Wireshark 菜单项的使用

① File：包括打开、合并捕捉文件，保存，打印，导出捕捉文件的全部或部分，以及退出 Wireshark，命令如图 1-8 所示。

File 菜单介绍如表 1-2 所示。

表1-2　File 菜单

菜　单　项	快　捷　键	描　　述
Open···	Ctr+O	显示打开文件对话框，选择文件用以浏览
Open Recent		弹出一个子菜单显示最近打开过的文件供选择

续表

菜 单 项	快 捷 键	描 述
Merg		显示合并捕捉文件的对话框，可用于选择一个文件及当前打开的文件合并
Close	Ctrl+W	关闭当前捕捉文件，如果未保存，系统将提示是否保存（如果预设了禁止提示保存，将不会提示）
Save	Crl+S	保存当前捕捉文件，如果没有设置默认的保存文件名，Wireshark出现提示保存文件的对话框
Save As	Shift+Ctrl+S	将当前文件保存为另外一个文件，将会出现一个另存为的对话框
File Set>List Files		允许显示文件集合的列表，将会弹出一个对话框显示已打开文件的列表
File Set>Next File		如果当前文件是文件集合的一部分，将会跳转到下一个文件。如果不是，将会跳转到最后一个文件。这个文件选项将会是灰色
File Set>Previous Files		如果当前文件是文件集合 的一部分，将会调到它所在位置的前一个文件。如果不是则跳到文件集合的第一个文件，同时变成灰色
Export> as Plain Text File…		这个菜单允许将捕捉文件中所有的或者部分的包导出为plain ASCII text格式。它将会弹出一个Wireshark导出对话框
Export > as CVS (Comma Separated Values Packet Summary)File…		导出文件全部或部分摘要为.cvs格式（可用在电子表格中）
Export > as PSML File…		导出文件的全部或部分为PSML格式（包摘要标记语言）XML文件。将会弹出导出文件对话框。
Export > as PDML File…		导出文件的全部或部分为PDML(包摘要标记语言)格式的XML文件
Export Packet Bytes…		导出当前在Packet Byte面版选择的字节为二进制文件
Print	Ctr+P	打印捕捉包的全部或部分，将会弹出打印对话框
Quit	Ctrl+Q	退出Wireshark,如果未保存文件，Wireshark会提示是否保存

② Edit：包括如下项目：查找包，时间参考，标记一个多个包，设置预设参数（剪切、复制、粘贴不能立即执行），如图 1-9 所示。

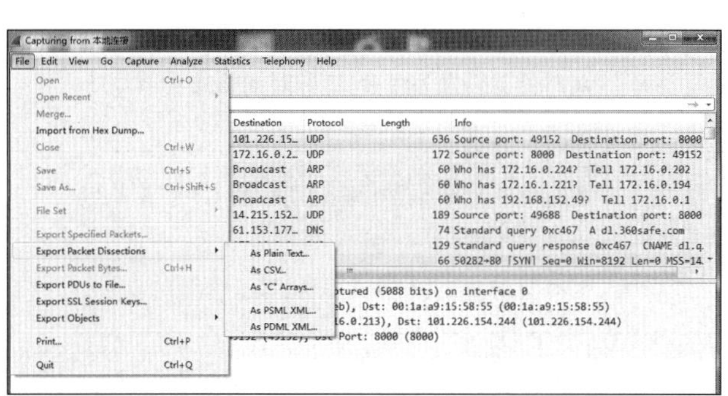

图1-8　File菜单

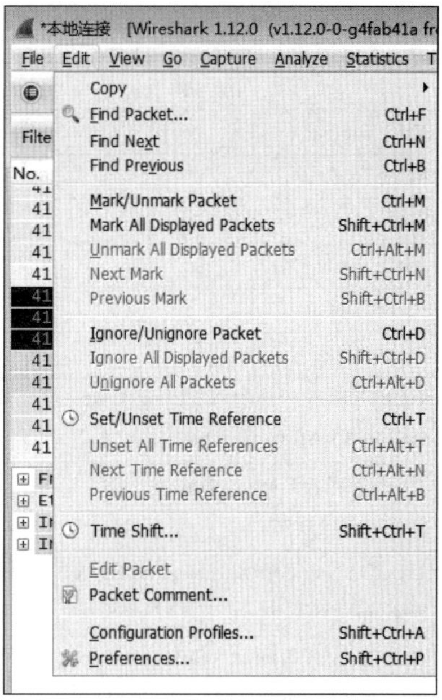

图1-9　Edit菜单

Edit 菜单介绍如表 1-3 所示。

表1-3　Edit 菜 单

菜　单　项	快　捷　键	描　　述
Copy>As Filter	Shift+Ctrl+C	使用详情面板选择的数据作为显示过滤，显示过滤将会复制到剪贴板
Find Packet···	Ctr+F	打开一个对话框用来通过限制来查找包
Find Next	Ctrl+N	在使用Find packet以后，使用该菜单会查找匹配规则的下一个包
Find Previous	Ctr+B	查找匹配规则的前一个包
Mark Packet	Ctrl+M	标记当前选择的包
Next Mark	Shift+Ctrl+N	查找下一个被标记的包
Previous Mark	Ctrl+Shift+B	查找前一个被标记的包
Mark ALL Displayed Packets		标记所有包
Unmark All Displayed Packets		取消所有标记
Set /Unser Time Reference	Ctrl+T	以当前包时间作为参考
Next Time Reference		找到下一个时间参考包
Previous Find Refrence···		找到前一个时间参考包
Preferences···	Shift+Ctrl+P	打开首选项对话框，个性化设置Wireshark的各项参数，设置后的参数将会在每次打开时发挥作用

③ View：控制捕捉数据的显示方式，包括颜色、字体缩放、将包显示在分离的窗口、展开或收缩详情面板的树状结点，如图 1-10 所示。

View 菜单介绍如表 1-4 所示。

表1-4　View菜单项

菜　单　项	快捷键	描　　述
Main Toolbar		显示隐藏Main toolbar（主工具栏）
Filter Toolbar		显示或隐藏Filter Toolbar（过滤工具栏）
Status Bar		显示或隐藏状态栏
Packet List		显示或隐藏Packet List pane（包列表面板）
Packet Details		显示或隐藏Packet details pane（包详情面板）
Packet Bytes		显示或隐藏Packet Bytes Pane（包字节面板）
Time Display Fromat>Date and Time of Day: 1970–01–01 01:02:03.123456		将时间戳设置为绝对日期-时间格式（年月日，时分秒）
Time Display Format>Time of Day: 01:02:03.123456		将时间设置为绝对时间-日期格式（时分秒格式）
Time Display Format > Seconds Since Beginning of Capture: 123.123456		将时间戳设置为秒格式，从捕捉开始计时
Time Display Format > Seconds Since Previous Captured Packet: 1.123456		将时间戳设置为秒格式，从上次捕捉开始计时
Time Display Format > Seconds Since Previous Displayed Packet: 1.123456		将时间戳设置为秒格式，从上次显示的包开始计时
Time Display Format		时间显示格式，具体见下面
Time Display Format > Automatic (File Format Precision)		根据指定的精度选择数据包中时间戳的显示方式
Time Display Format > Seconds: 0		设置精度为1 s
Time Display Format > …seconds: 0….		设置精度为1 s、0.1 s、0.01 s、百万分之一秒等。
Name Resolution > Resolve Name		仅对当前选定包进行解析
Name Resolution > Enable for MAC Layer		是否解析Mac地址
Name Resolution > Enable for Network Layer		是否解析网络层地址（IP地址）
Name Resolution > Enable for Transport Layer		是否解析传输层地址
Colorize Packet List		是否以彩色显示包
Auto Scrooll in Live Capture		控制在实时捕捉时是否自动滚屏，如果选择了该项，在有新数据进入时，面板会向上滚动，始终能看到最后的数据。反之，无法看到满屏以后的数据，除非手动滚屏
Zoom In	Ctrl++	增大字体
Zoom Out	Ctrl+–	缩小字体
Normal Size	Ctrl+=	恢复正常大小
Resize All Columnus		恢复所有列宽。注意除非数据包非常大，一般会立刻更改
Expend Subtrees		展开子分支
Expand All		展开所有分支，该选项会展开选择的包的所有分支
Collapse All		收缩所有包的所有分支

续表

菜 单 项	快捷键	描 述
Coloring Rules…		打开一个对话框，可以通过过滤表达来用不同的颜色显示包。这项功能对定位特定类型的包非常有用
Show Packet in New Window		在新窗口显示当前包，（新窗口仅包含View、Byte View两个面板）
Reload	Ctrl+R	重新在当前捕捉文件

④ GO：包含到指定包的功能，如图 1-11 所示。

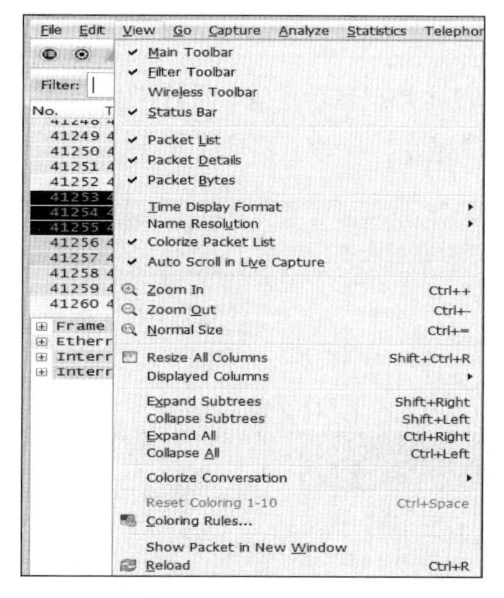

图1-10 View菜单

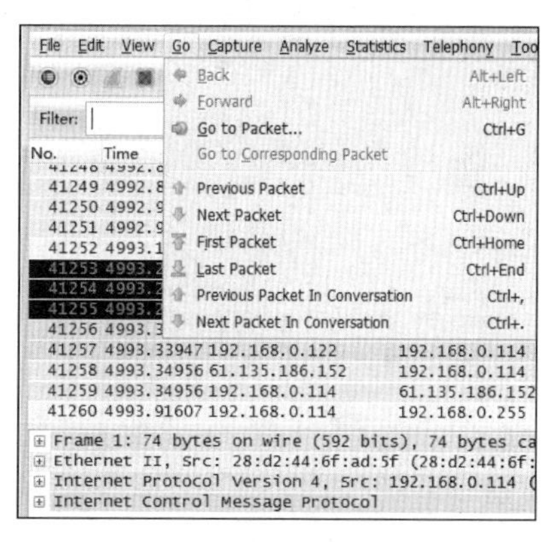

图1-11 Go菜单

Go 菜单介绍如表 1-5 所示。

表1-5 GO 菜 单

菜 单 项	快 捷 键	描 述
Back	Alt+←	跳到最近浏览的包，类似于浏览器中的页面历史记录
Forward	Alt+→	跳到下一个最近浏览的包，跟浏览器类似
Go to Packet	Ctrl+G	打开一个对话框，输入指定的包序号，然后跳转到对应的包
Go to Corresponding Packet		跳转到当前包的应答包，如果不存在，该选项为灰色
Previous Packet	Ctrl+UP	移动到包列表中的前一个包，即使包列表面板不是当前焦点，也是可用的
Next Packet	Ctrl+Down	移动到包列表中的后一个包，同上
First Packet	Ctrl+Home	移动到列表中的第一个包
Last Packet	Ctrl+End	移动到列表中的最后一个包
Previous Pactet In Conversation	Ctrl+,	移动到会话的前一个包
Next Packet In Conversation	Ctrl+.	移动到会话的后一个包

⑤ Capture：捕获网络数据，如图 1-12 所示。

Capture 菜单介绍如表 1-6 所示。

表1-6 Capture菜单

菜 单 项	快 捷 键	说 明
Interfaces…		在弹出对话框选择要进行捕捉的网络接口
Options…	Ctrl+K	打开设置捕捉选项的对话框并可以在此开始捕捉
Start		立即开始捕捉，设置都是参照最后一次设置
Stop	Ctrl+E	停止正在进行的捕捉
Restart		正在进行捕捉时，停止捕捉，并按同样的设置重新开始捕捉
Capture Filters…		打开对话框，编辑捕捉过滤设置，可以命名过滤器，保存为其他捕捉时使用
Refreesh Interfaces		更新捕捉的网络接口

⑥ Analyze：对已捕获的网络数据进行分析，包含处理显示过滤，允许或禁止分析协议，配置用户指定解码和追踪 TCP 流等功能，如图 1-13 所示。

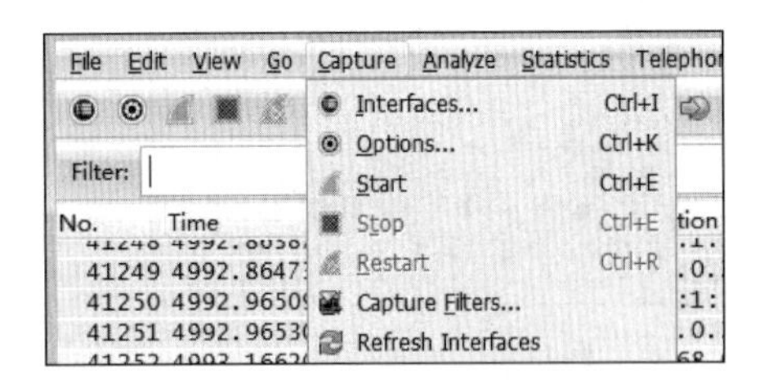

图1-12 Capture菜单

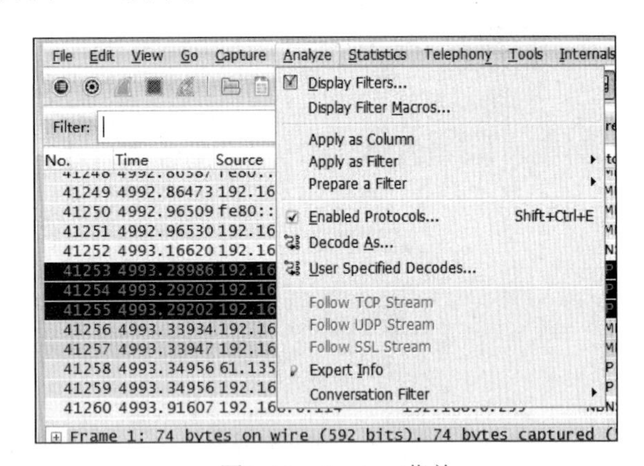

图1-13 Analyze菜单

Analyze 菜单介绍如表 1-7 所示。

表1-7 Analyze菜单

菜 单 项	快 捷 键	说 明
Display Filters…		选择显示过滤器
Apply as Filter		将其应用为过滤器
Prepare a Filter		设计一个过滤器
Enabled Protocols…	Shift+Ctrl+R	可以分析的协议列表
Decode As…		将网络数据按某协议规则解码
User Specified Decodes…		用户自定义的解码规则
Follow TCP Stream		跟踪TCP传输控制协议的通信数据段，将分散传输的数据组装还原
Follow SSL stream		跟踪SSL 安全套接层协议的通信数据流
Expert Info		专家分析信息
Expert Info Composite		构造专家分析信息

⑦ Statistics：对已捕获的网络数据进行统计分析，包括的菜单项用户显示多个统计窗口，包括关于捕捉包的摘要、协议层次统计等，如图 1-14 所示。

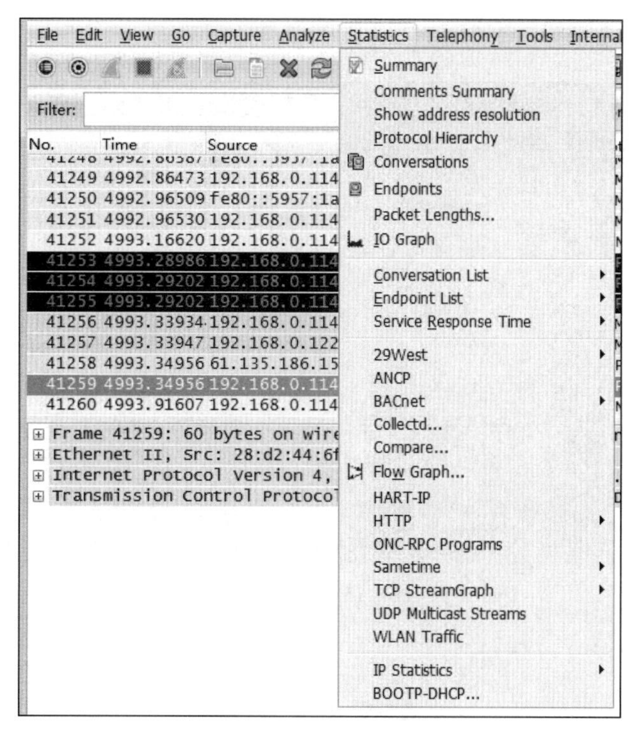

图1-14　Statistics菜单

Statistics 菜单部分重点选项介绍如表 1-8 所示。

表1-8　Statistics菜单

菜　单　项	快　捷　键	说　　明
Summary		已捕获数据文件的总统计概况
Protocol Hierarchy		数据中的协议类型和层次结构
Conversations		会话
Endpoints		定义统计分析的结束点
IO Graphs		输入/输出数据流量图
Conversation List		会话列表
Endpoint List		统计分析结束点的列表
Service Response Time		从客户端发出请求至收到服务器响应的时间间隔
Flow Graph···		网络通信流向图
HTTP		超文本传输协议的数据
IP Statistic		互联网IP地址统计
BooTP-DHCP···		引导协议和动态主机配置协议的数据
ONC-RPC Programs		专家分析信息
Packet Lengths		数据包的长度
TCP StreamGraph		传输控制协议TCP数据流波形图

⑧ Help：帮助，如图 1-15 所示。

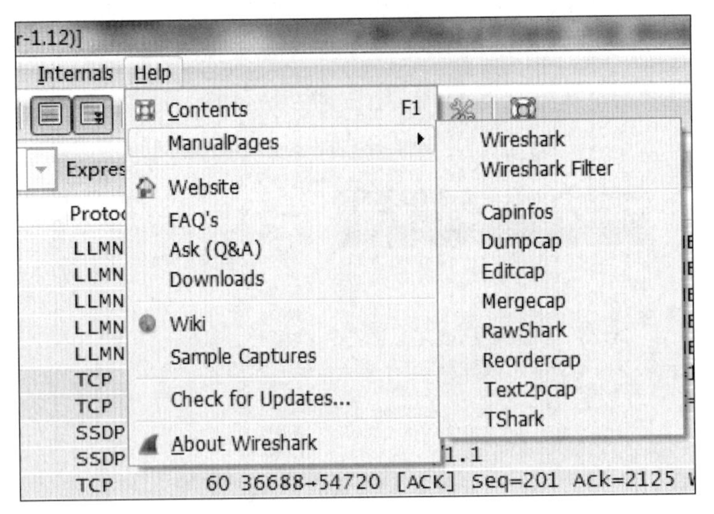

图1-15　Help菜单

Help 菜单介绍如表 1-9 所示。

表1-9　Help 菜 单

菜 单 项	快 捷 键	说 明
Contents	F1	使用手册
ManualPages	—	使用手册（HTML网页）
Sample Captures	—	使用手册（HTML网页）
About Wireshark	—	关于Wireshark

（2）抓取报文

为了安全考虑，Wireshark 只能查看封包，而不能修改封包的内容，或者发送封包。

Wireshark 是捕获机器上的某一块网卡的网络包，当机器上有多块网卡时，需要选择一个网卡，一般选择有数据传输功能的网卡。

选择 Caputre → Interfaces 命令弹出如图 1-16 所示对话框，选择正确的网卡，然后单击 Start 按钮，开始抓包，如图 1-16 所示。

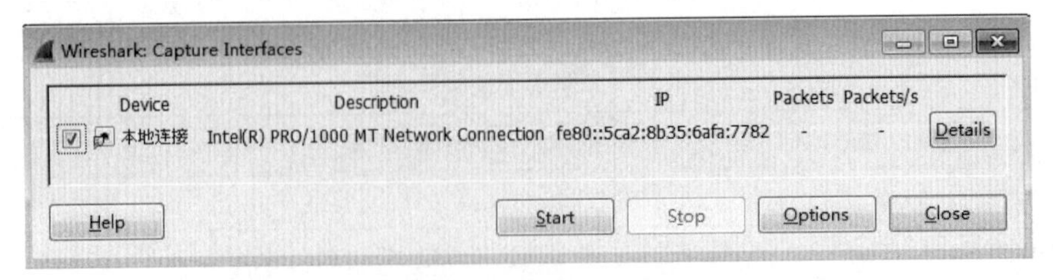

图1-16　抓包接口选择

Wireshark 窗口介绍，如图 1-17 所示。

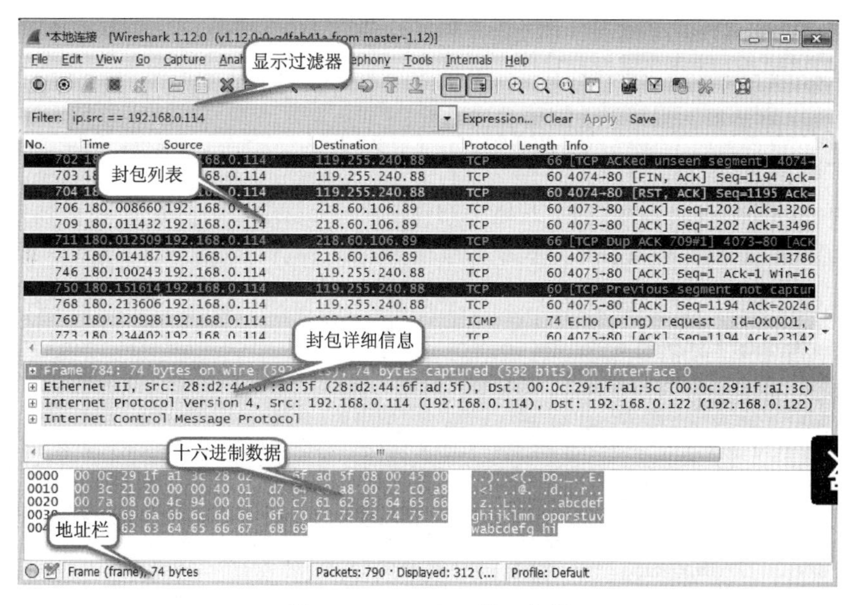

图1-17　Wireshark窗口介绍

Wireshark 主要分为以下几个界面：

① Display Filter（显示过滤器），用于过滤。

使用过滤是非常重要的，初学者使用 Wireshark 时，将会得到大量的冗余信息，在几千甚至几万条记录中，很难找到自己需要的部分。过滤器会帮助用户在大量的数据中迅速找到需要的信息。

过滤器有两种：

- 一种是显示过滤器，用来在捕获的记录中找到所需要的记录。
- 一种是捕获过滤器，用来过滤捕获的封包，以免捕获太多的记录。可选择 Capture → Capture Filters 命令进行设置。
- 过滤表达式的规则：
- 协议过滤：比如 TCP，只显示 TCP 协议。
- IP 过滤：比如 ip.src ==192.168.0.114，显示源地址为 192.168.0.114。
- 端口过滤：tcp.port ==80，显示端口为 80 的包；tcp.srcport == 80，只显示 TCP 协议的源端口为 80 的包。
- HTTP 模式过滤：http.request.method=="GET"，只显示 HTTP GET 方法的包。
- 逻辑运算符为 AND/ OR。

② Packet List Pane（封包列表），显示捕获到的封包，有源地址和目标地址、端口号。

封包列表的面板中显示编号、时间戳、源地址、目标地址、协议、长度，以及封包信息。可以看到不同的协议用了不同的颜色显示。比如，默认绿色是 TCP 报文，深蓝色是 DNS，浅蓝是 UDP，粉红是 ICMP，黑色标识出有问题的 TCP 报文，比如乱序报文等。

也可以选择 View → Coloring Rules 命令修改这些显示颜色的规则。

③ Packet Details Pane（封包详细信息），显示封包中的字段。

这个面板是最重要的，用来查看协议中的每一个字段。各行信息分别为：

- Frame: 物理层的数据帧概况
- Ethernet II: 数据链路层以太网帧头部信息。
- Internet Protocol Version 4: 网际层 IP 包头部信息。
- Transmission Control Protocol: 传输层的数据段头部信息，此处是 TCP。
- Hypertext Transfer Protocol: 应用层的信息，此处是 HTTP 协议。

④ Dissector Pane：十六进制数据。

⑤ Miscellanous：地址栏，杂项。

Wireshark 捕获到的 TCP 包中的每个字段如图 1-18 所示。

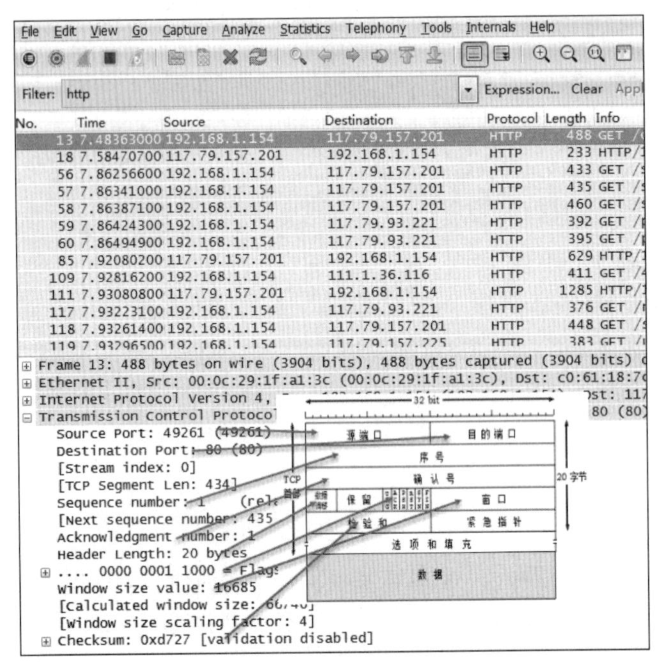

图1-18　TCP包中的每个字段

1.4.2　TCP 协议的三次握手抓包分析

1.　TCP/IP协议簇

TCP/IP 是一个协议簇，通常分不同层次进行开发，每个层次负责不同的通信功能。它包含以下 4 个层次，如图 1-19 所示。

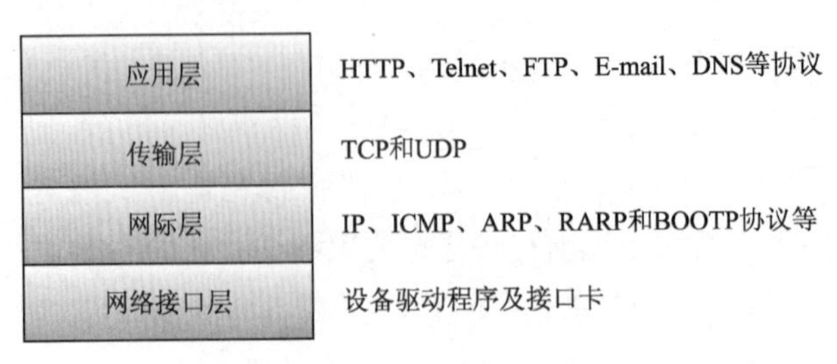

图1-19　TCP/IP协议簇

① 网络接口层：通常包括操作系统中的设备驱动程序和计算机中对应的网络接口卡。它们一起处理与电缆（或其他任何传输媒介）的物理接口细节。

② 网际层：处理分组在网络中的活动，例如分组的选路。网络层协议包括 IP 协议（网际协议）、ICMP 协议（Internet 控制报文协议），以及 IGMP 协议（Internet 组管理协议）。

③ 传输层：主要为两台主机上的应用程序提供端到端的通信。在 TCP/IP 协议簇中，有两个互不相同的传输协议：TCP（传输控制协议）和 UDP（用户数据报协议）。TCP 为两台主机提供高可靠性的数据通信，它所作的工作包括把应用程序交给它的数据分成合适的小块交给下面的网络层，确认接收到的分组，设置发送最后确认分组的超时时钟等。由于传输层提供了高可靠性的端到端通信，因此应用层可以忽略所有这些细节。而另一方面，UDP 则为应用层提供一种非常简单的服务。它只是把称作数据报的分组从一台主机发送到另一台主机，但并不保证该数据报能到达另一端。任何必需的可靠性必须由应用层来提供。

④ 应用层：负责处理特定的应用程序细节。包括 Telnet（远程登录）、FTP（文件传输协议）、SMTP（简单邮件传送协议）以及 SNMP（简单网络管理协议）等。

Wireshark 抓到的包与对应的协议层如图 1-20 所示。

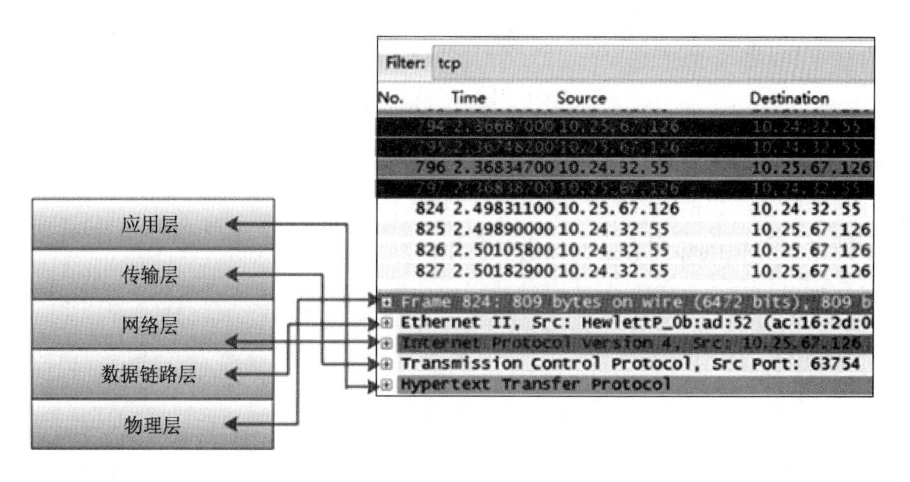

图1-20 Wireshark抓到的包与对应的协议层

① Frame: 物理层的数据帧概况。

② Ethernet II: 数据链路层以太网帧头部信息。

③ Internet Protocol Version 4: 网际层 IP 包头部信息。

④ Transmission Control Protocol: 传输层的数据段头部信息，此处是 TCP。

⑤ Hypertext Transfer Protocol: 应用层的信息，此处是 HTTP 协议。

2. TCP协议

TCP 是一种面向连接（连接导向）的、可靠的基于字节流的传输层通信协议。TCP 将用户数据打包成报文段，它发送后启动一个定时器，另一端收到的数据进行确认、对失序的数据重新排序、丢弃重复数据。

TCP 的特点如下：

① TCP 是面向连接的传输层协议。

② 每一条 TCP 连接只能有两个端点，每一条 TCP 连接只能是点对点的。

③ TCP 提供可靠交付的服务。

④ TCP 提供全双工通信。数据在两个方向上独立地进行传输。因此，连接的每一端必须保持每个方向上的传输数据序号。

⑤ 面向字节流。面向字节流的含义：虽然应用程序和 TCP 交互是一次一个数据块，但 TCP 把应用程序交互下来的数据仅仅是一连串的无结构的字节流。

TCP 报文首部如图 1-21 所示。

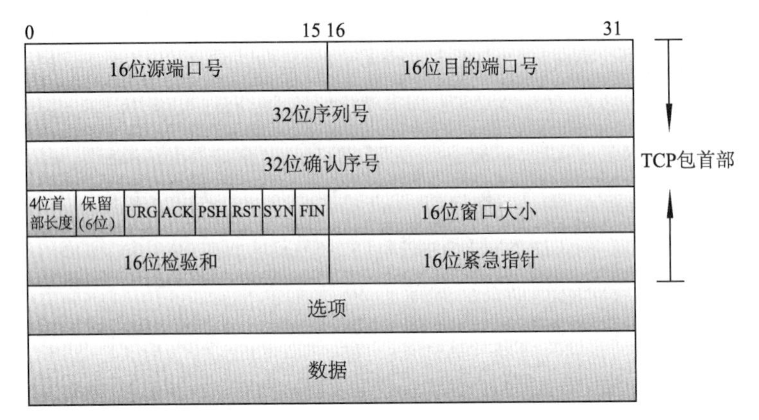

图1-21　TCP报文首部

① 源端口号：数据发起者的端口号，16 位。

② 目的端口号：数据接收者的端口号，16 位。

③ 序列号：32 位的序列号，由发送方使用。

④ 确认序号：32 位的确认号，是接收数据方期望收到发送方的下一个报文段的序号，因此确认序号应当是上次已成功收到数据字节序号加 1。

⑤ 首部长度：一般首部长度为 20 B。

⑥ 保留：6 位，均为 0。

⑦ URG（紧急位）：当 URG=1 时，表示报文段中有紧急数据，应尽快传送。

⑧ ACK（确认位）：ACK = 1 时代表这是一个确认的 TCP 包，取值 0 则不是确认包。

⑨ PSH（推送位）：当发送端 PSH=1 时，接收端尽快地交付给应用进程。

⑩ RST（复位位）：当 RST=1 时，表明 TCP 连接中出现严重差错，必须释放连接，再重新建立连接。

⑪ SYN(同步位):在建立连接时用来同步序号。SYN=1，ACK=0 表示一个连接请求报文段；SYN=1，ACK=1 表示同意建立连接。

⑫ FIN（终止位）：FIN=1 时，表明此报文段的发送端的数据已经发送完毕，并要求释放传输连接。

⑬ 窗口：用来控制对方发送的数据量，通知发放已确定的发送窗口上限。

⑭ 检验和：该字段检验的范围包括首部和数据这两部分。由发端计算和存储，并由收端进行验证。

⑮ 紧急指针：紧急指针在 URG=1 时才有效，它指出本报文段中的紧急数据的字节数。

⑯ 选项：长度可变，最长可达 40 B。

Wireshark 捕获到的 TCP 包中的每个字段如图 2-22 所示。

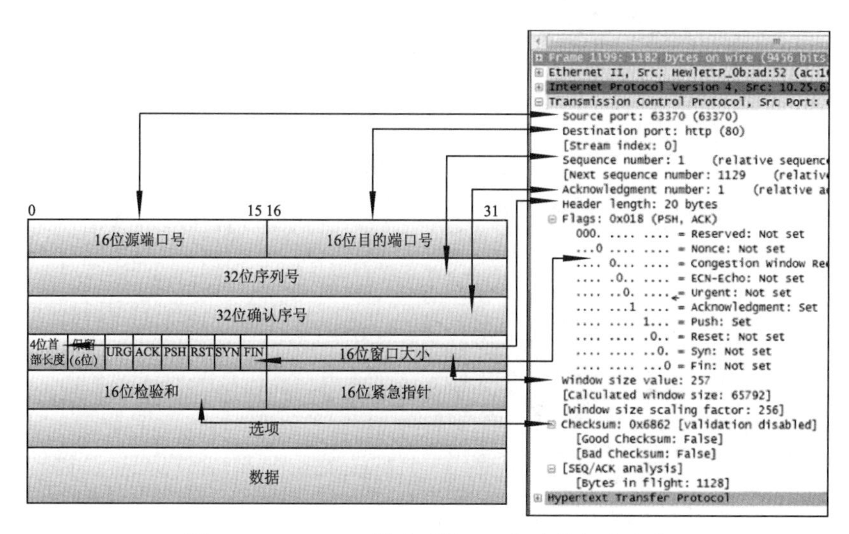

图1-22　Wireshark捕获到的TCP包中的每个字段

3. TCP三次握手

TCP 建立连接时，会有三次握手过程，Wireshark 截获到了三次握手的 3 个数据包。第四个包才是 http 的，说明 http 的确是使用 TCP 建立连接的，如图 1-23 所示。

Filter: tcp　Expression...　Clear　Apply

No.	Time	Source	Destination	Protocol	Length	Info
1192	5.74289900	10.25.67.126	10.14.12.59	TCP	66	63370 >
1194	5.77398600	10.14.12.59	10.25.67.126	TCP	66	http >
1195	5.77408900	10.25.67.126	10.14.12.59	TCP	54	63370 >
1199	5.78169700	10.25.67.126	10.14.12.59	HTTP	1182	GET /he
1203	5.81389000	10.14.12.59	10.25.67.126	HTTP	323	HTTP/1.
1255	6.01322500	10.25.67.126	10.14.12.59	TCP	54	63370 >

图1-23　http使用TCP建立连接

三次握手过程如图 1-24 所示。

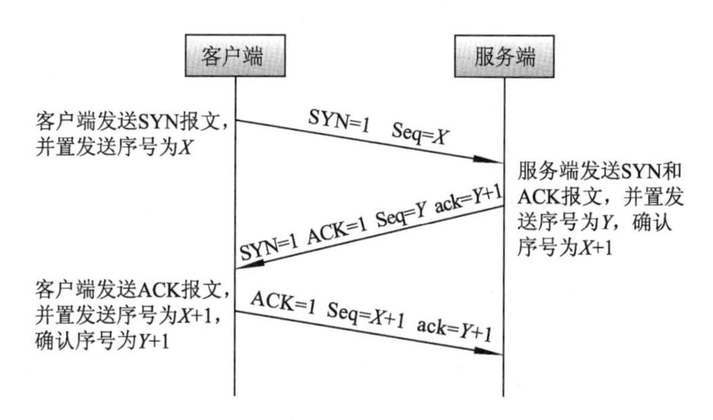

图1-24　TCP建立连接的三次握手过程

有了上面的基础，下面来逐步分析三次握手过程。

① 打开 Wireshark，单击 Start a new live capture 工具按钮，开始抓包，之后，打开浏览器输入 http://blog.csdn.net/oacuipeng。

② 回到 Wireshark 运行界面，选中 GET /oacuipeng HTTP/1.1 的那条记录，如图 1-25 所示。

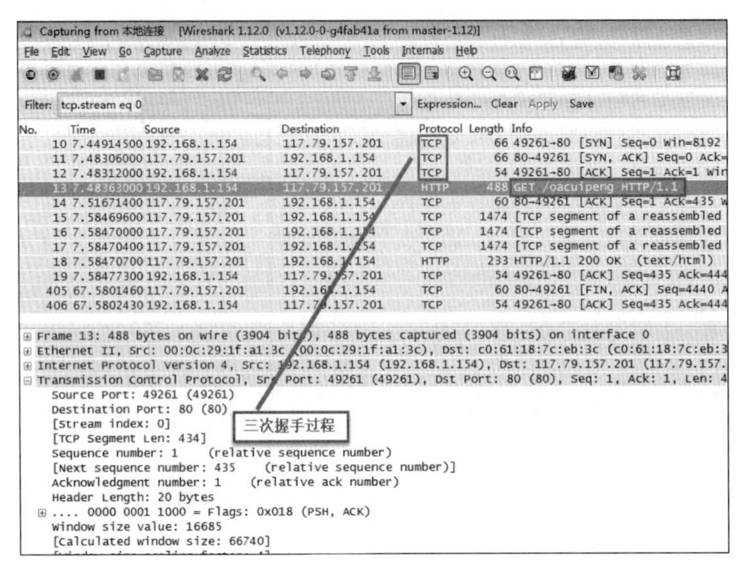

图1-25 Wireshark 截获到了三次握手的3个数据包

③ 第一次握手：客户端向服务器发送连接请求包，标志位 SYN（同步序号）置为 1，序号为 X=0，如图 1-26 所示。

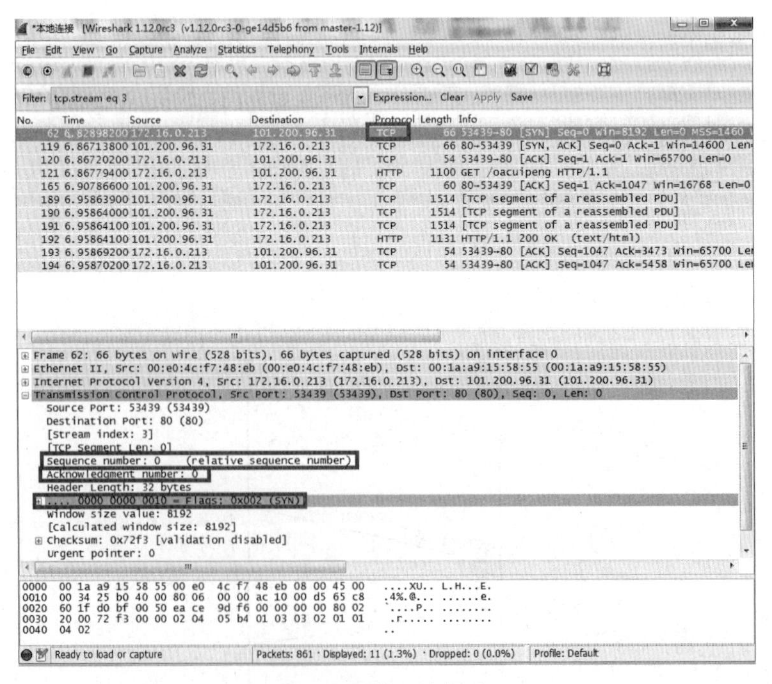

图1-26　第一次握手

注意：请读者对照图 1-22 中 TCP 包中每个字段对应的捕获值来理解。就本例而言，“0000 0000 0010=Flags:0x002(SYN)” 字段的第 11 位对应的就是 SYN 值，其值为 1。

④ 第二次握手：服务器收到客户端发过来报文，由 SYN=1 知道客户端要求建立联机。向客户端发送一个 SYN 和 ACK 都置为 1 的 TCP 报文，设置初始序号 Y=0，将确认序号（Acknowledgement Number）设置为客户的序列号加 1，即 X+1 = 0+1=1，如图 1–27 所示。

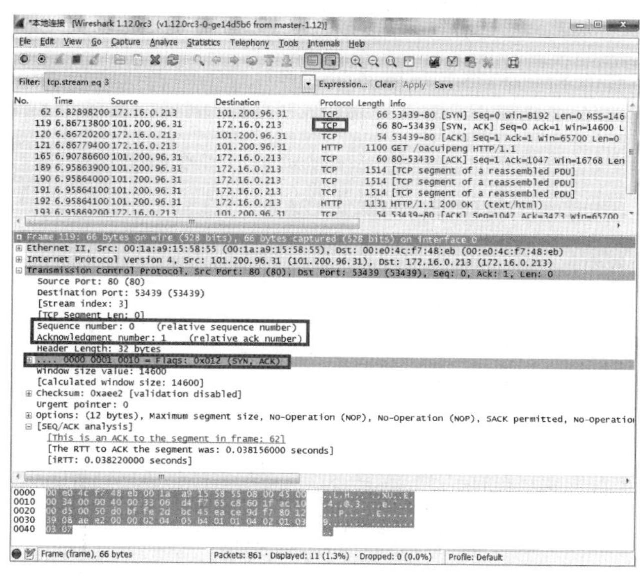

图1–27　第二次握手

⑤ 第三次握手：客户端收到服务器发来的包后检查确认序号 (Acknowledgement Number) 是否正确，即第一次发送的序号加 1（X+1=1）。以及标志位 ACK 是否为 1。若正确，服务器再次发送确认包，ACK 标志位为 1，SYN 标志位为 0。确认序号 (Acknowledgement Number)=Y+1=0+1=1，发送序号为 X+1=1。客户端收到后确认序号值与 ACK=1 则连接建立成功，可以传送数据，如图 1-28 所示。

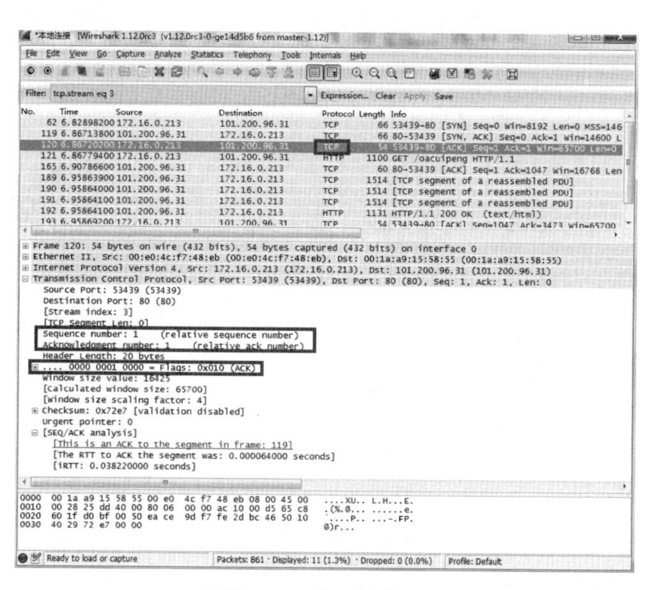

图1–28　第三次握手

就这样通过 TCP 三次握手，建立了连接。

1.4.3　UDP 协议的抓包分析

UDP 协议的全称是用户数据报协议，在网络中它与 TCP 协议一样用于处理数据包，是一种无连接的协议。在 OSI 模型中，在第四层（传输层）处于 IP 层的上一层。UDP 有不提供数据包分组、组装和不能对数据包进行排序的缺点。也就是说，当报文发送之后，是无法得知其是否安全完整到达的。UDP 用来支持那些需要在计算机之间传输数据的网络应用。包括网络视频会议系统在内的众多的客户 / 服务器模式的网络应用都需要使用 UDP 协议。UDP 协议从问世至今已经被使用了很多年，虽然其最初光彩被一些类似协议所掩盖，但是即使是在今天 UDP 仍然不失为一项非常实用和可行的网络传输层协议。

TCP 与 UDP 的区别：

① TCP 协议面向连接，UDP 协议面向非连接。

② TCP 协议传输速度慢，UDP 协议传输速度快。

③ TCP 有丢包重传机制，UDP 没有。

④ TCP 协议保证数据的正确性，UDP 协议可能丢包。

UDP 头部格式如表 1-10 所示。

表1-10　UDP头部格式

16-bit source port（16位源端口）	16-bit destination port（16位目的端口）
16-bit UDP length（16位UDP长度）	16-bit UDP checksum（16位UDP检验和）
Data（数据）	

下面就以具体的抓包实例来分析 UDP 协议：

① 登录 QQ，选择一个网友，并和对方进行视频操作，（因为 QQ 视频所使用的是 UDP 协议，所以抓取的包大部分是采用 UDP 协议的包），打开 Wireshark 软件，抓包之后，如图 1-29 所示。

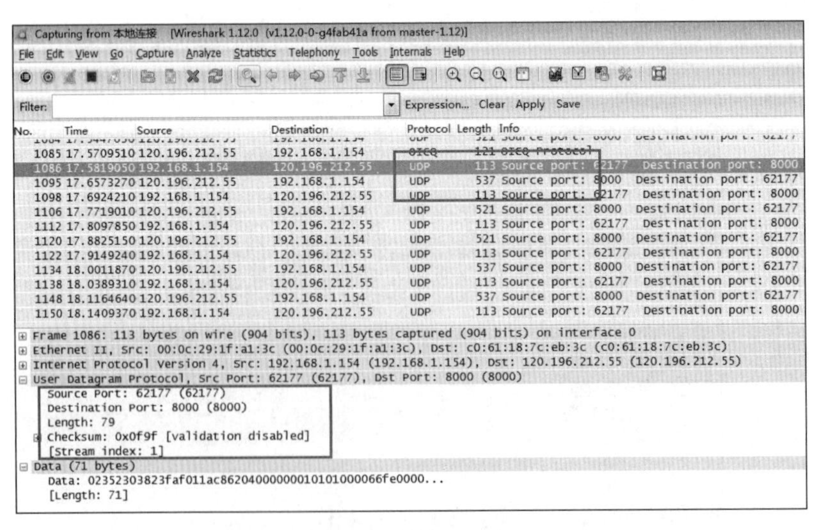

图1-29　抓取UDP包

从图 1-29 中可以看到，视频聊天过程中用的就是 UDP 协议。

② 右击，选择 Follow UDP Stream 命令，即追踪该 UDP 流，跟踪整个会话，如图 1-30 所示。

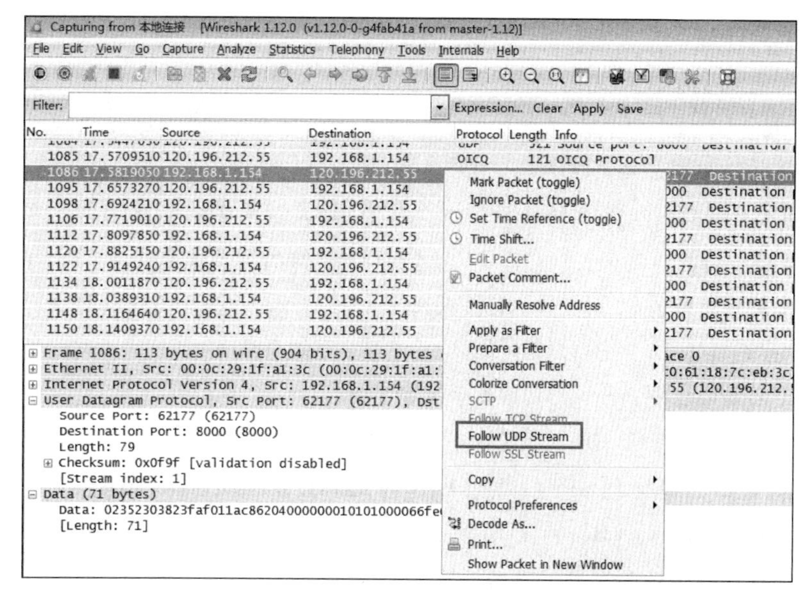

图1-30 追踪UDP流

从 UDP 流中可以证明，QQ 聊天内容是加密传送的，如图 1-31 所示。

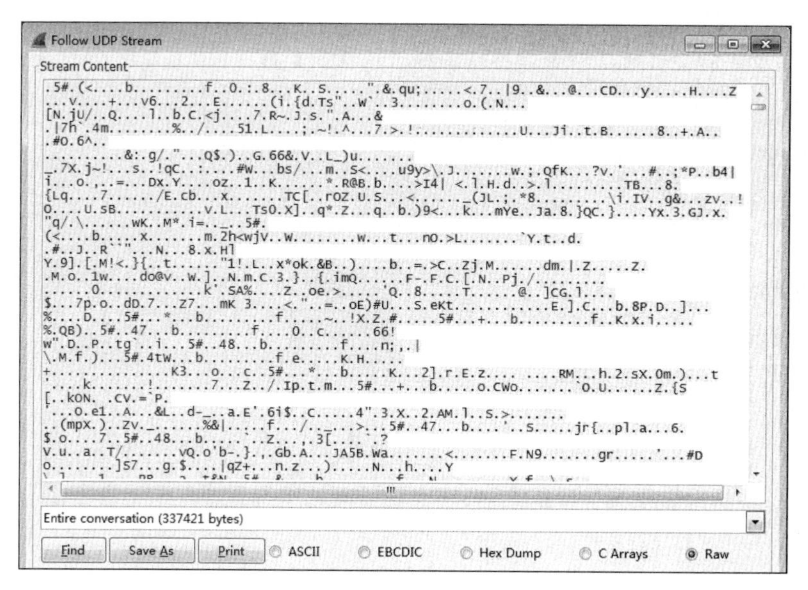

图1-31 UDP流

习　题

一、填空题

1. 网络安全的基本要素有：(　　)、(　　)、(　　)、(　　)、(　　)。

2. 信息安全的发展历程包括：通信保密阶段、计算机安全阶段、(　　)、(　　)。

3. 网络安全的主要威胁有：非授权访问、冒充合法用户、破坏数据完整性、干扰系统正常运行、(　　)、(　　)。

4. 访问控制包括3个要素：(　　)、(　　)和(　　)。

5. 网络安全的目标主要表现在以下几方面：(　　)、(　　)、(　　)、(　　)。

二、选择题

1. 关于计算机网络安全是指(　　)。
   A. 网络中设备设置环境的安全　　B. 网络使用者的安全
   C. 网络中信息的安全　　D. 网络的财产安全

2. 计算机病毒是计算机系统中一类隐藏在(　　)上蓄意破坏的捣乱程序。
   A. 内存　　B. 软盘　　C. 存储介质　　D. 网络

3. 在以下网络威胁中，(　　)不属于信息泄露。
   A. 数据窃听　　B. 流量分析　　C. 拒绝服务攻击　　D. 偷窃用户账号

4. 在网络安全中，在未经许可的情况下，对信息进行删除或修改，这是对(　　)的攻击。
   A. 可用性　　B. 保密性　　C. 完整性　　D. 真实性

5. 下列不属于网络技术发展趋势的是(　　)。
   A. 速度越来越快
   B. 从资源共享网到面向中断的网发展
   C. 各种通信控制规程逐渐符合国际标准
   D. 从单一的数据通信网向综合业务数字通信网发展

三、简答题

1. 简述网络脆弱的原因。
2. 简述网络安全的定义。
3. 简述什么是系统安全？
4. 简述网络安全威胁的定义。
5. 如何进行病毒防护？

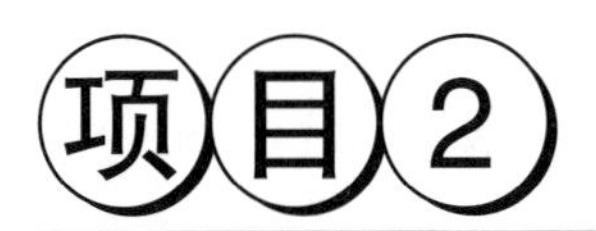

项目2 ➡ 针对网络攻击的防护

2.1 项目导入

谈到网络攻击与防御问题，就没法不谈黑客（Hacker）。黑客是指对计算机某一领域有着深入的理解，并且十分热衷于潜入他人计算机，窃取非公开信息的人。每一个对互联网络的知识十分了解的人，都有可能成为黑客。翻开1998年日本出版的《新黑客字典》，可以看到上面对黑客的定义是："喜欢探索软件程序奥秘，并从中增长其个人才干的人。"显然，"黑客"一语原来并没有丝毫的贬义成分，直到后来，少数怀有不良企图，利用非法手段获得系统访问权去闯入远程计算机系统，破坏重要数据，或为了自己的私利而制造麻烦的具有恶意行为的人慢慢玷污了"黑客"的名声，"黑客"才逐渐演变成入侵者、破坏者的代名词。

本文首先阐述目前计算机网络中存在的安全问题及计算机网络安全的重要性，接着分析黑客网络攻击常见方法及攻击的一般过程，最后分析针对这些攻击的特点采取的防范措施。

2.2 职业能力目标和要求

目前，"黑客"已成为一个特殊的社会群体，在欧美等国有不少合法的黑客组织，他们经常召开黑客技术交流会。另一方面，黑客组织在因特网上利用自己的网站介绍黑客攻击手段，免费提供各种黑客工具软件，出版网上黑客杂志，这使得普通人也很容易下载并学会使用一些简单的黑客手段或工具对网络进行某种攻击，进一步恶化了网络安全环境。学习完本项目，读者要达到的职业能力目标和要求如下：

① 了解黑客的概述。

② 了解常见的网络攻击。

③ 掌握网络安全的解决方案。

④ 掌握网络信息搜集的方法和技巧。

⑤ 掌握端口扫描的方法。

⑥ 掌握密码破解的一些方法。

2.3 相关知识

2.3.1 黑客的发展趋势

黑客的行为有三方面发展趋势：

① 手段高明化：黑客界已经意识到单靠一个人的力量已远远不够，已经逐步形成了一个团体，利用网络进行交流和团体攻击，互相交流经验和自己写的工具。

② 活动频繁化：做一个黑客已经不再需要掌握大量的计算机和网络知识，学会使用几个黑客工具，就可以再互联网上进行攻击活动，黑客工具的大众化是黑客活动频繁的主要原因。

③ 动机复杂化：黑客的动机目前已经不再局限于为了国家、金钱和刺激，已经和国际的政治变化、经济变化紧密地结合在一起。

2.3.2 常见的网络攻击

黑客攻击和网络安全是紧密结合在一起的，研究网络安全而不研究黑客攻击技术简直是纸上谈兵，研究攻击技术而不研究网络安全就是闭门造车。

网络攻击有善意的也有恶意的。善意的攻击可以帮助系统管理员检查系统漏洞。恶意的攻击包括为了私人恩怨而攻击，出于商业或个人目的获得秘密资料，利用对方的系统资源满足自己的需求、寻求刺激、给别人帮忙，以及一些无目的的攻击等。

1. 网络攻击的目的

网络攻击的目的不外乎两种情况：一是破坏；二是入侵。破坏的目的是为了窃取信息和控制中间站点。入侵的目的是为了获取密码和获得超级用户权限。

2. 攻击事件分类

实施外部攻击的方法很多，从攻击者目的的角度来讲，可将攻击事件分为以下 3 类：

① 外部攻击：审计试图登录的失败记录。

② 内部攻击：观察试图连接特定文件、程序或其他资源的失败记录。

③ 行为滥用：通过审计信息来发现那些权力滥用者往往是很困难的。

其中外部攻击包括 5 类：

① 破坏型攻击。

② 利用型攻击：密码猜测、特洛伊木马、缓冲区溢出等。

③ 信息收集型攻击：

- 扫描技术：地址扫描（ping…）端口扫描，反向映射，慢速扫描。
- 体系结构探测：使用已知具有响应类型数据库的自动探测攻击，对来自目标主机的，对坏数据包传递所做出的响应进行检查。
- 利用信息服务：DNS 转换（如果维护着一台公共的 DNS 服务器，攻击者只需实施一次域转换操作就能得到所有主机的名称以及内部 IP 地址）。
- Finger 服务：（使用 Finger 命令来刺探一台 Finger 服务器以获取关于该系统的用户的信息）。
- LDAP 服务：（使用 LDAP 协议窥探网络内部的系统和它们的用户信息）。
- Sniffer：通常运行在路由器，或有路由功能的主机上，是一种常用的收集有用数据的方法。

④ 网络欺骗攻击：包括 DNS 欺骗攻击、电子邮件攻击、Web 欺骗、IP 欺骗等。

⑤ 垃圾信息攻击。

2.3.3 常见的网络攻击步骤

网络攻击的步骤如图 2-1 所示。

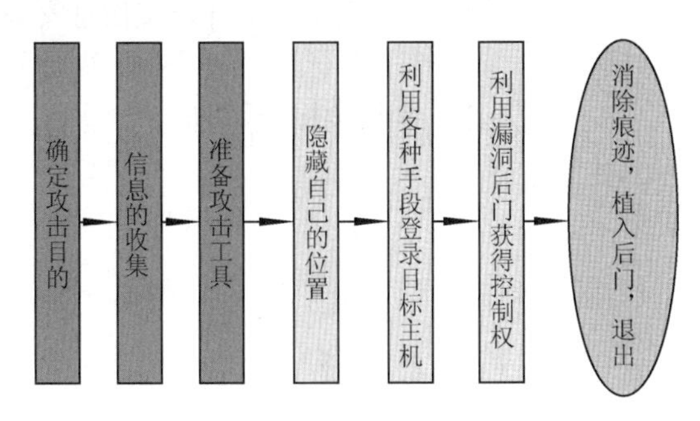

图2-1 网络攻击的步骤

网络攻击可以分为 3 个阶段：

1. 第一阶段：攻击的准备阶段

① 确定攻击目标。

② 收集相关信息：网站信息的收集、资源信息的收集。

③ 发现系统漏洞：端口扫描、综合扫描。

④ 准备攻击工具。

2. 第二阶段：攻击的实施阶段

① 隐藏自己的位置。

② 利用收集到的信息获取账号和密码，登录主机。

③ 利用漏洞或者其他方法获得控制权并窃取网络资源和特权。

3. 第三阶段：攻击的善后阶段

① 清除日志。

② 植入后门程序：Guest 用户、木马程序、安装各种工具。

2.3.4 社会工程学介绍

社会工程学就是利用人的心理弱点（如人的本能反应、好奇心、信任、贪婪）、规章与制度的漏洞等进行欺骗、伤害等，以期获得所需的信息（如计算机密码、银行账号信息）。

社会工程学有狭义与广义之分。广义与狭义社会工程学最明显的区别是会与受害者进行交互式行为。例如，通过设置一个陷阱使对方掉入，利用伪造的虚假电子邮件或者相关通信工具与他们交流获取敏感信息。广义的社会工程学是清楚地知道自己需要什么信息，应该怎样去做，从收集的信息当中分析出应该与哪个关键人物交流。

社会工程学入侵与传统的黑客入侵有着本质的区别，是非传统的信息安全。它不是利用漏洞入侵，而是利用人性的漏洞。 它是无法用硬件防火墙、入侵检测系统、虚拟专用网络或者安全软件产品来防御的。社会工程学不是单纯针对系统入侵与源代码窃取，本质上，它在黑客攻击边沿上独立并平衡着。它威胁的不仅仅是信息安全，还包括能源、经济、文化等。

国防大学卢凡博士曾经说过："它（社会工程学攻击）并不能等同于一般的欺骗手法，即使自认为最警惕最小心的人，一样会受到高明的社会工程学手段的损害，因为社会工程学主导着非传统信息安全，所以通过对它的研究可以提高对非传统信息安全事件的能力。"

2.4　项目实施

2.4.1　网络信息搜集

1. 常用 DOS 命令

(1) ping 命令

ping 命令的使用格式如下：

```
ping  [-t]  [-a] [-l] [-f] [-n count] [-i TTL]
```

参数说明如下：

[-t]：一直 ping 下去，直到按下【Ctrl+C】组合键结束。

[-a]：ping 的同时把 IP 地址转换成主机名。

[-l]：指定数据包的大小，默认为 32 个字节，最大为 65 527 个字节。

[-f]：在数据包中发送"不要分段"标志，数据包不会被路由设备分段。

[-n count]：设定 ping 的次数。

[-i TTL]：设置 ICMP 包的生存时间（指 ICMP 包能够传到临近的第几个结点）。

ping 命令的默认 TTL 返回值如表 2-1 所示。

表2-1　ping命令的默认TTL返回值

操 作 系 统	默认TTL返回值
UNIX类	255
Windows 7	32
Windows NT/2008/2012	128
Compaq Tru64 5.0	64

① 使用 ping 命令可以获得网站的 IP 地址，如图 2-2 所示。

图2-2　使用ping命令获得网站的IP地址

② 获得网站的 IP 地址—nslookup 命令。例如：nslookup www.baidu.com.cn。

（2）使用 tracert 命令进行结构探测

若要对一个网站发起入侵，入侵者必须首先了解目标网络的基本结构。只有清楚地掌握了目标网络中防火墙、服务器的位置后，才会进一步入侵。

一般来说，网络的基本结构如图 2-3 所示。

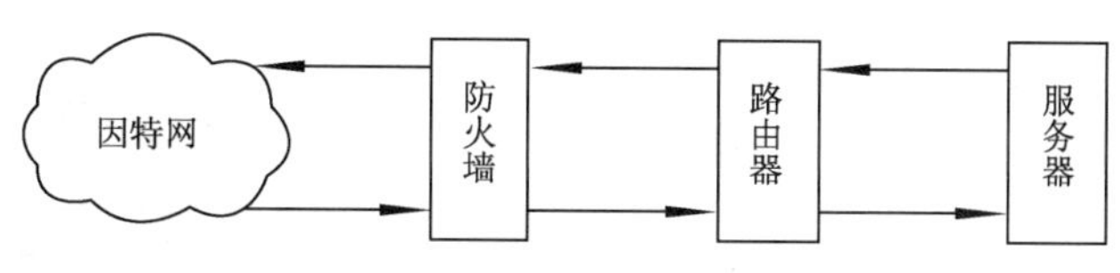

图2-3　网络的基本结构

使用 tracert 探测的命令格式如下：

```
tracert www.baidu.com.cn
```

2. 网站注册信息搜集

一个网站在正式发布之前，需要向有关机构申请域名。域名信息和相关的申请信息存储在管理机构的数据库中。信息一般是公开的，其中包含一定的敏感信息：

① 注册人的姓名。

② 注册人的 E-mail、联系电话、传真等。

③ 注册机构、通信地址、邮编。

④ 注册有效时间、失效时间。例如：

中国万网（http://www.net.cn、https://wanwang.aliyun.com/）记录所有以 cn、com、net 结尾的注册信息，但是在 2015 年被阿里收购。主打云计算的阿里云官网与中国万网网站合二为一，万网旗下的域名、云虚拟主机、企业邮箱和建站市场等业务深度整合到阿里云官网，通过整合，阿里云官网也成为国内云计算服务产品种类覆盖最多的网站。同时，万网将作为阿里云旗下域名品牌继续保留，用户仍可以通过访问 www.net.cn 跳转至阿里云官网的万网频道页。两者合并后，统一了用户中心与产品管理平台，如图 2-4 所示。

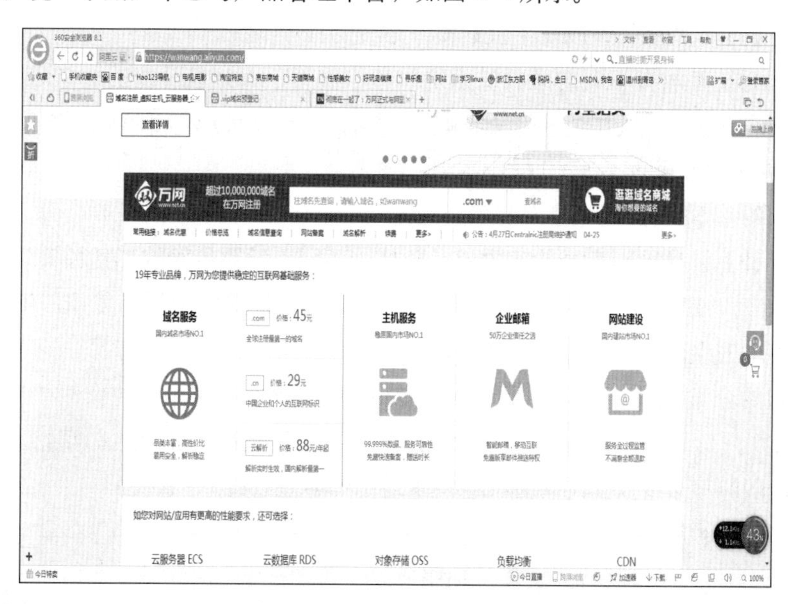

图2-4　中国万网（阿里云）网站首页

中国万网（阿里云）（http://www.net.cn、https://wanwang.aliyun.com）是中国最大的域名和网站托管服务提供商，可以查看 .cn、.com、.net 等，如图 2-5 所示。

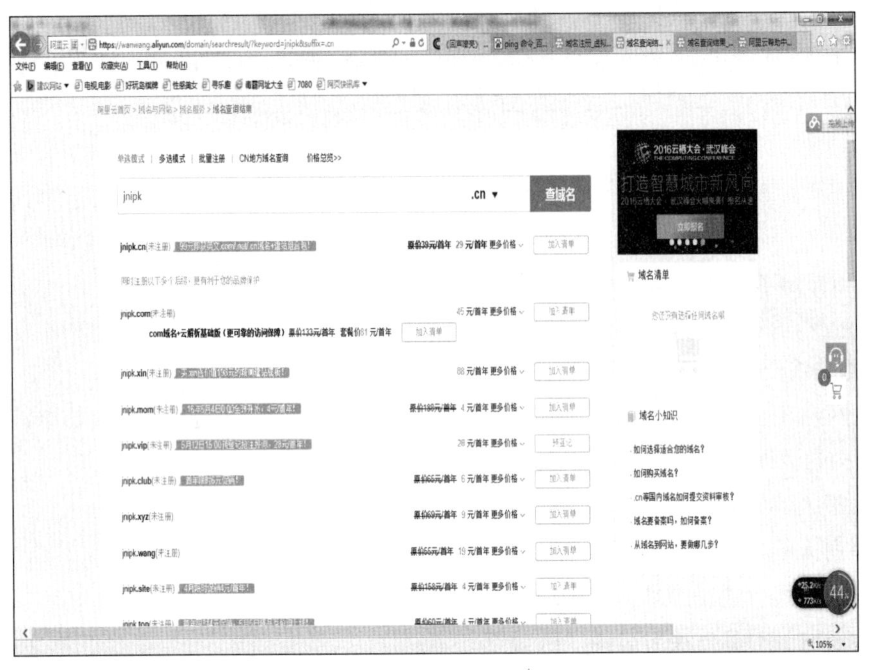

图2-5　中国万网（阿里云）

2.4.2　端口扫描

1. 什么是端口扫描

网络中的每一台计算机如同一座城堡，这个城堡中，有很多大门对外完全开放，而有些则是紧闭的。网络技术中，把这些城堡的“城门”称作计算机的端口。端口扫描的目的就是要判断主机开放了哪些服务，以及主机的操作系统的具体情况。

每种操作系统开放有不同的端口供系统间通信使用，因此从开放的端口号可以大致判断目标主机的操作系统。一般认为，开放 135、139 端口的主机为 Windows 系统，如果还开放了 5000 端口，则应该是 Windows XP 操作系统。

（1）端口的基本概念

端口是为计算机通信而设计的，它不是硬件，不同于计算机中的“插槽”。端口是由计算机的通信协议 TCP/IP 定义的。端口相当于两个计算机进程间的大门，使用“IP: 端口”来定位一台主机中的进程。

（2）端口的分类

熟知端口号（公认端口号）：一些常用的应用程序固定使用的熟知端口，其值一般为 0 ~ 1023。一般端口号：用来随时分配给请求通信的客户进程。

① 常见 TCP 公认端口号：

- FTP　　21　　文件传输服务
- Telnet　　23　　远程登录服务

●HTTP	80	网页浏览服务
●POP3	110	邮件服务
●SMTP	25	简单右键传输服务

② 常见 UDP 公认端口号

●RPC	111	远程调用
●SNMP	161	简单网络管理
●TFTP	69	简单文件传输

2. 扫描分类

尝试与目标主机某些端口建立连接，如果该端口有回复，表示该端口开放，即为“活动端口”。扫描分为如下几类：全 TCP 连接（容易被发现）、半打开式扫描（SYN 扫描）、FIN 扫描、第三方扫描。

（1）TCP 报文的标志位：

●SYN：用于建立连接，让连接双方同步序号。

●FIN：表示已经没有数据要传输了，希望释放连接。

●RST：如果 TCP 收到一个分段不是属于该主机的一个连接，则发送一个复位包。

●URG：紧急数据标志。

●ACK：确认标志。

（2）SYN 扫描

这种扫描首先向目标主机端口发送 SYN 数据段，表示发起连接。扫描中没有真正地建立连接。

- 目标返回的 TCP 报文中 SYN=1，ACK=1，则说明该端口是活动的，接着扫描主机发送一个 RST 给目标主机，拒绝建立 TCP 连接，从而导致三次握手过程失败。
- 如果目标主机回应是 RST，则表示该端口不是“活动端口”。

（3）FIN 扫描

FIN 扫描依靠发送 FIN 报文来判断目标的指定端口是否活动。这种扫描没有设计任何 TCP 连接部分，因此更加安全，被称为秘密扫描。

- 发送一个 FIN=1 的 TCP 报文到一个关闭端口时，该报文会被丢掉，并返回一个 RST 报文。
- 当发送一个 FIN=1 的报文到一个活动端口时，该报文只是简单地丢掉，不会返回任何回应。

（4）第三方扫描

第三方扫描又称“代理扫描”，这种扫描是利用第三方主机代替入侵者进行扫描。这个第三方主机一般是入侵者通过入侵其他计算机得到的。

3. X-Scan 扫描工具

X-Scan 的主要功能：

采用多线程方式对指定 IP 地址段（或单机）进行安全漏洞检测，支持插件功能。扫描内容包括：远程服务类型、操作系统类型及版本，各种弱密码漏洞、后门、应用服务漏洞、网络设备漏洞、拒绝服务漏洞等二十几个大类。

X-Scan 使用实例：

① X-Scan 无须安装与注册，只要解压即可使用。X-Scan 的运行界面如图 2-6 所示。

图2-6 X- Scan扫描工具运行界面

② 运行 X-Scan 后，选择“设置”→“扫描参数”命令，就会进入“扫描参数”设置窗口，如图 2-7 所示。

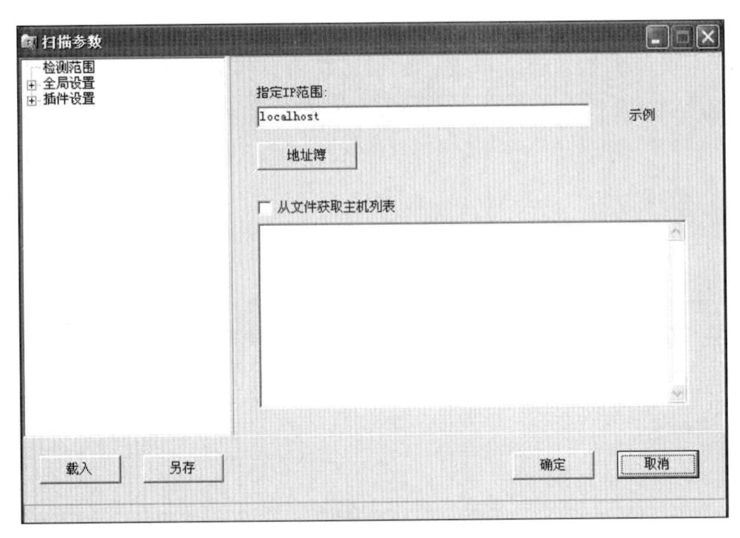

图2-7 “扫描参数”设置窗口

③ 在“指定 IP 范围”栏目中添加要扫描的 IP 地址段，在“全局设置”和“插件设置”中可以任意选择扫描参数选项，如图 2-8 所示。

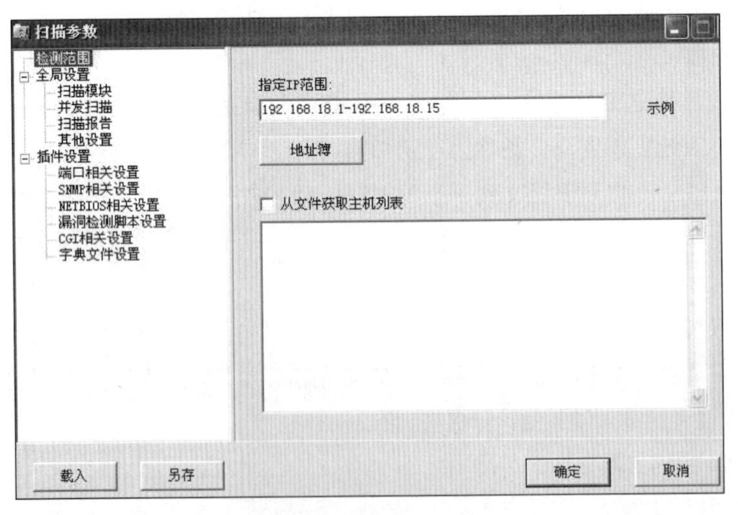

图2-8 添加IP地址段

④ 单击“确定”按钮返回 X-Scan 主界面，选择“文件”→“开始扫描”命令开始对指定 IP 段的主机进行扫描，如图 2-9 所示。

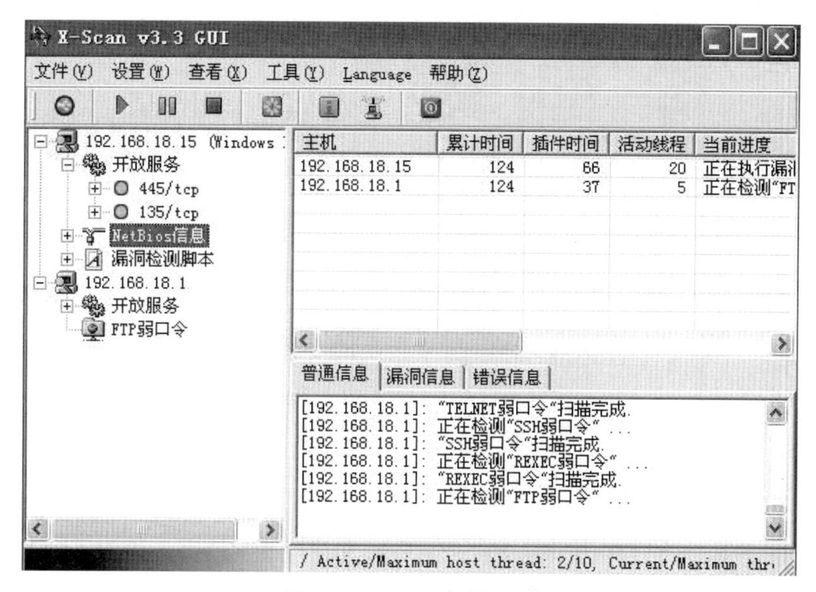

图2-9 X- Scan扫描界面

⑤ 扫描完毕以后，选择“查看”→“检测报告”命令，能够获取扫描结果，即漏洞分析结果，如图 2-10 所示。

⑥“工具”菜单下还有“物理地址查询”、ARP query、Whois、Trace route、Ping 等命令菜单，可以对目标主机进行 MAC 地址查询、路由查询以及 Ping 等，如图 2-11 所示。

4. Superscan

Superscan 一款老牌的端口扫描工具，其突出特点就是扫描速度快。除端口扫描，它还有许多其他功能。Superscan 是黑客进行端口扫描经常用到的工具。

X-Scan 检测报告
本报表列出了被检测主机的详细漏洞信息，请根据提示信息或链接内容进行相应修补. 欢迎参加X-Scan脚本翻译项目

扫描时间
2005-7-29 12:04:54 - 2005-7-29 12:17:29

检测结果	
存活主机	2
漏洞数量	1
警告数量	13
提示数量	14

主机列表	
主机	检测结果
192.168.18.15	发现安全漏洞
主机摘要 - OS: Windows XP; PORT/TCP: 135, 445	
192.168.18.1	发现安全警告
主机摘要 - OS: Unknown OS; PORT/TCP: 21, 23, 80	

[返回顶部]

图2-10 X-Scan检测报告

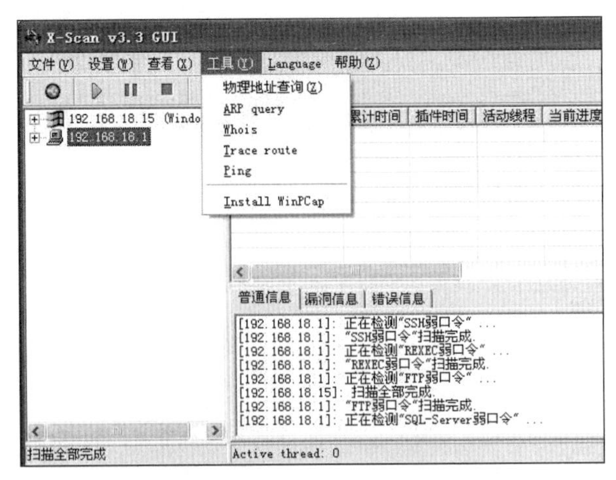

图2-11 X-Scan的“工具”菜单命令

主要功能：检测一定范围内目标主机是否在线和端口开放情况，检测目标主机提供的各种服务，通过 Ping 命令检验 IP 是否在线，进行 IP 与域名的转换等。

Superscan 应用实例：

① Superscan 是绿色软件，无须安装，在解压后可以直接使用。Superscan 的运行界面如图 2-12 所示。

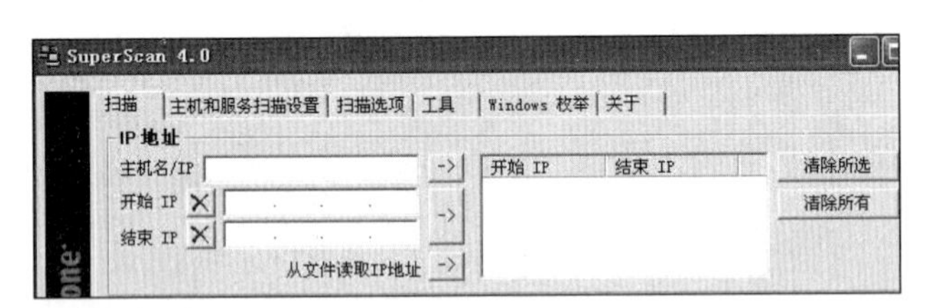

图2-12 SuperScan运行界面

② 在“开始 IP”和“结束 IP”输入需要扫描的目标主机 IP 段，单击“开始”按钮▶即可进行 IP 扫描，如图 2-13 所示。

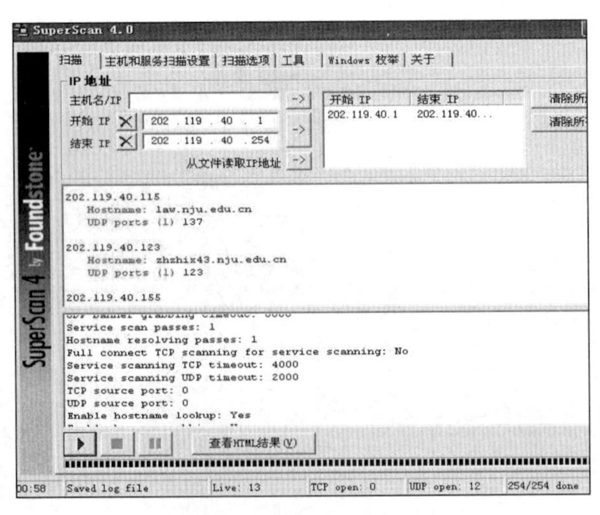

图2-13 IP段扫描实例

③ 选择“主机和服务扫描设置”可以对目标主机信息反馈方式、TUP端口以及UDP端口进行设置，如图2-14所示。

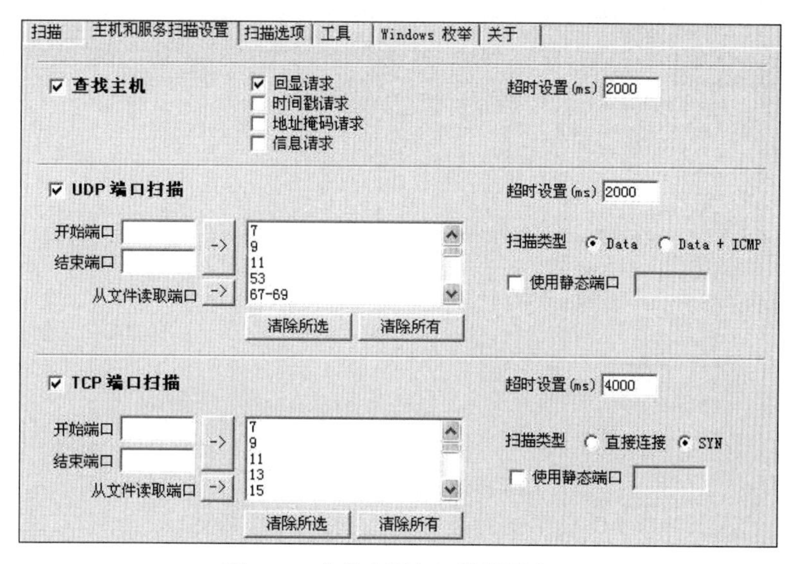

图2-14 主机和服务扫描设置窗口

④ 选择“工具”选项卡，在“主机名/IP/URL”中输入目标主机的主机名、IP地址或者域名，然后单击“查找主机名/IP”、Ping等按钮，能够获取目标主机的各种信息，如图2-15所示。

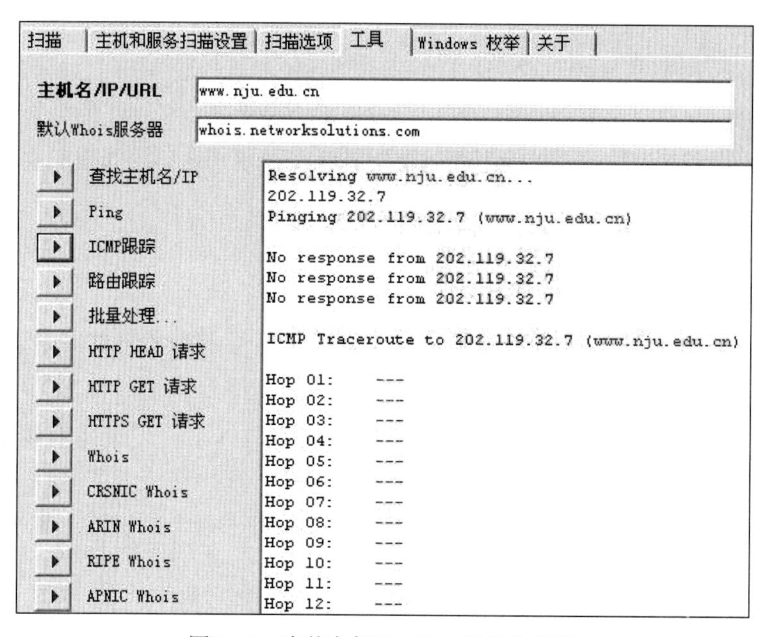

图2-15 查找主机IP，Ping目标主机等

⑤ 选择“Windows枚举”选项卡，在“主机名/IP/URL”中输入目标主机的主机名、IP地址或者域名，然后选择需要枚举的类型，按Enumerate按钮，即可获取目标主机的各种枚举信息，如图2-16所示。

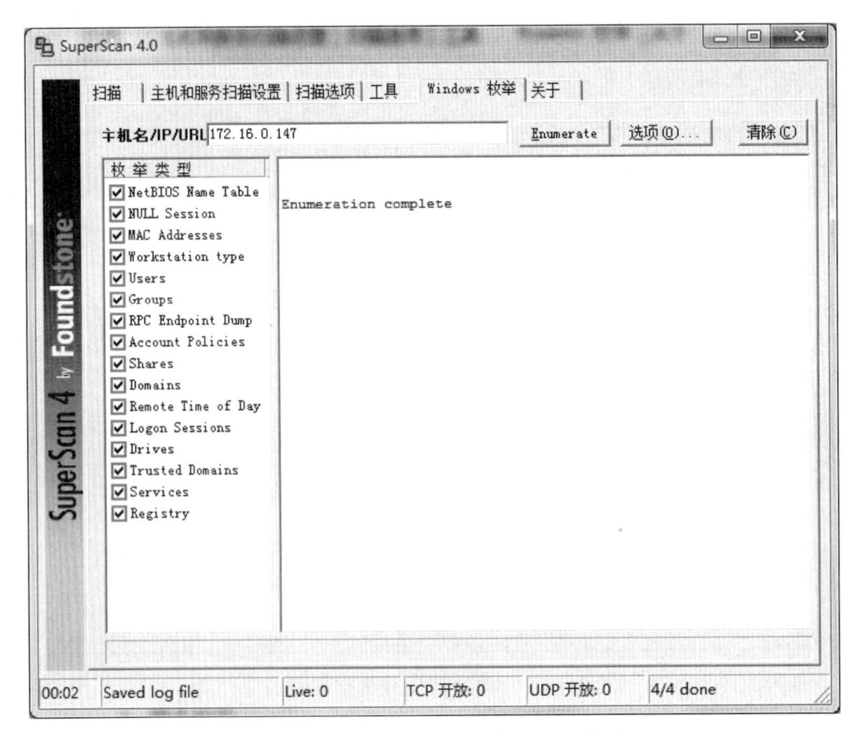

图2-16　对目标主机各种信息进行枚举

2.4.3　密码破解演示实验

1. 预备知识

密码也称通行字（Password），是保护计算机和域系统的第一道防护门，如果密码被破解了，用户的操作权和信息将很容易被窃取。所以，密码安全是尤其需要关注的内容。本实验介绍了密码破解的原理和工具的使用，可以用这些工具来测试用户密码的强度和安全性，以使用户选择更加安全的密码。

一般入侵者常常采用下面几种方法获取用户的密码，包括弱密码扫描，Sniffer 密码嗅探，暴力破解，打探、套取或合成密码等手段。

有关系统用户账号密码的破解主要是基于字符串匹配的破解方法，最基本的方法有两个：穷举法和字典法。穷举法是效率最低的办法，将字符或数字按照穷举的规则生成密码字符串，进行遍历尝试。在密码组合稍微复杂的情况下，穷举法的破解速度很低。字典法相对来说效率较高，它用密码字典中事先定义的常用字符去尝试匹配密码。密码字典是一个很大的文本文件，可以通过自己编辑或者由字典工具生成，里面包含了单词或者数字的组合。如果密码就是一个单词或者是简单的数字组合，那么破解者就可以很轻易地破解密码。

目前，常见的密码破解和审核工具有很多种，如：破解 Windows 平台密码的 L0phtCrack、WMICracker、SMBCracker 等，用于 UNIX 平台的有 John the Ripper 等。下面的实验中，主要通过介绍 L0phtCrack5 和 Cain 的使用，了解用户密码的安全性。

2. 实验目的

本实验旨在掌握账号密码破解技术的基本原理、常用方法及相关工具，并在此基础上掌握如何有效防范类似攻击的方法和措施。

3. 实验环境

本实验需要一台安装了 Windows XP/7 的 PC，安装 L0phtCrack5.02 密码破解工具。

4. 安装 L0phtCrack 5.02

① 下载后请解压缩并安装 LC5。首先运行 lc5setup.exe, 如图 2-17 所示，然后一直单击 Next 按钮，直到单击 accept 按钮接受协议。接下来进入如图 2-18 所示界面，选择安装路径，单击 Next 即选择默认的安装路径。

图2-17　LC5安装向导界面

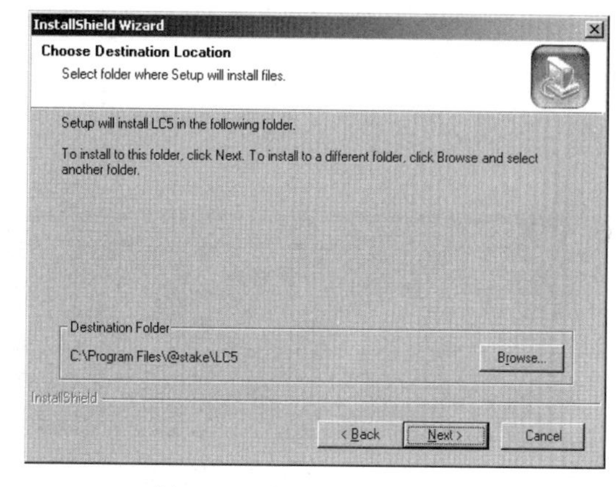

图2-18　选择LC5安装路径

② 持续单击 Next 按钮，安装完成界面如图 2-19 所示，单击 Finish 按钮完成安装。

③ 破解 LC5。选择“开始”→“程序”→“LC5”→“LC5”命令，进入 LC5 注册界面，如图 2-20 所示。

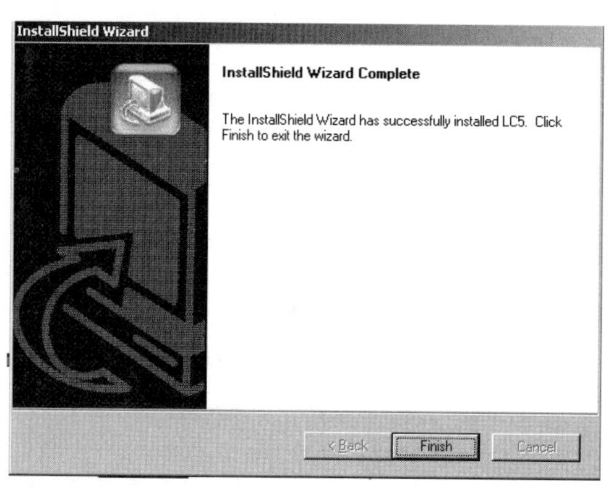

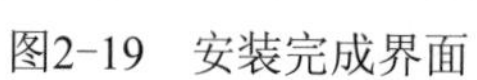

图2-19　安装完成界面

图2-20　LC5注册页面

④ 单击 Register 按钮，进入 LC5 注册码输入页面，如图 2-21 所示。运行最开始解压缩文件夹中的 kengen.exe，并在 Serial Number 文本框中输入注册码“17c60ebdb”复制到 kengen.exe 的运行界面，如图 2-22 所示。

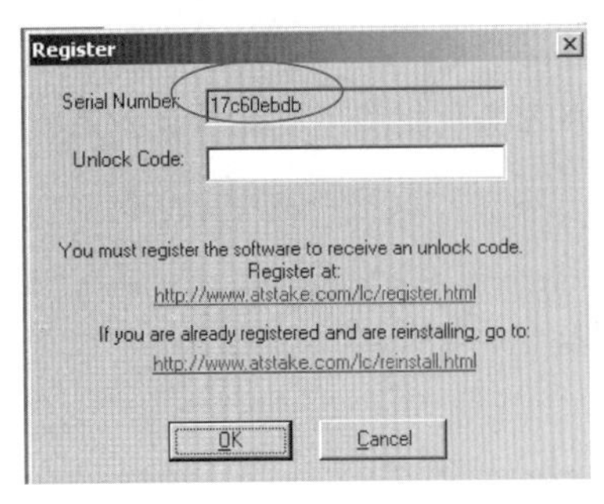

图2-21　LC5破解页面

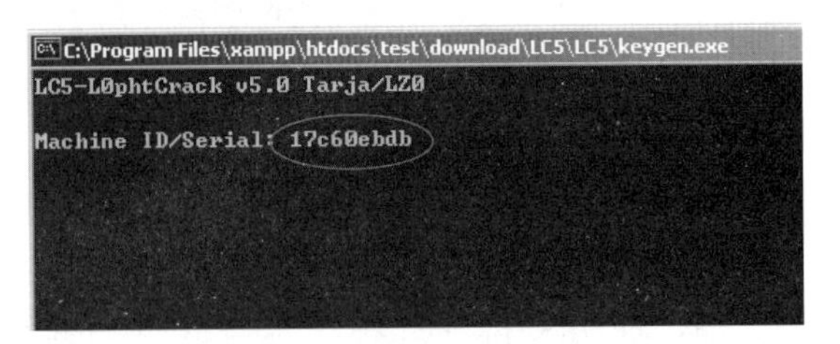

图2-22　运行kengen.exe

⑤ 按【Enter】键后得到破解码 Ulock Code “CDD21B29”，如图 2-23 所示。将此破解码输入注册码输入页面的 Unilock Code 文本框中，单击 OK 按钮，如图 2-24 所示。

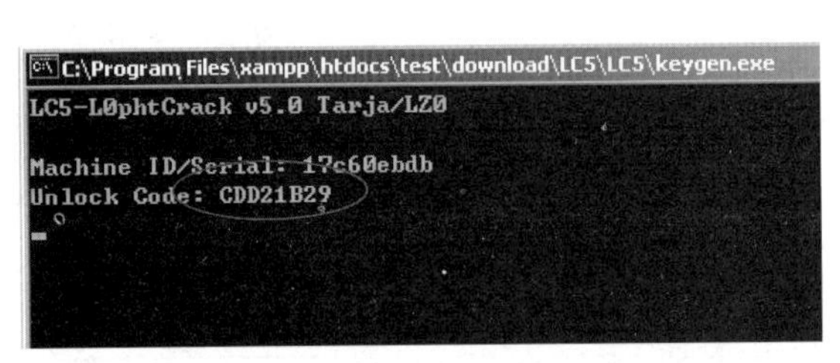

图2-23　得到破解码界面

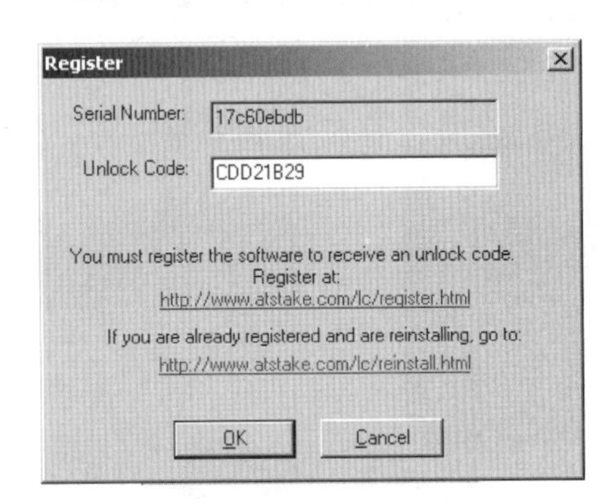

图2-24　输入破解码

⑥ 进入协议界面（见图 2-25），单击 OK 按钮完成注册，如图 2-26 所示。

⑦ 安装 Cain 时软件会提示是否需要安装 winpcap, 选择“是”，由于软件自带 winpcap 安装包，所以不用再下载。

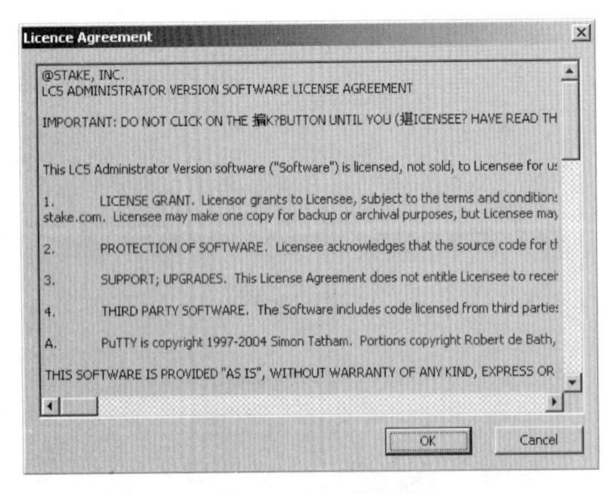

图2-25　协议页面

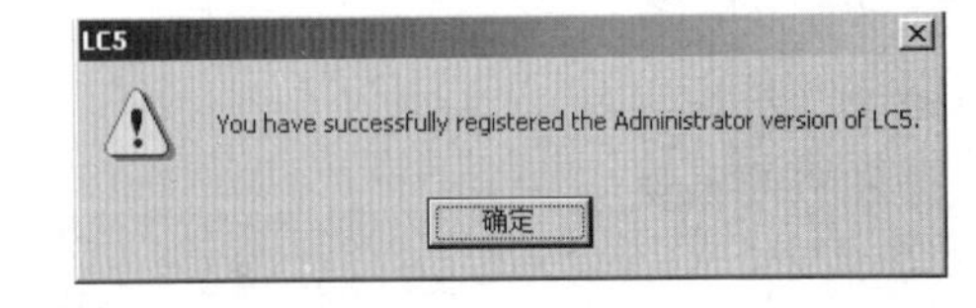

图2-26　完成注册

5. 使用 L0phtCrack5.02 破解密码

L0phtCrack5 是 L0phtCrack 组织开发的 Windows 平台密码审核程序的较新版本，它提供了审核 Windows 用户账号的功能，以提高系统的安全性。另外，LC5 也被一些非法入侵者用来破解 Windows 用户密码，给用户的网络安全造成很大的威胁。所以，了解 LC5 的使用方法，可以避免使用不安全的密码，从而提高用户本身系统的安全性。

在本实验中，事先在主机内建立用户名 test，密码分别陆续设置为空、123123、security、security123 进行测试。

① 启动 LC5，弹出来 LC5 的主界面，如图 2-27 所示。打开 File 菜单，选择 LC5Wizard，如图 2-28 所示。

图2-27　LC5主界面

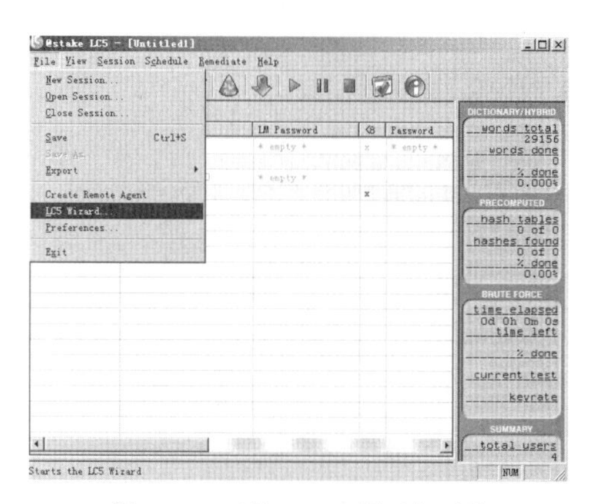

图2-28　开始 LC5向导破解功能

② 弹出 LCWizard 对话框，如图 2-29 所示。

③ 单击 Next 按钮，弹出图 2-30 所示的对话框。

如果破解本台计算机的密码，并且具有管理员权限，那么选择第一项“Retrieve from the local machine（从本地机器导入）”；如果已经进入远程的一台主机，并且有管理员权限，可以选择第二项“Retrieve from a remote machine（从远程计算机导入）”，这样就可以破解远程主机的 SAM 文件；如果得到了一台主机的紧急修复盘，可以选择第三项“Retrieve from nt 4.0 emergency repaire disks（破解紧急修复盘中的 SAM 文件）”；LC5 还提供第四项“Retrieve by sniffing the local network（在网络中探测加密密码）”选项，LC5 可以在一台计算机向另一台计算机通过网络进行认证的“质询 / 应答”过程中截获加密密码散列，这也要求和远程计算机建立连接。

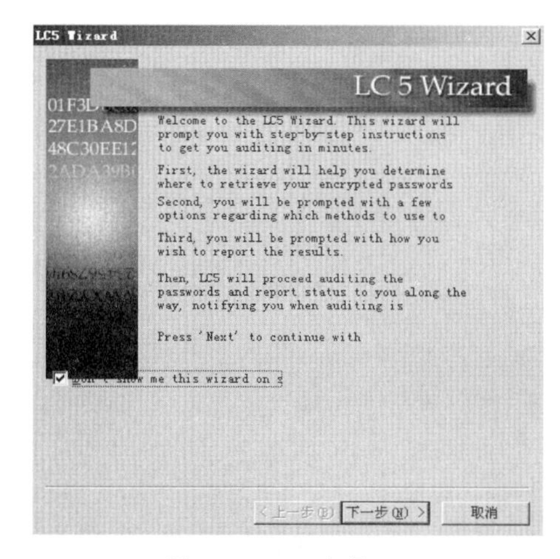

图2-29　LC5向导

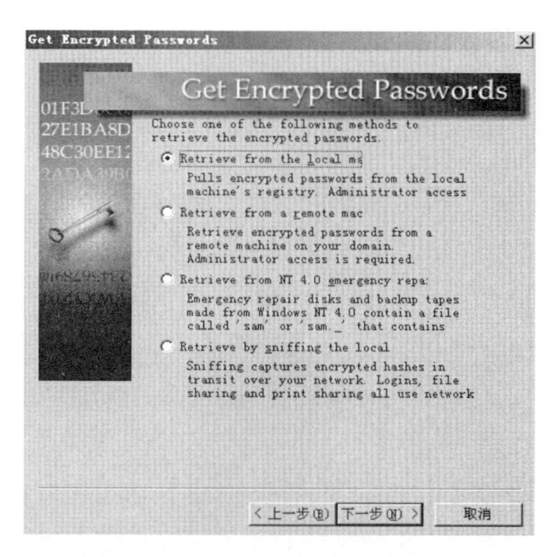

图2-30　选择导入加密密码的方法

④ 本实验破解本地计算机密码，所以选择从本地机器导入，再单击 Next 按钮，弹出图 2-31 所示对话框。

⑤ 第一步所设置的是空密码，可以选择“Quick Password Auditing（快速密码破解）”即可以破解密码，再单击 Next 按钮，弹出如图 2-32 所示对话框。

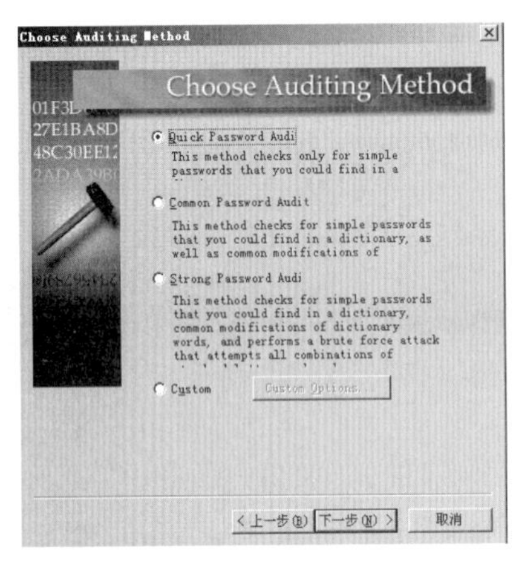

图2-31 选择破解方法

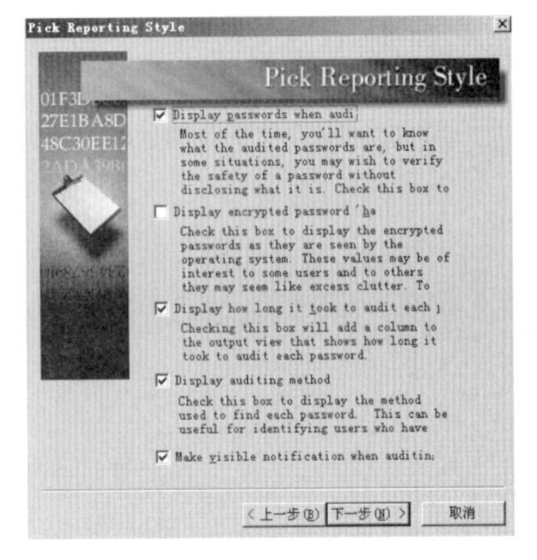

图2-32 选择报告风格

⑥ 选择默认的选项即可，单击“下一步”按钮，弹出如图 2-33 所示的对话框。

⑦ 单击“完成”按钮，软件就开始破解账号了，破解结果如图 2-34 所示。

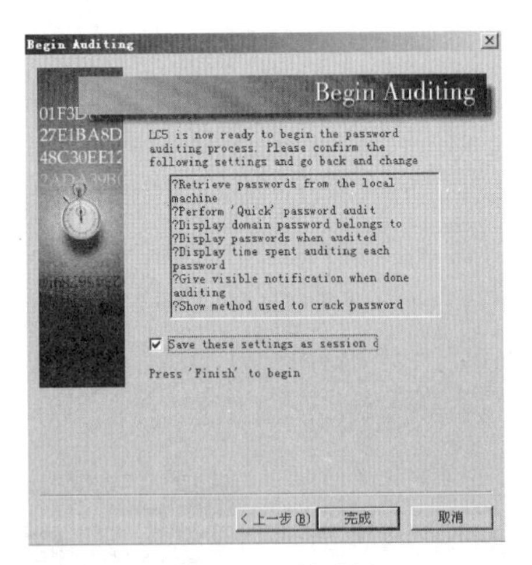

图2-33 开始破解

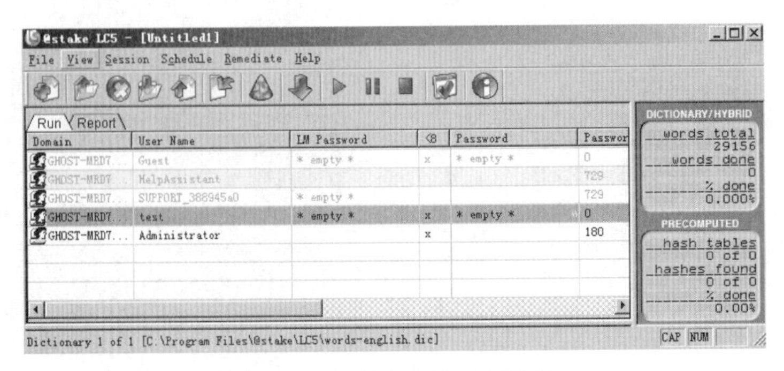

图2-34 密码为空的破解结果

可以看到，用户 test 的密码为空，软件很快就破解出来。

⑧ 把 test 用户的密码改为“123123”，再次测试，由于密码不是太复杂，还是选择快速密码破解，破解结果如图 2-35 所示。

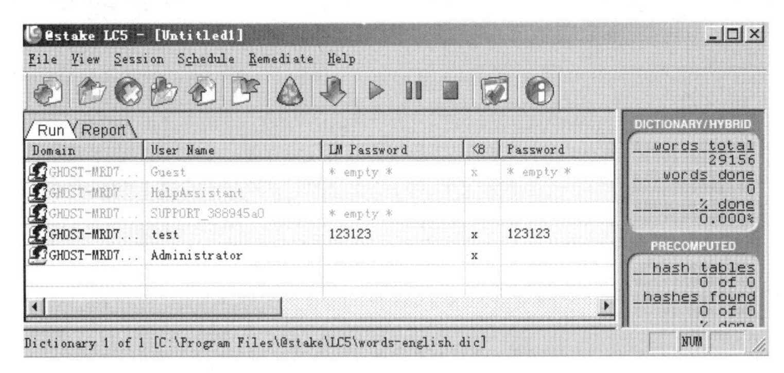

图2-35　密码为“123123”的破解结果

可以看到，test 用户的密码“123123”，也很快就破解出来了。

⑨ 把主机的密码设置得复杂一些，不选用数字，选用某些英文单词，比如 security，再次测试，由于密码组合复杂一些，在图 2-32 中破解方法选择“common password auditing（普通密码破解）”，测试结果如图 2-36 所示。

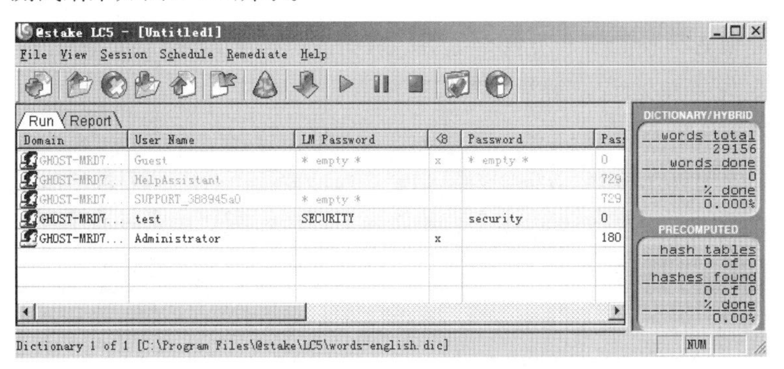

图2-36　密码为security的破解结果

可以看到，密码 security 也被破解出来，只是破解时间稍微有点长而已。

【问题】：如果用快速破解法，会出现何种情况？

① 把密码设置得更加复杂一些，改为 security123，选择普通密码破解，测试结果如图 2-37 所示。

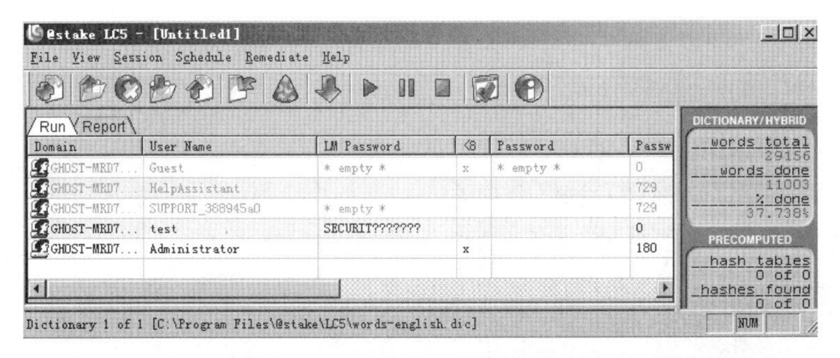

图2-37　密码为security123选择“普通密码破解”的破解结果

② 可见，普通密码破解并没有完全破解成功，最后几位没破解出来，这时应该选择复杂密码破解方法，因为这种方法可以把字母和数字进行尽可能的组合，破解结果如图 2–38 所示。

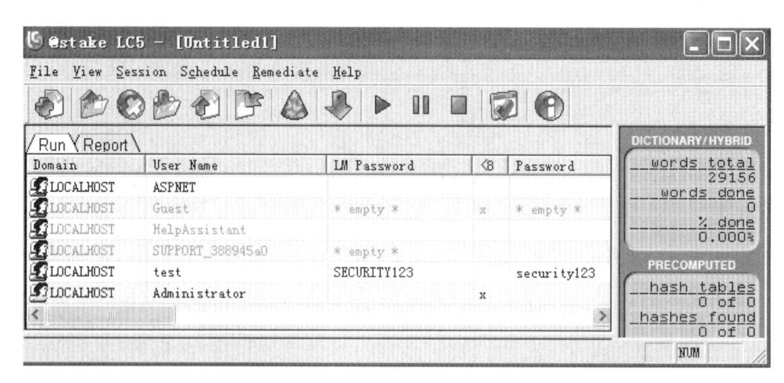

图2–38　密码为security123选择“复杂密码破解”的破解结果

③ 如果用复杂密码破解方法破解结果，虽然速度较慢，但是最终还是可以破解。

用户可以设置更加复杂的密码，采用更加复杂的自定义密码破解模式，在图 2–31 中选择 custom，设置界面图 2–39 所示。

其中，“字典攻击”中可以选择字典列表的字典文件进行破解，LC5 本身带有简单的字典文件，也可以自己创建或者利用字典工具生成字典文件；“混合字典”破解密码把单词、数字或符号进行混合组合破解；“预定散列”攻击是利用预先生成的密码散列值和 SAM 中的散列值进行匹配，这种方法由于不用在线计算 Hash，所以速度很快；利用“暴力破解”中的字符设置选项，可以设置为“字母 + 数字”“字母 + 数字 + 普通符号”“字母 + 数字 + 全部符号”，这样就从理论上把大部分密码组合采用暴力方式遍历所有字符组合而破解出来，只是破解时间可能很长。

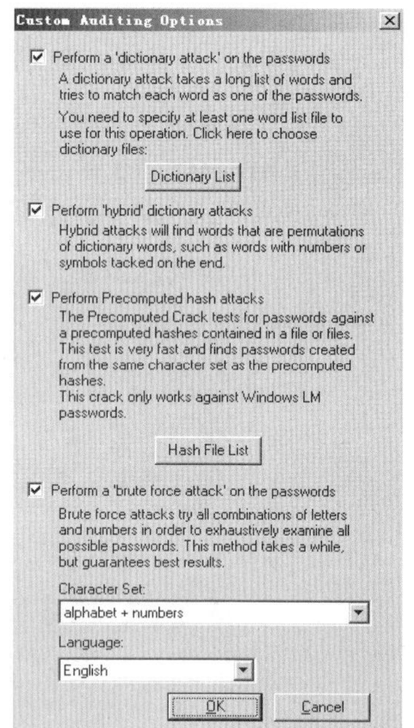

图2–39　自定义破解界面

6. 掌握安全的密码设置策略

暴力破解理论上可以破解任何密码。但如果密码过于复杂，暴力破解需要的时间会很长，在这段时间内，增加了用户发现入侵和破解行为的机会，以采取某种措施来阻止破解，所以密码越复杂越好。一般设置密码要遵循以下原则：

① 密码长度不小于 8 个字符。

② 包含有大写和小写的英文字母、数字和特殊符号的组合。

③ 不包含姓名、用户名、单词、日期以及这几项的组合。

④ 定期修改密码，并且对新密码做较大的改动。

学会采取以下一些步骤来消除密码漏洞，预防弱密码攻击。

第一步：删除所有没有密码的账号或为没有密码的用户加上一个密码。特别是系统内置或是默认账号。

第二步：制定管理制度，规范增加账号的操作，及时移走不再使用的账号。经常检查确认有没有增加新的账号，不使用的账号是否已被删除。当职员或合作人离开公司时，或当账号不再需要时，应有严格的制度保证删除这些账号。

第三步：加强所有的弱密码，并且设置为不易猜测的密码，为了保证密码的健壮性，可以利用 UNIX 系统保证密码健壮性的功能或者采用一些专门的程序来拒绝任何不符合安全策略的密码。这样就保证了修改的密码长度和组成使得破解非常困难。例如，在密码中加入一些特殊符号使密码更难破解。

第四步：使用密码控制程序，以保证密码经常更改，而且旧密码不可重用。

第五步：对所有的账号运行密码破解工具，以寻找弱密码或没有密码的账号。

另一个避免没有密码或弱密码的方法是采用认证手段，例如采用 RSA 认证令牌。

请根据以上安全策略重新设置密码并进行实验，看是否能够被破解。

习　　题

一、填空题

1. 网络安全的特征有（　　）、（　　）、（　　）、（　　）。

2. 网络安全的结构层次包括（　　）、（　　）、（　　）、（　　）。

3. 网络安全面临的主要威胁有（　　）、（　　）、（　　）、（　　）。

4. 计算机安全的主要目标是保护计算机资源免遭（　　）、（　　）、（　　）、（　　）。

5. 就计算机安全级别而言，能够达到 C2 级的常见操作系统有（　　）、（　　）、（　　）、（　　）。

6. 一个用户的账号文件主要包括（　　）、（　　）、（　　）、（　　）、（　　）。

7. 数据库系统安全特性包括（　　）、（　　）、（　　）、（　　）、（　　）。

8. 数据库安全的威胁主要有（　　）、（　　）、（　　）。

9. 数据库中采用的安全技术有：（　　）、（　　）、（　　）、（　　）。

10. 计算机病毒可分为（　　）、（　　）、（　　）、（　　）、（　　）、（　　）等几类。

二、选择题

1. 对网络系统中的信息进行更改、插入、删除属于（　　）。

　A. 系统缺陷　　B. 主动攻击　　C. 漏洞威胁　　D. 被动攻击

2. （　　）是指在保证数据完整性的同时，还要使其能被正常利用和操作。

　A. 可靠性　　B. 可用性　　C. 完整性　　D. 保密性

3. （　　）是指保证系统中的数据不被无关人员识别。

　A. 可靠性　　B. 可用性　　C. 完整性　　D. 保密性

4. 在关闭数据库的状态下进行数据库完全备份叫（　　）。

　A. 热备份　　B. 冷备份　　C. 逻辑备份　　D. 差分备份

5. 下面（　　）攻击是被动攻击。

　A. 假冒　　B. 搭线窃听　　C. 篡改信息　　D. 重放信息

6. AES 是（　　）。
   A. 不对称加密算法　　B. 消息摘要算法
   C. 对称加密算法　　D. 流密码算法
7. 在加密时将明文的每个或每组字符由另一个或另一组字符所代替，这种密码叫（　　）。
   A. 移位密码　　B. 替代密码　　C. 分组密码　　D. 序列密码
8. DES 算法一次可用 56 位密钥把（　　）位明文加密。
   A. 32　　B. 48　　C. 64　　D. 128
9. （　　）是典型的公钥密码算法。
   A. DES　　B. IDEA　　C. MD5　　D. RSA
10. （　　）是消息认证算法。
   A. DES　　B. IDEA　　C. MD5　　D. RSA

三、简答题

1. 简述 ARP 欺骗的实现原理及主要防范方法。
2. 简述常见网络攻击的步骤。
3. 网络安全主要有哪些关键技术？
4. 访问控制的含义是什么？
5. 简述网络攻击的分类。

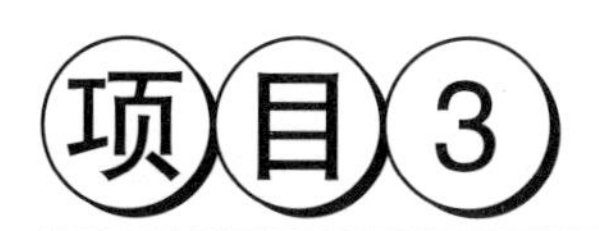

项目3 网络数据库安全

3.1 项目导入

社交网络和 Web 2.0 应用程序逐渐在企业内部普及，这是因为基于 Web 的工具在组群间建立连接并消除物理障碍，使用户和企业能够进行实时通信。虽然即时通信、网络会议、点对点文件共享和社交网站能够为企业提供便利，但它们也成为互联网威胁、违反合规和数据丢失的最新切入点。

随着 Web 2.0、社交网络、微博等一系列新型的互联网产品的诞生，基于 Web 环境的互联网应用越来越广泛，企业信息化的过程中各种基于网络数据库应用都架设在 Web 平台上，Web 业务的迅速发展也引起黑客的强烈关注，接踵而至的就是网络数据库安全威胁的凸显，黑客利用网站操作系统的漏洞和Web服务程序的SQL注入漏洞等得到Web服务器的控制权限，轻则篡改网页内容，重则窃取重要内部数据，更为严重的则是在网页中植入恶意代码，使得网站访问者受到侵害。数据库系统的安全特性主要是针对数据而言的，包括数据独立性、数据安全性、数据完整性、并发控制、故障恢复、攻击防护等几方面。

3.2 职业能力目标和要求

2011 年，在政府相关部门、互联网服务机构、网络安全企业和网民的共同努力下，我国互联网网络安全状况继续保持平稳状态，未发生造成大范围影响的重大网络安全事件，基础信息网络防护水平明显提升，政府网站安全事件显著减少，网络安全事件处理速度明显加快，但以用户信息泄露为代表的与网民利益密切相关的事件，引起了公众对网络安全的广泛关注。

2011 年底，有些网站发生用户信息泄露事件引起社会广泛关注，涉及数据库信息、账号、密码信息，严重威胁了互联网用户的合法权益和互联网安全。根据调查和研判发现，我国部分网站的用户信息仍采用明文的方式存储，相关漏洞修补不及时，安全防护水平较低。

学习完本项目，读者要达到的职业能力目标和要求如下：

① 了解数据库安全。

② 掌握数据库备份与恢复的方法。

③ 掌握防护 SQL Server 的攻击的方法。

④ 掌握如何防护 SQL 注入攻击。

3.3 相关知识

3.3.1 数据库安全概述

Web 数据库集中了数据库技术与网络技术的优点，用户既可充分利用大量已有的数据库信息，又可以很方便地在 Web 浏览器上检索和浏览数据库的内容。但是，Web 数据库是置于网络环境下，存在很大的安全隐患，如何才能保证和加强数据库的安全性已成为目前必须要解决的问题。因此，对 Web 数据库安全模式的研究，在 Web 的数据库管理系统的理论和实践中都具有重要的意义。

目前，很多业务都依赖于互联网，例如网上银行、网络购物、网游等，很多恶意攻击者出于不良的目的对 Web 服务器进行攻击，想方设法通过各种手段获取他人的个人账户信息谋取利益。正因为这样，Web 业务平台最容易遭受攻击。同时，对 Web 服务器的攻击也可以说是形形色色、种类繁多，常见的有挂马、SQL 注入、缓冲区溢出、嗅探、利用 IIS 等针对网络服务器漏洞进行攻击。

一方面，由于 TCP/IP 的设计是没有考虑安全问题的，这使得在网络上传输的数据是没有任何安全防护的。攻击者可以利用系统漏洞造成系统进程缓冲区溢出，攻击者可能获得或者提升自己在有漏洞的系统上的用户权限来运行任意程序，甚至安装和运行恶意代码，窃取机密数据。而应用层面的软件在开发过程中也没有过多考虑到安全问题，这使得程序本身存在很多漏洞，诸如缓冲区溢出、SQL 注入等流行的应用层攻击，这些均属于在软件研发过程中疏忽了对安全的考虑所致。

另一方面，用户对某些隐秘的东西带有强烈的好奇心，一些利用木马或病毒程序进行攻击的攻击者，往往就利用了用户的这种好奇心理，将木马或病毒程序捆绑在一些图片、音视频及免费软件等文件中，然后把这些文件置于某些网站当中，再引诱用户去单击或下载运行。或者通过电子邮件附件和 QQ 等即时聊天软件将这些捆绑了木马或病毒的文件发送给用户，利用用户的好奇心理引诱用户打开或运行这些文件。

下面是常见的几种攻击方式：

① SQL 注入：通过把 SQL 命令插入到 Web 表单递交或输入域名或页面请求的查询字符串，最终达到欺骗服务器执行恶意的 SQL 命令，比如先前的很多影视网站泄露 VIP 会员密码大多就是通过 Web 表单递交查询字符暴露的，这类表单特别容易受到 SQL 注入式攻击。

② 跨站脚本攻击（也称为 XSS）：指利用网站漏洞从用户那里恶意盗取信息。用户在浏览网站、使用即时通信软件、甚至在阅读电子邮件时，通常会点击其中的链接。攻击者通过在链接中插入恶意代码，就能够盗取用户信息。

③ 网页挂马：把一个木马程序上传到一个网站里，后用木马生成器生一个网马，再加上代码使得木马在打开网页中运行。

3.3.2 数据库的数据安全

数据库在各种信息系统中得到广泛的应用，数据在信息系统中的价值越来越重要，数据库系统的安全与保护成为越来越值得关注的方面。

数据库系统中的数据由数据库管理系统（DBMS）统一管理与控制，为了保证数据库中数据的安全、完整和正确有效，要求对数据库实施保护，使其免受某些因素对其中数据造成的破坏。

一、数据库安全问题的产生

数据库的安全性是指在信息系统的不同层次保护数据库，防止未授权的数据访问，避免数据的泄露、不合法的修改或对数据的破坏。安全性问题不是数据库系统所独有的，它来自各个方面，其中既有数据库本身的安全机制，如用户认证、存取权限、视图隔离、跟踪与审查、数据加密、数据完整性控制、数据访问的并发控制、数据库的备份和恢复等方面，也涉及计算机硬件系统、计算机网络系统、操作系统、组件、Web 服务、客户端应用程序、网络浏览器等。只是在数据库系统中大量数据集中存放，而且为许多最终用户直接共享，从而使安全性问题更为突出，每一方面产生的安全问题都可能导致数据库数据的泄露、意外修改、丢失等后果。

例如，操作系统漏洞导致数据库数据泄露。微软公司发布的安全公告声明了一个缓冲区溢出漏洞（http://www.microsoft.com/china/security/），Windows NT、Windows 2000、Windows 2003 等操作系统都曾受到影响。有人针对该漏洞开发出了溢出程序，通过计算机网络可以对存在该漏洞的计算机进行攻击，并得到操作系统管理员权限。如果该计算机运行了数据库系统，则可轻易获取数据库系统数据。特别是 Microsoft SQL Server 的用户认证是和 Windows 集成的，更容易导致数据泄露或更严重的问题。

又如，没有进行有效的用户权限控制引起的数据泄露。Browser/Server 结构的网络环境下数据库或其他的两层或三层结构的数据库应用系统中，一些客户端应用程序总是使用数据库管理员权限与数据库服务器进行连接（如 Microsoft SQL Server 的管理员 SA），在客户端功能控制不合理的情况下，可能使操作人员访问到超出其访问权限的数据。

一般来说，对数据库的破坏来自以下四方面：

1. 非法用户

非法用户是指那些未经授权而恶意访问、修改甚至破坏数据库的用户，包括那些超越权限来访问数据库的用户。一般来说，非法用户对数据库的危害是相当严重的。

2. 非法数据

非法数据是指那些不符合规定或语义要求的数据，一般由用户的误操作引起。

3. 各种故障

各种故障指的是各种硬件故障（如磁盘介质）、系统软件与应用软件的错误、用户的失误等。

4. 多用户的并发访问

数据库是共享资源，允许多个用户并发访问（Concurrent Access），由此会出现多个用户同时存取同一个数据的情况。如果对这种并发访问不加控制，各个用户就可能存取到不正确的数据，从而破坏数据库的一致性。

二、数据库安全防范

为了保护数据库，防止恶意滥用，可以从低到高的 5 个级别上设置各种安全措施。

① 环境级：计算机系统的机房和设备应加以保护，防止有人进行物理破坏。

② 职员级：工作人员应清正廉洁，正确授予用户访问数据库的权限。

③ OS 级：应防止未经授权的用户从 OS 处着手访问数据库。

④ 网络级：由于大多数数据库系统（DBS）都允许用户通过网络进行远程访问，因此网络软件内部的安全性至关重要。

⑤ DBS 级：DBS 的职责是检查用户的身份是否合法及使用数据库的权限是否正确。在安全问题上，DBMS 应与操作系统达到某种意向，理清关系，分工协作，以加强 DBMS 的安全性。数据库系统安全保护措施是否有效是数据库系统的主要指标之一。

针对数据库破坏的可能情况，数据库管理系统（DBMS）核心已采取相应措施对数据库实施保护，具体如下：数据独立性、数据安全性、数据完整性、并发控制、故障恢复、攻击防护。

① 利用权限机制，只允许有合法权限的用户存取所允许的数据。

② 利用完整性约束，防止非法数据进入数据库。

③ 提供故障恢复能力，以保证各种故障发生后，能将数据库中的数据从错误状态恢复到一致状态。

④ 提供并发控制机制，控制多个用户对同一数据的并发操作，以保证多个用户并发访问的顺利进行。

三、数据库的安全标准

目前，国际上及我国均颁布有关数据库安全的等级标准。最早的标准是美国国防部（DOD）1985 年颁布的《可信计算机系统评估标准》（Trusted Computer System Evaluation Criteria，TCSEC）。1991 年，美国国家计算机安全中心（NCSC）颁布了《可信计算机系统评估标准关于可信数据库系统的解释》（Trusted Datebase Interpreation，TDI），将 TCSEC 扩展到数据库管理系统。1996 年，国际标准化组织 ISO 又颁布了《信息技术　安全技术—信息技术安全性评估准则》（Information technology security techniques—evaluation criteria for IT secruity）。我国政府于 1999 年颁布了《计算机信息系统评估准则》。目前，国际上广泛采用的是美国标准 TCSEC(TDI)，在此标准中将数据库安全划分为四大类，由低到高依次为 D、C、B、A。其中，C 级由低到高分为 C1 和 C2，B 级由低到高分为 B1、B2 和 B3。每级都包括其下级的所有特性，各级指标如下：

① D 级标准：为无安全保护的系统。

② C1 级标准：只提供非常初级的自主安全保护。能实现对用户和数据的分离，进行自主存取控制（DAC）、保护或限制用户权限的传播。

③ C2 级标准：提供受控的存取保护，即将 C1 级的 DAC 进一步细化，以个人身份注册负责，并实施审计和资源隔离。很多商业产品已得到该级别的认证。

④ B1 级标准：标记安全保护。对系统的数据加以标记，并对标记的主体和客体实施强制存取控制（MAC）以及审计等安全机制。

一个数据库系统凡符合 B1 级标准者称之为安全数据库系统或可信数据库系统。

⑤ B2 级标准：结构化保护。建立形式化的安全策略模型并对系统内的所有主体和客体实施 DAC 和 MAC。

⑥ B3 级标准：安全域。满足访问监控器的要求，审计跟踪能力更强，并提供系统恢复过程。

⑦ A 级标准：验证设计，即提供 B3 级保护的同时给出系统的形式化设计说明和验证，以确信各安全保护真正实现。

我国的国家标准的基本结构与 TCSEC 相似。我国标准分为 5 级，从第 1 级到第 5 级依次与 TCSEC 标准的 C 级（C1. C2）及 B 级（B1B2B3）一致。

3.4　项目实施

3.4.1　数据库备份与恢复

备份是指将数据库复制到一个专门的备份服务器、活动磁盘或者其他能足够长期存储数据的介质上作为副本。一旦数据库因意外而遭损坏，这些备份可用来还原数据库。

1. 数据备份

已提前建立了“数学成绩管理数据库”样本数据库。

① 打开企业管理器，展开服务器，选中指定的数据库。

② 打开企业管理器，展开“SQL Server 组”|“(LOCAL)”|“数据库”，右击指定备份的数据库，选择“所有任务”|“备份数据库”命令，弹出“SQL Server 备份 —教学成绩管理数据库”对话框，如图 3-1 所示。

③ 单击“添加”按钮，弹出“选择备份目的”对话框，在“文件名”文本框中输入备份路径，单击“确定”按钮完成添加。

④ 在“备份”选项组中选择“数据库 - 完全”单选按钮，在“重写”选项组中选择“追加到媒体”单选按钮将新的备份添加到备份设备中，也可以选择“重写现有媒体”单选按钮用新的备份来覆盖原来的备份

⑤ 单击“确定”按钮开始备份，完成数据库备份后弹出提示对话框。

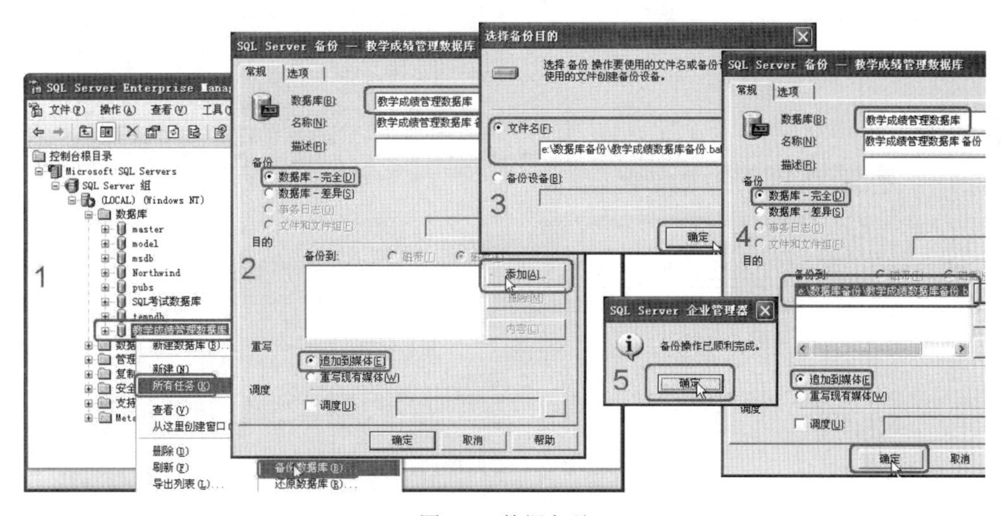

图3-1　数据备份

数据库备份后，一旦数据库发生故障，就可以将数据库备份加载到系统，使数据库还原

到备份时的状态。还原是与备份相对应的数据库管理工作，系统进行数据库还原的过程中，自动执行安全性检查，然后根据数据库备份自动创建数据库结构，并且还原数据库中的数据。

2. 恢复备份

① 打开企业管理器，展开“SQL Server 组”|“(LOCAL)”，右击“数据库”，选择“所有任务”|“还原数据库”命令，弹出“还原数据库”对话框，如图 3-2 所示，在“还原为数据库”列表框中选择指定还原数据库（若数据库名称要用新名称，在“还原为数据库”列表框中可输入新数据库名称），然后选中“从设备”单选按钮，单击“选择设备”按钮，弹出“选择还原设备”对话框，选中“磁盘”单选按钮并单击“添加”按钮，弹出“编辑还原目的”对话框，选中“文件名”单选按钮并在文本框中输入备份路径和文件名，单击“确定”按钮完成还原设置。

② 在“选择还原设备”对话框中单击“确定”按钮返回“还原数据库”对话框，选择“还原备份集”“数据库—完全”单选按钮，选择“选项”选项卡，可选择“在现有数据库上强制还原”等复选框，还可设置“将数据库文件还原为”的逻辑文件名和物理文件名，单击“确定”按钮开始还原，还原完成后弹出完成提示框。

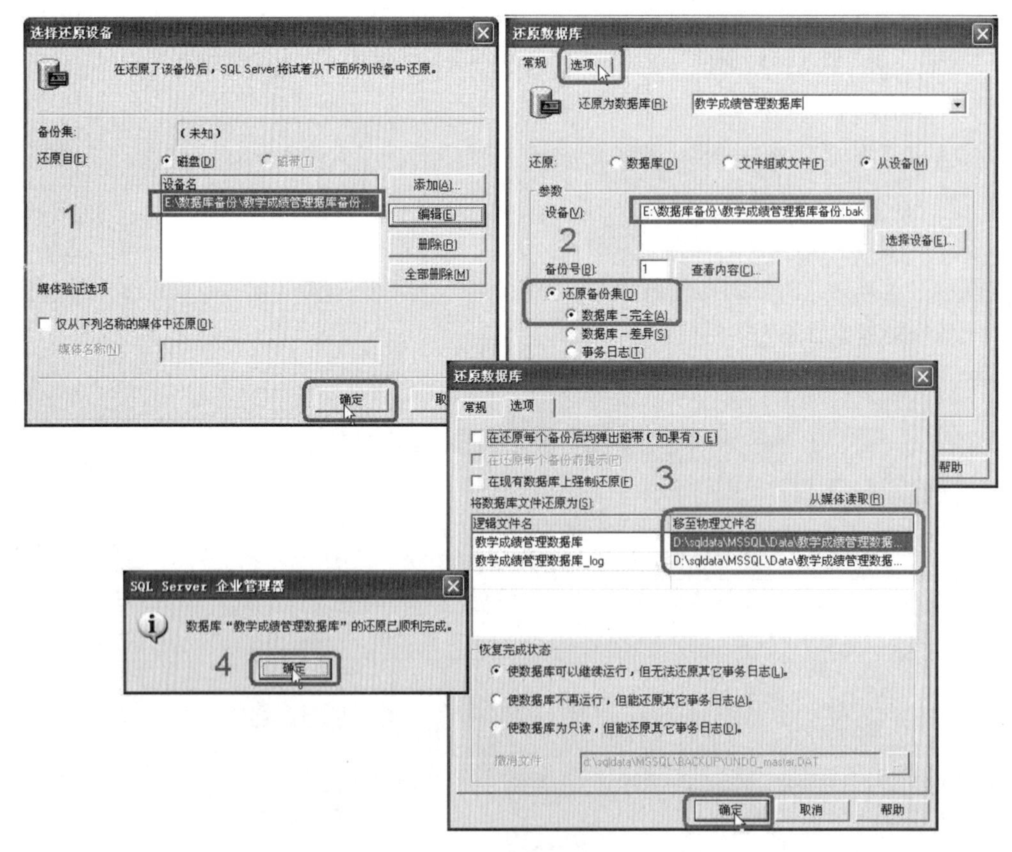

图3-2 数据恢复

3.4.2 SQL Server 攻击的防护

① 启动 Microsoft SQL Server Management Studio，如图 3-3 所示，在“对象资源管理器”

窗口中选择“ZTG2003”|“安全性”|“登录名”选项。在右侧窗口中双击sa,弹出“登录属性-sa”对话框，如图3-3所示。

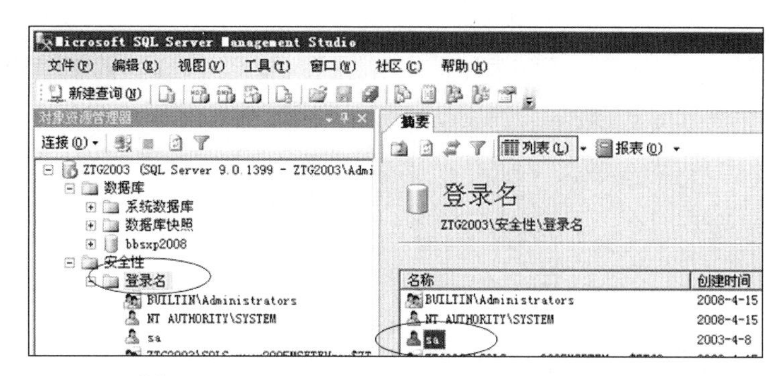

图3-3　Microsoft SQL Server Management Studio

② 在图3-4中，选择“强制实施密码策略”复选框，对sa用户进行最强的保护，另外，密码的选择也要足够复杂。

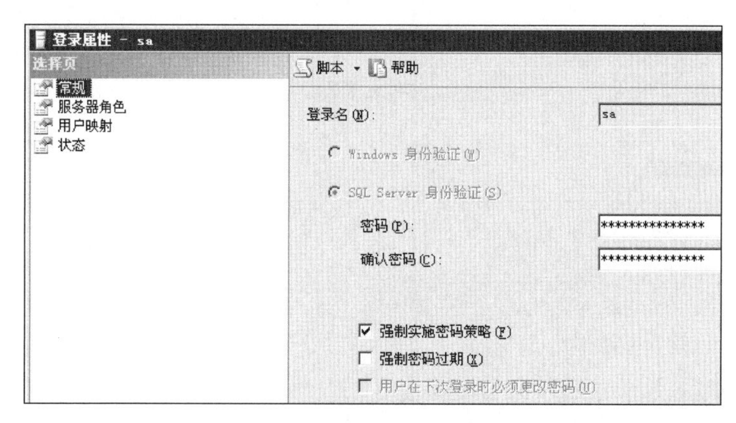

图3-4　“登录属性-sa”对话框

③ 在SQL Server 2005中有Windows身份认证和混合身份认证。如果不希望系统管理员登录数据库，可以把系统账号BUILTIN\Administrators删除或禁止，在图3-3中，右击BUILTIN\Administrators账号,选择“属性”命令,弹出“登录属性-BUILTIN\ Administrators”对话框，如图3-5所示，单击左侧窗口中的“状态”，在右侧窗口中，把“是否允许连接到数据库引擎”改为拒绝，“登录”改为禁用即可。

④ 使用IPSec策略阻止所有访问本机的TCP1433,也可以对TCP1433端口进行修改,不过,在SQL Server 2005中,可以使用TCP动态端口,启动SQL Server Configuration Manager,如图3-6所示，右击TCP/IP，选择“属性”，弹出“TCP/IP属性”对话框，如图3-7所示。

在图3-7中,在IPALL属性框中的“TCP动态端口”右侧输入“0”。配置为监听动态端口,在启动时会检查操作系统中的可用端口并且从中选择一个。

如图3-8所示，可以指定SQL Server是否监听所有绑定到计算机网卡的IP地址。如果设置为“是”，则IPALL属性框的设置将应用于所有IP地址；如果设置为“否”，则使用每个IP地址各自的属性对话框对各个IP地址进行配置。默认值为“是”。

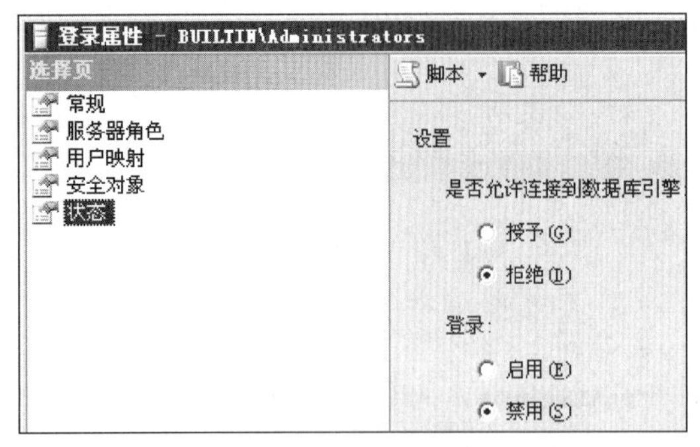

图3-5 “登录属性-BUILTIN\Administrators”对话框

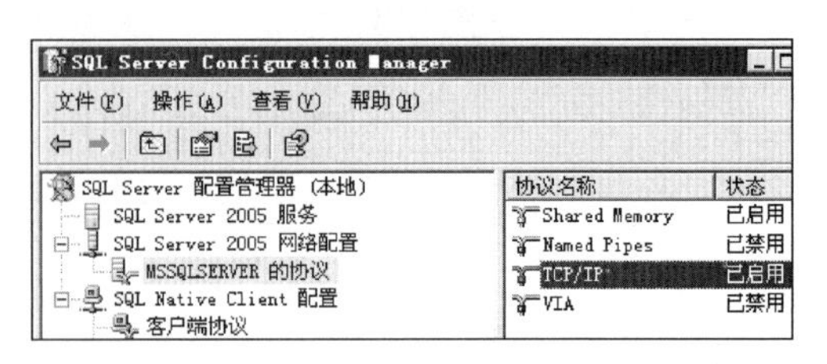

图3-6 SQL Server Configuration Manager

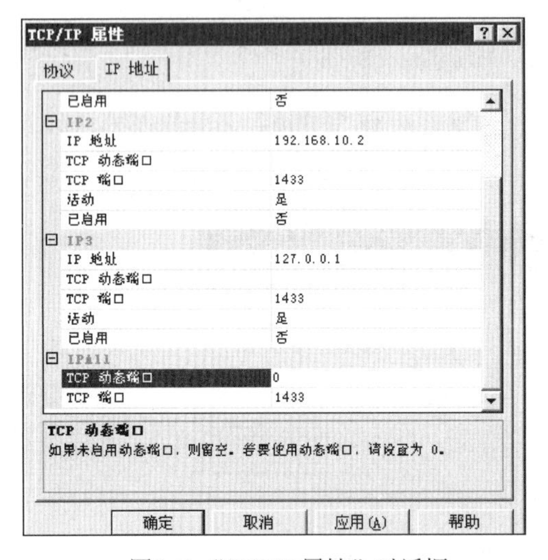

图3-7 “TCP/IP属性”对话框

图3-8 监听设置

⑤ 删除不必要的扩展存储过程（或存储过程）。

因为有些存储过程能够很容易地被入侵者利用来提升权限或进行破坏，所以需要将必要的存储过程或扩展存储过程删除。

xp_cmdshell 是一个很危险的扩展存储过程，如果不需要 xp_cmdshell，最好将其删除。删除的方法如图 3-9 所示。

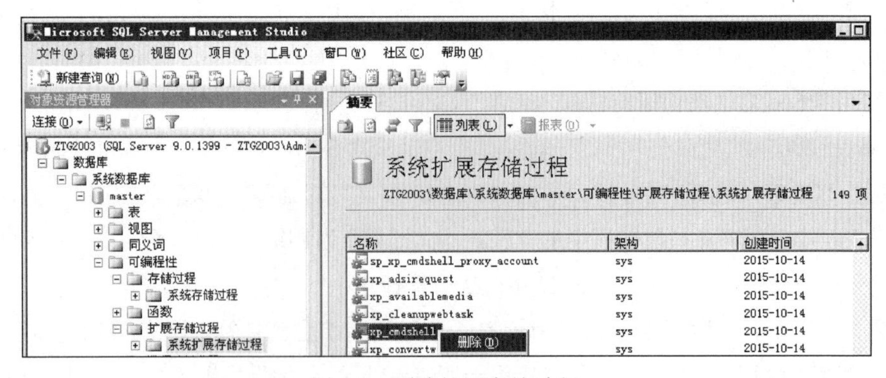

图3-9 删除扩展存储过程

下面给出了可以考虑删除的扩展存储过程（或存储过程），仅供参考：

xp_regaddmultistring、xp_regdeletekey、xp_regdetetevalue、xp_regenumkeys、xp_cmdshell、xp_dirtree、xp_fileexist、xp_getnetname、xp_terminate_process、xp_regenumvalues、xp_regread、xp_regwrite、xp_readwebtask、xp_makewebtask、xp_regremovemultistring。

OLE 自动存储过程：sp_OACreate、sp_OADestroy、sp_OAGetErrorInfo、sp_OAGetProperty、sp_OAMethod sp_OASetProperty、sp_OAStop。

访问注册表的存储过程：xp_regaddmultistring、xp_regdeletekey、xp_regdeletevalue、xp_regenumvalues、xp_regread、xp_regremovemultistring、xp_regwrite、sp_makewebtask、sp_add_job、sp_addtask、sp_addextendedproc 等。

⑥ 在图 3-9 中，右击 ZTG2003（位于图的左上角），选择“属性”命令，弹出“服务器属性 -ZTG2003”对话框，如图 3-10 所示。单击左侧窗口中的“安全性”，在右侧窗口中，选择“登录审核”中的“失败和成功的登录”，选择“启用 C2 审核跟踪”复选框。C2 是一个政府安全等级，它确保系统能够保护资源并且具有足够的审核能力。C2 允许监视对所有数据库实体的所有访问企图。

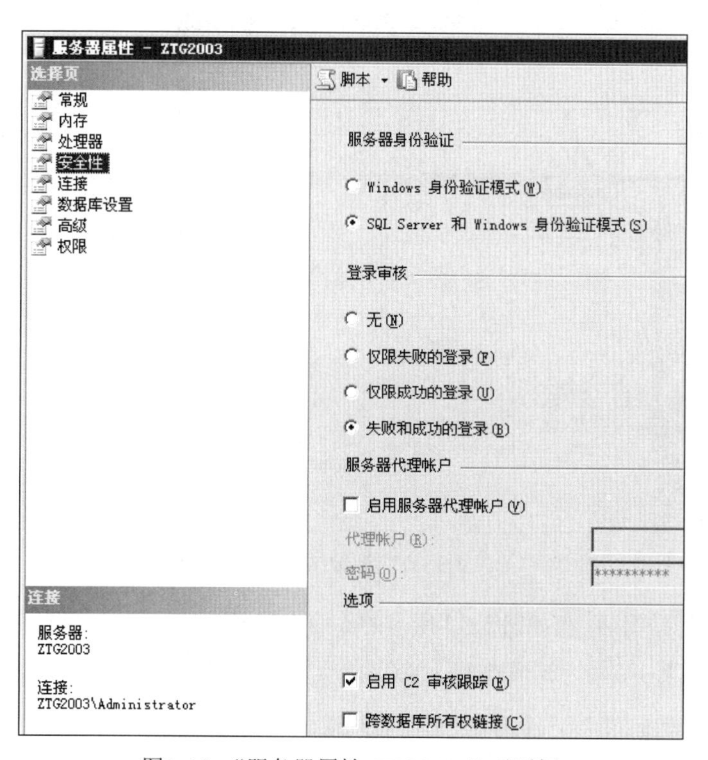

图3-10 “服务器属性-ZTG2003”对话框

3.4.3 数据库安全检测工具的使用

企业等用户一般采用防火墙作为安全保障体系的第一道防线。但是，在现实中，他们存在这样或那样的问题，由此产生了 WAF（Web 应用防护系统）。Web 应用防护系统（Web Application Firewall）代表了一类新兴的信息安全技术，用以解决诸如防火墙一类传统设备束手无策的 Web 应用安全问题。与传统防火墙不同，WAF 工作在应用层，因此对 Web 应用防护具有先天的技术优势。基于对 Web 应用业务和逻辑的深刻理解，WAF 对来自 Web 应用程序客户端的各类请求进行内容检测和验证，确保其安全性与合法性，对非法的请求予以实时阻断，从而对各类网站站点进行有效防护。

① 构建如图 3-11 所示网络架构，在 PC2 上搭建 Web 网站，在 PC1 上使用浏览器访问 PC2 上的网站。

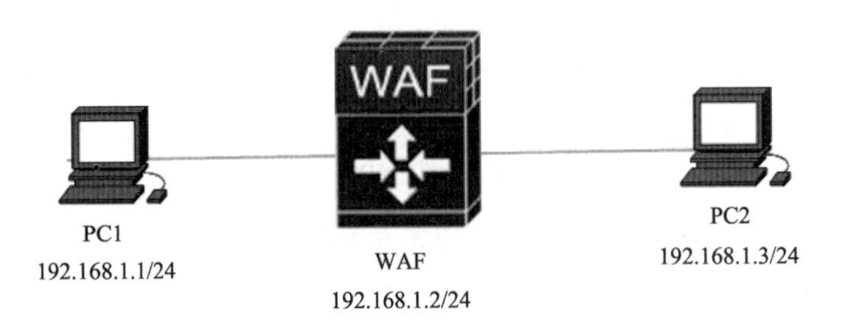

图3-11　WAF透明部署模式

② 登录 WAF，在左侧功能树中选择“检测”|“漏洞扫描”|“扫描管理”|“新建”，如图 3-12 所示。

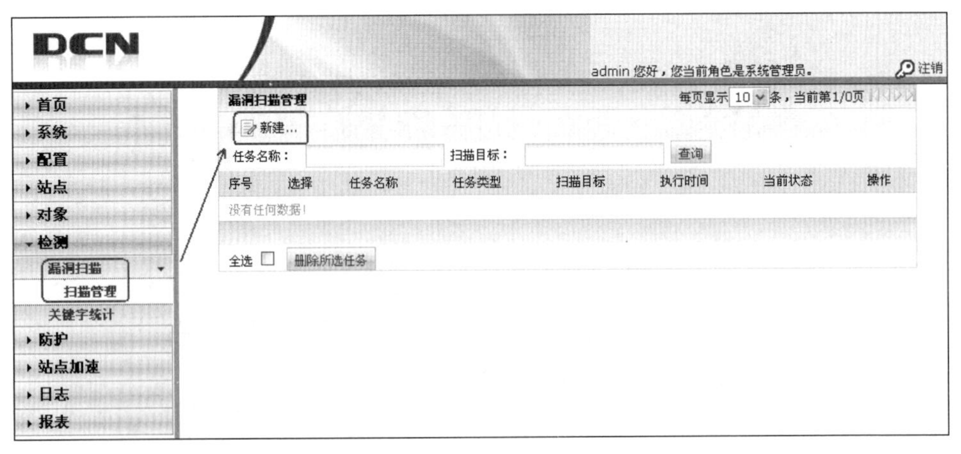

图3-12　新建扫描管理

单击“新建”按钮后，在如图 3-13 所示的界面中输入任务名称、扫描目标（即网站地址）、执行方式（选择立即执行）、扫描内容（全选）。

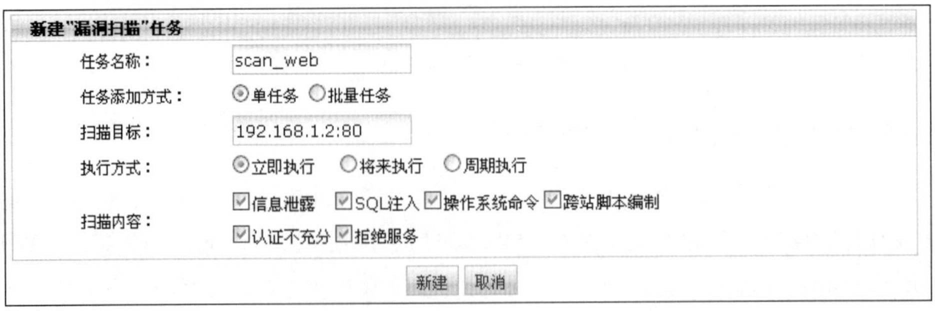

新建“漏洞扫描”任务

任务名称：scan_web

任务添加方式：◉单任务 ○批量任务

扫描目标：192.168.1.2:80

执行方式：◉立即执行 ○将来执行 ○周期执行

扫描内容：☑信息泄露 ☑SQL注入 ☑操作系统命令 ☑跨站脚本编制 ☑认证不充分 ☑拒绝服务

新建　取消

图3-13　新建扫描任务

单击“新建”按钮后，完成一条网站漏洞扫描任务的添加，如图 3-14 所示。

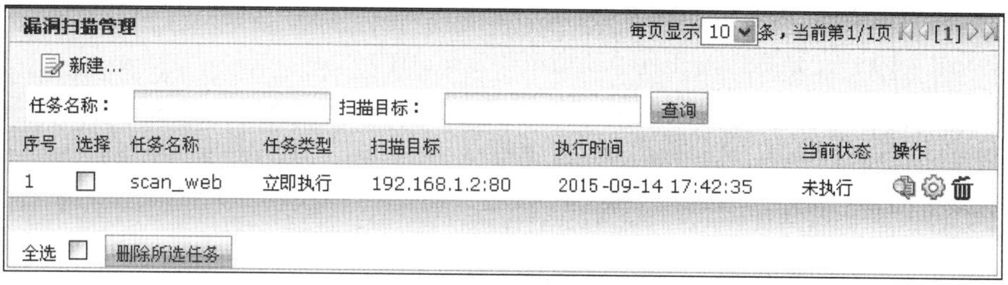

漏洞扫描管理 每页显示 10 条，当前第1/1页 [1]

新建...

任务名称： 扫描目标： 查询

序号	选择	任务名称	任务类型	扫描目标	执行时间	当前状态	操作
1	□	scan_web	立即执行	192.168.1.2:80	2015-09-14 17:42:35	未执行	

全选 □ 删除所选任务

图3-14 添加扫描任务

③ 一段时间后，显示扫描完成，如图 3-15 所示。

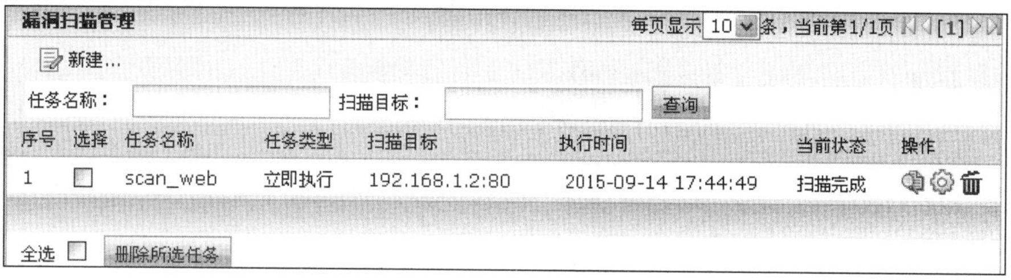

漏洞扫描管理 每页显示 10 条，当前第1/1页 [1]

新建...

任务名称： 扫描目标： 查询

序号	选择	任务名称	任务类型	扫描目标	执行时间	当前状态	操作
1	□	scan_web	立即执行	192.168.1.2:80	2015-09-14 17:44:49	扫描完成	

全选 □ 删除所选任务

图3-15 完成扫描任务

此次扫描完成后，网站若是更新了，只要地址没有变化，就可以再次进行漏洞扫描，单击“操作”列中的齿轮按钮，可再次进行漏洞扫描。

④ 扫描完成后，进入“日志”|“漏洞扫描日志”，查看漏洞扫描结果，如图 3-16 所示。

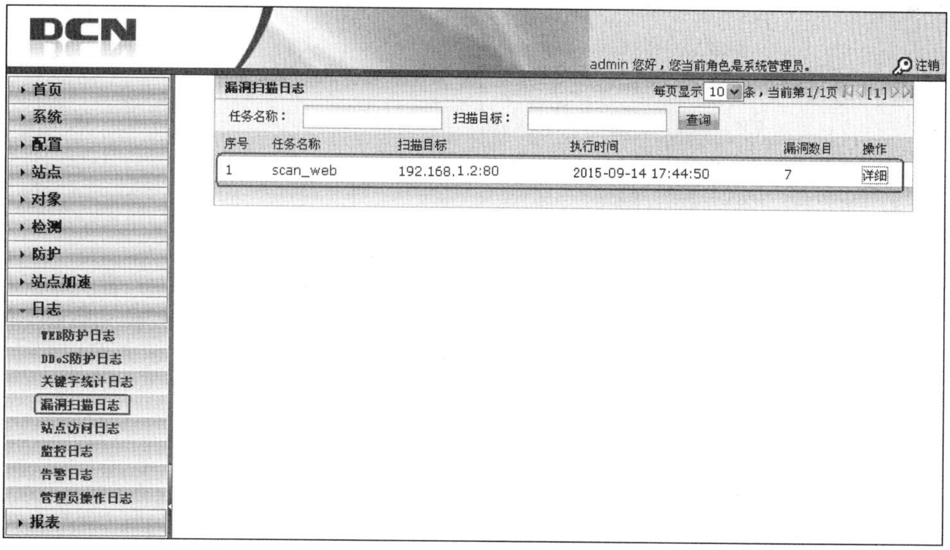

DCN

admin 您好，您当前角色是系统管理员。 注销

首页
系统
配置
站点
对象
检测
防护
站点加速
日志
WEB防护日志
DDoS防护日志
关键字统计日志
漏洞扫描日志
站点访问日志
监控日志
告警日志
管理员操作日志
报表

漏洞扫描日志 每页显示 10 条，当前第1/1页 [1]

任务名称： 扫描目标： 查询

序号	任务名称	扫描目标	执行时间	漏洞数目	操作
1	scan_web	192.168.1.2:80	2015-09-14 17:44:50	7	详细

图3-16 漏洞扫描结果

此时看到有 7 个漏洞，单击“操作”列中的“详细”按钮，查看详细信息，如图 3-17 所示。

⑤ 查看漏洞详细信息并进行相应的网站配置修正，这里查看第二条，严重级别：低；漏洞类型：信息泄露 /phpmyadmin/，单击后面的“详细”按钮，如图 3-18 所示。漏洞的详细描述是这样的“漏洞描述：可能会收集有关 Web 应用程序的敏感信息，如用户名、密码、机器

名和 / 或敏感文件位置。再看一下网站下得 /phpmyadmin/ 目录，可以这样理解：/phpmyadmin/ 目录是网站数据库 Web 管理的主目录，而这个目录是允许互联网上的用户访问的，这样就有可能泄露网站架构等关键信息，并有可能造成严重的 Web 攻击。

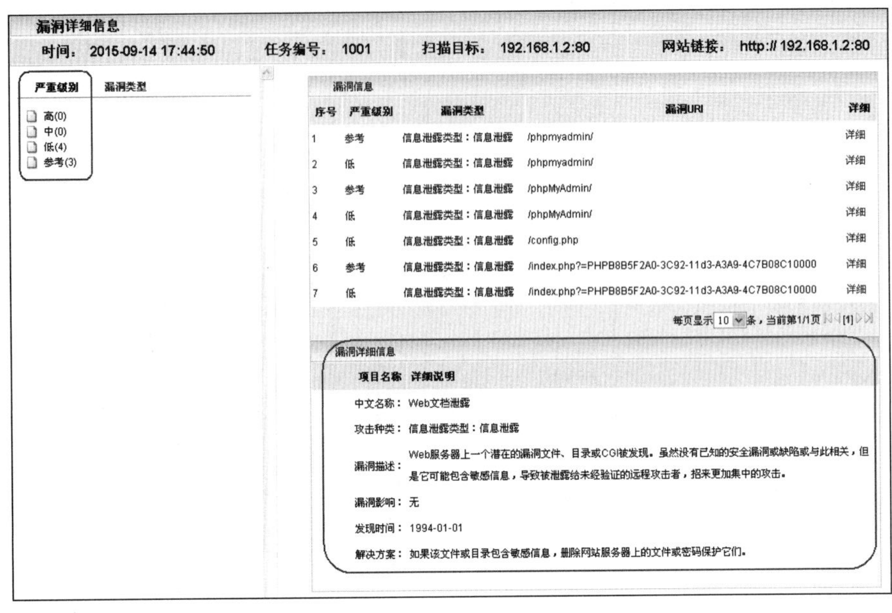

图3-17　漏洞详细信息

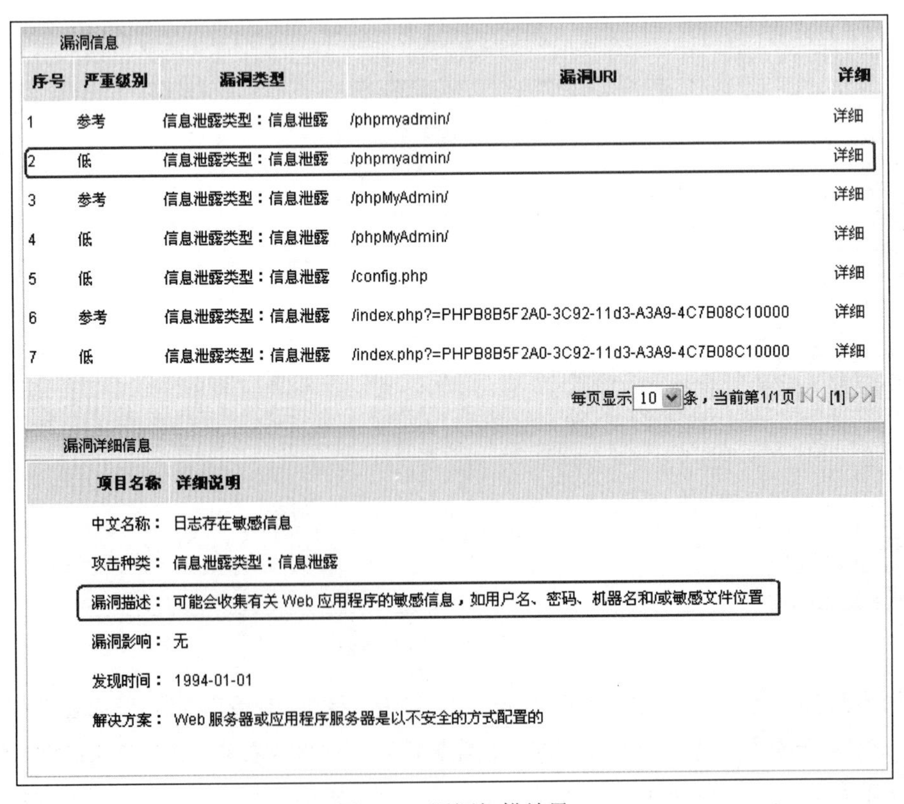

图3-18　漏洞扫描结果

习　题

一、填空题

1. 数据库常见的攻击方式有（　　）、（　　）、（　　）。

2. 数据库的破坏来自以下几方面：（　　）、（　　）、（　　）、（　　）。

3. 为了保护数据库，防止恶意的滥用，可以从（　　）、（　　）、（　　）、（　　）、（　　），低到高的5个级别上设置各种安全措施。

4. 与传统防火墙不同，WAF工作在（　　），因此对（　　）应用防护具有先天的技术优势。

5. SQL注入即通过把（　　）插入到Web表单递交或输入域名或页面请求的查询字符串，最终达到（　　）。

二、选择题

1. 对网络系统中的信息进行更改、插入、删除属于（　　）。

　A. 系统缺陷　B. 主动攻击　C. 漏洞威胁　D. 被动攻击

2. （　　）是指在保证数据完整性的同时，还要使其能被正常利用和操作。

　A. 可靠性　B. 可用性　C. 完整性　D. 保密性

3. Web中使用的安全协议有（　　）。

　A. PEM　SSL　B. S-HTTP　S/MIME

　C. SSL　S-HTTP　D. S/MIME　SSL

4. 网络安全最终是一个折中的方案，即安全强度和安全操作代价的折中除增加安全设施投资外，还应考虑（　　）。

　A. 用户的方便性　B. 管理的复杂性

　C. 对现有系统的影响及对不同平台的支持　D. 上面三项都是

三、简答题

1. 针对数据库破坏的可能情况，数据库管理系统（DBMS）核心已采取哪些相应措施对数据库实施保护？

2. 简述多用户的并发访问。

3. 简述备份和还原。

4. 简述SQL Server安全防护应该考虑哪些方面。

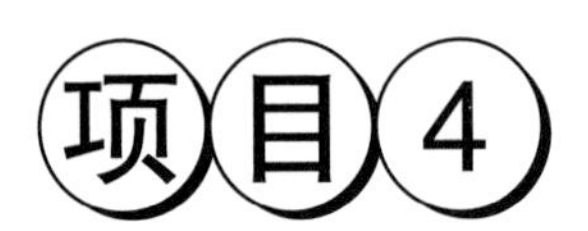

计算机病毒与木马防护

4.1 项目导入

随着各种新的网络技术的不断应用和迅速发展，计算机网络的应用范围变得越来越广泛，所起的作用越来越重要。随着计算机技术的不断发展，病毒也变得越来越复杂和高级，新一代的计算机病毒充分利用某些常用操作系统与应用软件的低防护性的弱点不断侵入。最近几年，随着因特网在全球的普及，通过网络传播病毒，使得病毒的扩散速度也急骤提高，受感染的范围越来越广。因此，计算机网络的安全保护将会变得越来越重要。

计算机病毒与木马防护是保证网络安全运行的重要保障。

4.2 职业能力目标和要求

如何防治计算机病毒和木马的侵袭，是计算机使用者头疼的大事。学习完本项目，读者要达到的职业能力目标和要求如下：

① 掌握计算机病毒的定义、类别、结构与特点。

② 掌握木马的概念。

③ 掌握计算机病毒的检测与防范。

④ 掌握杀毒软件的使用。

⑤ 掌握综合检测与清除病毒和木马的方法。

4.3 相关知识

4.3.1 计算机病毒的起源

关于计算机病毒的起源，目前有很多种说法，一般人们认为，计算机病毒来源于早期的特洛伊木马程序。这种程序借用古希腊传说中特洛伊战役中木马计的故事：特洛伊王子在访问希腊时，诱走希腊王后，因此希腊人远征特洛伊，9 年围攻不下。第 10 年，希腊将领献计，将一批精兵藏在一巨大的木马腹中，放在城外，然后佯作撤兵，特洛伊人以为敌人已退，将木马作为战利品推进城去，当夜希腊伏兵出来，打开城门里应外合攻占了特洛伊城。一些程序开发者利用这一思想开发出一种外表上很有魅力而且显得很可靠的程序，但是这些程序在被用户使用一段时间或者执行一定次数后，便会产生故障，出现各种问题。

计算机病毒起源的另一种说法可追溯到科幻小说。1975 年，美国一位名叫约翰 • 布勒尔（John Brunei）的科普作家写了一本名为 *Shock Wave Rider* 的科学幻想小说，作者在该书中第一次描写了在未来的信息社会中，计算机作为正义与邪恶双方斗争工具的故事。1977 年，另一位美国作家托马斯 • J. 雷恩出版了一本轰动一时的 *Adolescence of P1*。雷恩在这本书中构思了一种神秘的、能够自我复制的、可利用信息通道进行传播的计算机程序，并称之为计算机病毒。这些计算机病毒漂泊于计算机中，流荡在集成电路芯片之间，控制了几千台计算机系统，引起社会巨大的混乱和不安。计算机病毒从科学幻想小说到现实社会的大规模泛滥仅仅只有短短 10 年的时间。1987 年 5 月，美国《普罗威斯顿日报》编辑部发现，他们存储在计算机中的文件中出现了“欢迎进入土牢，请小心病毒……”的内容。当专家进一步调查时，发现这个病毒程序早已在该报的计算机网络中广为传播。事后发现，这是某计算机公司为防止他们的软件非法复制而采取的一种自卫性的手段。

1987 年 12 月，一份发给 IBM 公司的电子邮件传送了一种能自我复制的圣诞程序；1988 年 3 月 2 日，苹果公司的苹果计算机在屏幕上显示出“向所有苹果计算机的用户宣布世界和平的信息”后停机，以庆祝苹果计算机的生日。一些有较丰富的计算机系统知识和编程经验的恶作剧者、计算机狂及一些对社会、对工作心怀不满的人，为了进行蓄意报复，往往有意在计算机系统中加入一些计算机病毒程序。一些计算机公司为了保护他们的软件不被非法复制，在发行的软件中也加入病毒，以便打击非法复制者。这类病毒虽然尚未发现恶性病毒，但在一定程度上加速了计算机病毒的传播，且其变种可能成为严重的灾难。

4.3.2　计算机病毒的定义

一般来讲，凡是能够引起计算机故障，能够破坏计算机中的资源（包括硬件和软件）的代码，统称为计算机病毒。美国国家计算机安全局出版的《计算机安全术语汇编》对计算机病毒的定义是：“计算机病毒是一种自我繁殖的特洛伊木马，它由任务部分、接触部分和自我繁殖部分组成”。而在我国也通过条例的形式给计算机病毒下了一个具有法律性、权威性的定义，《中华人民共和国计算机信息系统安全保护条例》明确定义：“计算机病毒（Computer Virus）是指编制或者在计算机程序中插入的破坏计算机功能或者数据，影响计算机使用并且能够自我复制的一组计算机指令或者程序代码”。

4.3.3　计算机病毒的分类

计算机病毒技术的发展，病毒特征的不断变化，给计算机病毒的分类带来了一定的困难。根据多年来对计算机病毒的研究，按照不同的体系可对计算机病毒进行如下分类：

1. 按病毒存在的媒体分类

根据病毒存在的媒体，病毒可以划分为网络病毒、文件病毒、引导型病毒和混合型病毒。

① 网络病毒：通过计算机网络传播感染网络中的可执行文件。

② 文件病毒：感染计算机中的文件（如：COM，EXE，DOC 等）。

③ 引导型病毒：感染启动扇区（Boot）和硬盘的系统引导扇区（MBR）。

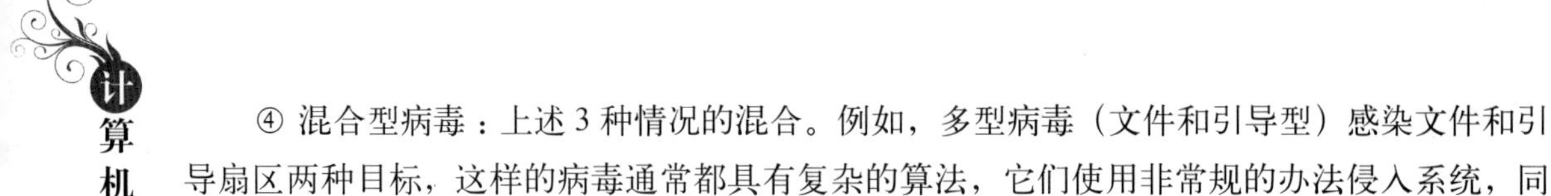

④ 混合型病毒：上述 3 种情况的混合。例如，多型病毒（文件和引导型）感染文件和引导扇区两种目标，这样的病毒通常都具有复杂的算法，它们使用非常规的办法侵入系统，同时使用了加密和变形算法。

2. 按病毒传染的方法分类

根据病毒的传染方法，可将计算机病毒分为引导扇区传染病毒、执行文件传染病毒和网络传染病毒。

① 引导扇区传染病毒：主要使用病毒的全部或部分代码取代正常的引导记录，而将正常的引导记录隐藏在其他地方。

② 执行文件传染病毒：寄生在可执行程序中，一旦程序执行，病毒就被激活，进行预定活动。

③ 网络传染病毒：这类病毒是当前病毒的主流，特点是通过因特网进行传播。例如，蠕虫病毒就是通过主机的漏洞在网上传播的。

3. 按病毒破坏的能力分类

根据病毒破坏的能力，计算机病毒可划分为无害型病毒、无危险病毒、危险型病毒和非常危险型病毒。

① 无害型：除了传染时减少磁盘的可用空间外，对系统没有其他影响。

② 无危险型：仅仅是减少内存、显示图像、发出声音及同类音响。

③ 危险型：在计算机系统操作中造成严重的错误。

④ 非常危险型：删除程序、破坏数据、清除系统内存和操作系统中重要的信息。

4. 按病毒算法分类

根据病毒特有的算法，病毒可以分为伴随型病毒、蠕虫型病毒、寄生型病毒、练习型病毒、诡秘型病毒和幽灵病毒。

① 伴随型病毒：这一类病毒并不改变文件本身，它们根据算法产生 EXE 文件的伴随体，具有同样的名字和不同的扩展名（COM）。

② 蠕虫型病毒：通过计算机网络传播，不改变文件和资料信息，利用网络从一台机器的内存传播到其他机器的内存，计算网络地址，将自身的病毒通过网络发送。有时它们在系统中存在，一般除了内存不占用其他资源。

③ 寄生型病毒：依附在系统的引导扇区或文件中，通过系统的功能进行传播。

④ 练习型病毒：病毒自身包含错误，不能进行很好的传播，例如一些在调试阶段的病毒。

⑤ 诡秘型病毒：一般不直接修改 DOS 中断和扇区数据，而是通过设备技术和文件缓冲区等对 DOS 内部进行修改，不易看到资源，使用比较高级的技术。利用 DOS 空闲的数据区进行工作。

⑥ 幽灵病毒：这一类病毒使用一个复杂的算法，使自己每传播一次都具有不同的内容和长度。它们一般由一段混有无关指令的解码算法和经过变化的病毒体组成。

5. 按病毒的攻击目标分类

根据病毒的攻击目标，计算机病毒可以分为 DOS 病毒、Windows 病毒和其他系统病毒。

① DOS 病毒：指针对 DOS 操作系统开发的病毒。

② Windows 病毒：主要指针对 Windows 9x 操作系统的病毒。

③ 其他系统病毒：主要攻击 Linux、UNIX 和 OS2 及嵌入式系统的病毒。由于系统本身的复杂性，这类病毒数量不是很多。

6. 按计算机病毒的链接方式分类

由于计算机病毒本身必须有一个攻击对象才能实现对计算机系统的攻击，并且计算机病毒所攻击的对象是计算机系统可执行的部分。因此，根据链接方式计算机病毒可分为：源码型病毒、嵌入型病毒、外壳型病毒、操作系统型病毒。

① 源码型病毒：该病毒攻击高级语言编写的程序，在高级语言所编写的程序编译前插入到源程序中，经编译成为合法程序的一部分。

② 嵌入型病毒：这种病毒是将自身嵌入到现有程序中，把计算机病毒的主体程序与其攻击的对象以插入的方式链接。这种计算机病毒是难以编写的，一旦侵入程序体后也较难消除。如果同时采用多态性病毒技术、超级病毒技术和隐蔽性病毒技术，将给当前的反病毒技术带来严峻的挑战。

③ 外壳型病毒：外壳型病毒将其自身包围在主程序的四周，对原来的程序不作修改。这种病毒最为常见，易于编写，也易于发现，一般测试文件的大小即可察觉。

④ 操作系统型病毒：这种病毒用自身的程序加入或取代部分操作系统进行工作，具有很强的破坏力，可以导致整个系统的瘫痪。圆点病毒和大麻病毒就是典型的操作系统型病毒。

这种病毒在运行时，用自己的逻辑部分取代操作系统的合法程序模块，根据病毒自身的特点和被替代的合法程序模块在操作系统中运行的地位与作用，以及病毒取代操作系统的取代方式等，对操作系统进行破坏。

4.3.4 计算机病毒的结构

计算机病毒一般由引导模块、感染模块、破坏模块、触发模块四大部分组成。根据是否被加载到内存，计算机病毒又分为静态和动态。处于静态的病毒存于存储器介质中，一般不执行感染和破坏，其传播只能借助第三方活动（如：复制、下载、邮件传输等）实现。当病毒经过引导进入内存后，便处于活动状态，满足一定的触发条件后就开始进行传染和破坏，从而构成对计算机系统和资源的威胁和毁坏。

1. 引导模块

计算机病毒为了进行自身的主动传播必须寄生在可以获取执行权的寄生对象上。就目前出现的各种计算机病毒来看，其寄生对象有两种：寄生在磁盘引导扇区和寄生在特定文件中（如：EXE、COM、可执行文件、DOC、HTML 等）。寄生在它们上面的病毒程序可以在一定条件下获得执行权，从而得以进入计算机系统，并处于激活状态，然后进行动态传播和破坏活动。计算机病毒的寄生方式有两种：采用潜代方式和采用链接方式。所谓潜代就是指病毒程序用自己的部分或全部指令代码，替代磁盘引导扇区或文件中的全部或部分内容。链接则是指病毒程序将自身代码作为正常程序的一部分与原有正常程序链接在一起。寄生在磁盘引导扇区的病毒一般采取潜代，而寄生在可执行文件中的病毒一般采用链接。对于寄生在磁盘引导扇区的病毒来说，病毒引导程序占有了原系统引导程序的位置，并把原系统引导程序搬移到一个特定的地方。这样系统一启动，病毒引导模块就会自动地装入内存并获得执行权，然后该引导程序负责将病毒程序的传染模块和发作模块装入内存的适当位置，并采取常驻内存技术以保证这两个模块不会被覆盖，接着对这两个模块设定某种激活方式，使之在适当的时候获得执行权。完成这些工作后，病毒引导模块将系统引导模块装入内存，使系统在带毒状态下依然可以继续进行。对于寄生在文件中的病毒来说，病毒程序一般可以通过修改原有文件，使对该文件的操作转入病毒程序引导模块，引导模块也完成把病毒程序的其他两个模块驻留内存及初始化的工作，然后把执行权交给原文件，使系统及文件在带毒状态下继续运行。

2. 感染模块

感染是指计算机病毒由一个载体传播到另一个载体。这种载体一般为磁盘，它是计算机病毒赖以生存和进行传染的媒介。但是，只有载体还不足以使病毒得到传播。促成病毒的传染还有一个先决条件，可分为两种情况：一种情况是用户在复制磁盘或文件时，把一个病毒由一个载体复制到另一个载体上，或者是通过网络上的信息传递，把一个病毒程序从一方传递到另一方；另一种情况是在病毒处于激活状态下，只要满足传染条件，病毒程序就能主动地把病毒自身传染给另一个载体。计算机病毒的传染方式基本可以分为两大类：一是立即传染，即病毒在被执行的瞬间，抢在宿主程序开始执行前，立即感染磁盘上的其他程序，然后再执行宿主程序；二是驻留内存并伺机传染，内存中的病毒检查当前系统环境，在执行一个程序、浏览一个网页时传染磁盘上的程序。驻留在系统内存中的病毒程序在宿主程序运行结束后，仍可活动，直至关闭计算机。

3. 触发模块

计算机病毒在传染和发作之前，往往要判断某些特定条件是否满足，满足则传染和发作，否则不传染或不发作，这个条件就是计算机病毒的触发条件。计算机病毒频繁的破坏行为可能给用户以重创。目前病毒采用的触发条件主要有以下几种：

① 日期触发：许多病毒采用日期作为触发条件。日期触发大体包括特定日期触发、月份触发和前半年触发，后半年触发等。

② 时间触发：包括特定的时间触发、染毒后累计工作时间触发和文件最后写入时间触发等。

③ 键盘触发：有些病毒监视用户的击键动作，当发现病毒预定的击键时，病毒被激活，进行某些特定操作。键盘触发包括击键次数触发、组合键触发和热启动触发等。

④ 感染触发：许多病毒的感染需要某些条件触发，而且相当数量的病毒以与感染有关的信息反过来作为破坏行为的触发条件，称为感染触发。它包括运行感染文件个数触发、感染序数触发、感染磁盘数触发和感染失败触发等。

⑤ 启动触发：病毒对计算机的启动次数计数，并将此值作为触发条件。

⑥ 访问磁盘次数触发：病毒对磁盘 I / O 访问次数进行计数，以预定次数作为触发条件。

⑦ CPU 型号，主板型号触发：病毒能识别运行环境的 CPU 型号 / 主板型号，以预定 CPU 型号 / 主板型号作为触发条件，这种病毒的触发方式奇特罕见。

4. 破坏模块

破坏模块在触发条件满足的情况下，病毒对系统或磁盘上的文件进行破坏。这种破坏活动不一定都是删除磁盘上的文件，有的可能是显示一串无用的提示信息。有的病毒在发作时，会干扰系统或用户的正常工作。而有的病毒，一旦发作，则会造成系统死机或删除磁盘文件。新型的病毒发作还会造成网络的拥塞甚至瘫痪。计算机病毒破坏行为的激烈程度取决于病毒作者的主观愿望和他所具有的技术能量。数以万计、不断发展扩张的病毒，其破坏行为千奇百怪。病毒破坏目标和攻击部位主要有：系统数据区、文件、内存、系统运行速度、磁盘、CMOS、主板和网络等。

4.3.5 计算机病毒的危害

1. 病毒对计算机数据信息的直接破坏作用

大部分病毒在激发的时候直接破坏计算机的重要信息数据，所利用的手段有格式化磁盘、改写文件分配表和目录区、删除重要文件或者用无意义的“垃圾”数据改写文件、破坏CMOS 设置等。

2. 占用磁盘空间和对信息的破坏

寄生在磁盘上的病毒总要非法占用一部分磁盘空间。引导型病毒的一般侵占方式是由病毒本身占据磁盘引导扇区，而把原来的引导区转移到其他扇区，也就是引导型病毒要覆盖一个磁盘扇区。被覆盖的扇区数据永久性丢失，无法恢复。

3. 抢占系统资源。

大多数病毒在动态下都是常驻内存的，这就必然抢占一部分系统资源。病毒所占用的基本内存长度大致与病毒本身长度相当。病毒抢占内存，导致内存减少，一部分软件不能运行。除占用内存外，病毒还抢占中断，干扰系统运行。

4. 影响计算机运行速度。

病毒进驻内存后不但干扰系统运行，还影响计算机速度，主要表现在：

① 病毒为了判断传染激发条件，总要对计算机的工作状态进行监视，这相对于计算机的正常运行状态既多余，又有害。

② 有些病毒为了保护自己，不但对磁盘上的静态病毒加密，而且进驻内存后的动态病毒也处在加密状态，CPU 每次寻址到病毒处时要运行一段解密程序把加密的病毒解密成合法的CPU 指令再执行；而病毒运行结束时再用一段程序对病毒重新加密。这样 CPU 额外执行数千条以至上万条指令。

5. 计算机病毒会导致用户的数据不安全。

病毒技术的发展可以使计算机内部数据造成损坏和失窃。对于重要的数据，计算机病毒应该是影响计算机安全的重要因素。

4.3.6 常见的计算机病毒

1. 蠕虫（Worm）病毒

蠕虫（Worm）病毒是一种通过网络传播的恶意病毒。它的出现相对于文件病毒、宏病毒等传统病毒较晚，但是无论是传播的速度、传播范围还是破坏程度上都要比以往传统的病毒严重得多。

蠕虫病毒一般由两部分组成：一个主程序和一个引导程序。主程序的功能是搜索和扫描。它可以读取系统的公共配置文件，获得网络中的联网用户的信息，从而通过系统漏洞，将引导程序建立到远程计算机上。引导程序实际是蠕虫病毒主程序的一个副本，主程序和引导程序都具有自动重新定位的能力。

2. CIH 病毒

CIH 病毒，又名“切尔诺贝利”，是一种可怕的计算机病毒。它是由一名大学生编制的，九八年五月间，此大学生还在大学就读时，就完成了以他的英文名字缩写“CIH”命名的计算机病毒，起初只是为了“使反病毒软件公司难堪”。

CIH 病毒很多人会闻之色变，因为 CIH 病毒是有史以来影响最大的病毒之一。

3. 宏病毒

宏是微软公司为其 Office 软件包设计的一个特殊功能，软件设计者为了让人们在使用软件进行工作时，避免一再地重复相同的动作而设计出来的一种工具。它利用简单的语法，把常用的动作写成宏，当在工作时，就可以直接利用事先编好的宏自动运行，去完成某项特定的任务，而不必再重复相同的动作，目的是让用户文档中的一些任务自动化。

4. Word 文档杀手病毒

Word 文档杀手病毒通过网络进行传播，大小为 53 248 B。该病毒运行后会搜索 U 盘等移动存储磁盘和网络映射驱动器上的 Word 文档，并试图用自身覆盖找到的 Word 文档，达到传播的目的。

病毒将破坏原来文档的数据，而且会在计算机管理员修改用户密码时进行键盘记录，记录结果也会随病毒传播一起被发送。

4.3.7 木马

木马的全称为特洛伊木马，源自古希腊神话。木马是隐藏在正常程序中的具有特殊功能的恶意代码，是具备破坏、删除和修改文件、发送密码、记录键盘、实施 DOS 攻击甚至完全控制计算机等特殊功能的后门程序。它隐藏在目标计算机里，可以随计算机自动启动并在某一端口监听来自控制端的控制信息。

1. 木马的特性

木马程序为了实现其特殊功能，一般应该具有以下性质：伪装性　　、隐藏性、破坏性、窃密性。

2. 木马的入侵途径

木马入侵的主要途径是通过一定的欺骗方法，如更改图标、把木马文件与普通文件合并，欺骗被攻击者下载并执行做了手脚的木马程序，从而把木马安装到被攻击者的计算机中。木马也可以通过 Script、ActiveX 及 ASP、CGI 交互脚本的方式入侵，攻击者可以利用浏览器的漏洞诱导上网者单击网页，这样浏览器就会自动执行脚本，实现木马的下载和安装。木马还可以利用系统的一些漏洞入侵，获得控制权限，然后在被攻击的服务器上安装并运行木马。

3. 木马的种类

按照木马的发展历程，可以分为 4 个阶段：第 1 代木马是伪装型病毒；第 2 代木马是网络传播型木马；第 3 代木马在连接方式上有了改进，利用了端口反弹技术，例如灰鸽子木马；第 4 代木马在进程隐藏方面做了较大改动，让木马服务器端运行时没有进程，网络操作插入到系统进程或者应用进程中完成，例如广外男生木马。

按照功能分类，木马又可以分为：破坏型木马、密码发送型木马、服务型木马、DOS 攻击型木马、代理型木马、远程控制型木马。

4. 木马的工作原理

“木马”与计算机网络中常常要用到的远程控制软件有些相似，但由于远程控制软件是“善意”的控制，因此通常不具有隐蔽性；“木马”则完全相反，木马要达到的是“偷窃”性的远程控制，如果没有很强的隐蔽性，则“毫无价值”。

木马通常有两个可执行程序：一个是客户端，即控制端；另一个是服务端，即被控制端。植入被种者电脑的是“服务器”部分，而所谓的“黑客”正是利用“控制器”进入运行了“服务器”的电脑。运行了木马程序的“服务器”以后，被种者的电脑就会有一个或几个端口被打开，使黑客可以利用这些打开的端口进入电脑系统。木马的设计者为了防止木马被发现，而采用多种手段隐藏木马。木马的服务一旦运行并被控制端连接，其控制端将享有服务端的大部分操作权限，例如，给计算机增加口令，浏览、移动、复制、删除文件，修改注册表，更改计算机配置等。

下面简单介绍一下木马的传统连接技术、反弹端口技术和线程插入技术。

① 木马的传统连接技术；C/S 木马原理如图 4-1 所示。第 1 代和第 2 代木马都采用的是 C/S 连接方式，这都属于客户端主动连接方式。服务器端的远程主机开放监听端目等待外部的连接，当入侵者需要与远程主机连接时，便主动发出连接请求，从而建立连接。

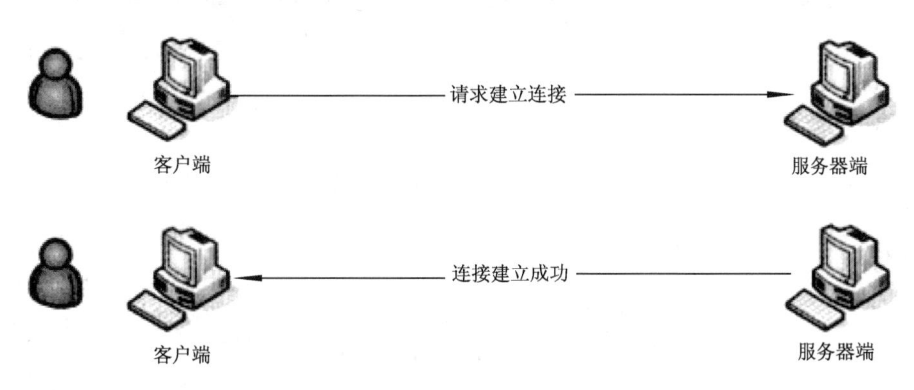

图4-1　C/S木马原理

② 木马的反弹端口技术；随着防火墙技术的发展，它可以有效拦截采用传统连接方式。但防火墙对内部发起的连接请求则认为是正常连接，第 3 代和第 4 代“反弹式”木马就是利用这个缺点，其服务器端程序主动发起对外连接请求，再通过某些方式连接到木马的客户端，如图 4-2 和图 4-3 所示。

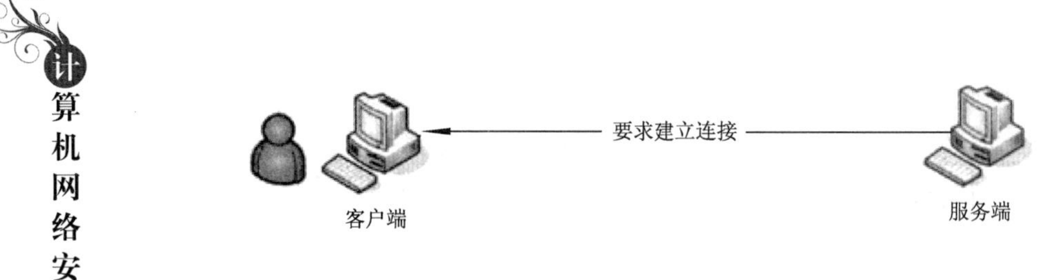

图4-2　反弹端口连接方式1

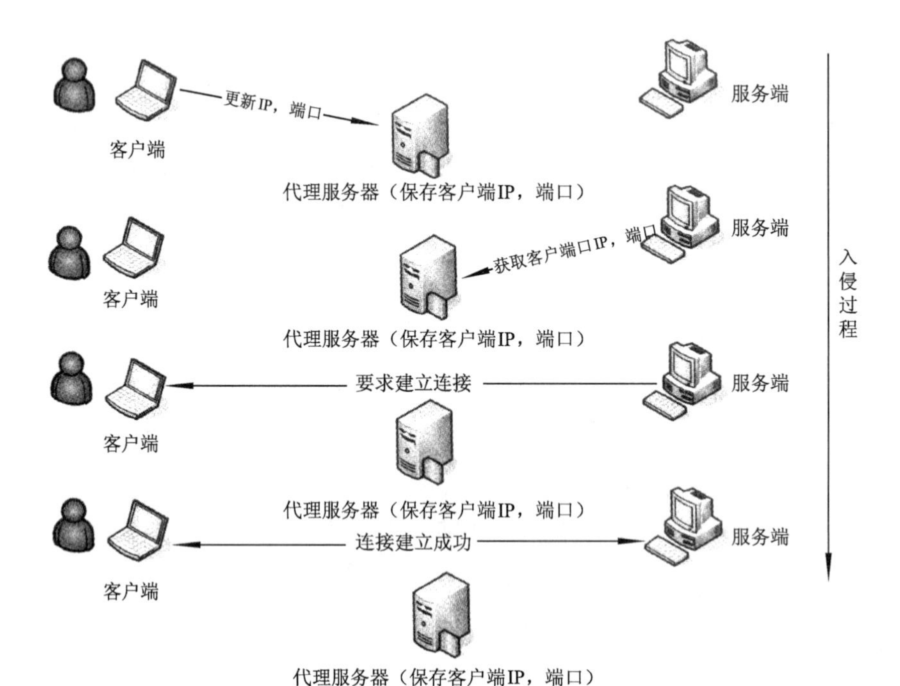

图4-3　反弹端口连接方式2

③ 线程插入技术：系统会分配一个虚拟的内存空间地址段给这个进程，一切相关的程序操作，都会在这个虚拟的空间进行。“线程插入”技术就是利用了线程之间运行的相对独立性，使木马完全融进了系统的内核。这种技术把木马程序作为一个线程，把自身插入其他应用程序的地址空间。系统运行时会有许多的进程，而每个进程又有许多的线程，这就导致了查杀利用“线程插入”技术木马程序的难度。

综上所述，由于采用技术的差异，造成木马的攻击性和隐蔽性有所不同。第二代木马，如“冰河”，因为采用的是主动连接方式，在系统进程中非常容易被发现，所以从攻击性和隐蔽性来说都不是很强。第三代木马，如“灰鸽子”，则采用了反弹端口连接方式，这对于绕过防火墙是非常有效的。第四代木马，如“广外男生”，在采用反弹端口连接技术的同时，还采用了“线程插入”技术，这样木马的攻击性和隐蔽性就大大增强了。

随着病毒编写技术的发展，木马程序对用户的威胁越来越大，尤其是一些木马程序采用了极其狡猾的手段来隐蔽自己，使普通用户很难在中毒后发觉。

随着病毒编写技术的发展，木马程序对用户的威胁越来越大，尤其是一些木马程序采用了极其狡猾的手段来隐蔽自己，使普通用户很难在中毒后发觉。

4.3.8 计算机病毒的检测与防范

1. 计算机病毒的检测技术

计算机病毒的检测技术是指通过一定的技术手段判定计算机病毒的一门技术。现在判定计算机病毒的手段主要有两种：一种是根据计算机病毒特征来进行判断；另一种是对文件或数据段进行校验和计算，定期和不定时地根据保存结果对该文件或数据段进行校验来判定。

（1）特征判定技术

根据病毒程序的特征，如感染标记、特征程序段内容、文件长度变化、文件校验和变化等，对病毒进行分类处理。而后凡是有类似特征点出现，则认为是病毒。

① 比较法：将可能的感染对象与其原始备份进行比较。

② 扫描法：用每一种病毒代码中含有的特定字符或字符串对被检测的对象进行扫描。

③ 分析法：针对未知新病毒采用的技术。

（2）校验和判定技术

计算正常文件内容的校验和，将校验和保存。检测时，检查文件当前内容的校验和与原来保存的校验和是否一致。

（3）行为判定技术

以病毒机理为基础，对病毒的行为进行判断。不仅仅识别现有病毒，而且识别出属于已知病毒机理的变种病毒和未知病毒。

2. 计算机病毒的防范

（1）病毒防治技术的几个阶段

第一代反病毒技术采取单纯的病毒特征诊断，但是对加密、变形的新一代病毒无能为力。

第二代反病毒技术采用静态广谱特征扫描技术，可以检测变形病毒，但是误报率高，杀毒风险大。

第三代反病毒技术静态扫描技术将静态扫描技术和动态仿真跟踪技术相结合。

第四代反病毒技术基于多位 CRC 校验和扫描机理、启发式智能代码分析模块、动态数据还原模块（能查出隐蔽性极强的压缩加密文件中的病毒）、内存解毒模块、自身免疫模块等先进解毒技术，能够较好地完成查解毒的任务。

第五代反病毒技术主要体现在反蠕虫病毒、恶意代码、邮件病毒等技术。这一代反病毒技术作为一种整体解决方案出现，形成了包括漏洞扫描、病毒查杀、实时监控、数据备份、个人防火墙等技术的立体病毒防治体系。

（2）目前流行的技术

① 虚拟机技术：接近于人工分析的过程。用程序代码虚拟出一个 CPU 来，同样也虚拟

CPU 的各个寄存器，甚至将硬件端口也虚拟出来，用调试程序调入“病毒样本”并将每一个语句放到虚拟环境中执行，这样就可以通过内存和寄存器以及端口的变化来了解程序的执行，从而判断是否中毒。

② 宏指纹识别技术：宏指纹识别技术（Macro Finger）是基于 Office 复合文档 BIFF 格式精确查杀各类宏病毒的技术。

③ 驱动程序技术：

- DOS 设备驱动程序。
- VxD（虚拟设备驱动）：微软专门为 Windows 制定的设备驱动程序接口规范。
- WDM（Windows Driver Model）：Windows 驱动程序模型的简称。
- NT 核心驱动程序。

④ 计算机监控技术（实时监控技术）：

- 注册表监控。
- 脚本监控。
- 内存监控。
- 邮件监控。
- 文件监控。

⑤ 监控病毒源技术：

- 邮件跟踪体系，如消息跟踪查询协议（Messge Trcking Query Protocol，MTQP）。
- 网络入口监控防病毒体系，如 TVCS-Tirus Control System。

⑥ 主动内核技术：指在操作系统和网络的内核中加入反病毒功能，使反病毒成为系统本身的底层模块，而不是一个系统外部的应用软件。

4.4 项目实施

4.4.1 360 杀毒软件的使用

360 杀毒是完全免费的杀毒软件，它创新性地整合了四大领先防杀引擎，包括国际知名的 BitDefender 病毒查杀引擎、360 云查杀引擎、360 主动防御引擎、360QVM 人工智能引擎。4 个引擎智能调度，提供全时全面的病毒防护，不但查杀能力出色，而且能第一时间防御新出现的病毒木马。此外，360 杀毒轻巧快速不卡机，误杀率远远低于其他杀毒软件，荣获多项国际权威认证，已有超过 2 亿用户选择 360 杀毒保护计算机安全。

360 杀毒软件具有以下特点：

① 全面防御U盘病毒：彻底剿灭各种借助U盘传播的病毒，第一时间阻止病毒从U盘运行，切断病毒传播链。

② 领先四引擎，全时防杀病毒：独有四大核心引擎，包含领先的人工智能引擎，全面全时保护安全。

③ 坚固网盾，拦截钓鱼挂马网页：360 杀毒包含上网防护模块，拦截钓鱼挂马等恶意网页。

④ 独有可信程序数据库，防止误杀：依托 360 安全中心的可信程序数据库实时校验，360

杀毒的误杀率极低。

⑤ 快速升级及时获得最新防护能力：每日多次升级，及时获得最新病毒防护能力。

360 杀毒软件的工作界面如图 4-4 所示。

图4-4 360杀毒软件工作界面

360 杀毒软件全盘扫描界面如图 4-5 所示。

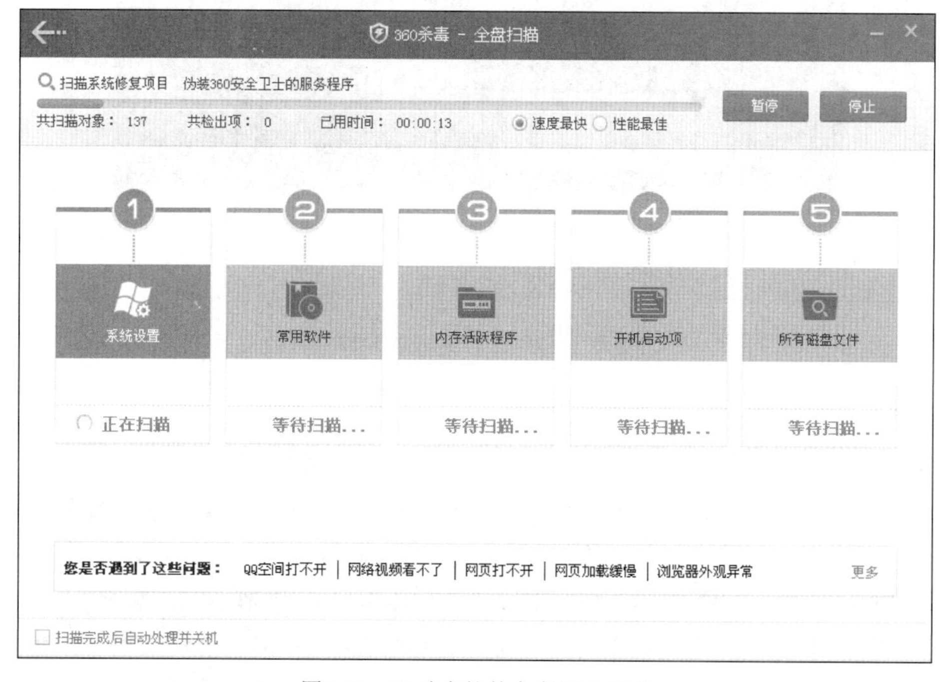

图4-5 360杀毒软件全盘扫面界面

360 杀毒软件快速扫描界面如图 4-6 所示。

图4-6　360杀毒软件快速扫面界面

360 杀毒软件专业功能界面如图 4-7 所示。

图4-7　360杀毒软件专业功能界面

4.4.2　360 安全卫士软件的使用

360 安全卫士是当前功能更强、效果更好、更受用户欢迎的上网必备安全软件。由于使用方便，用户口碑好，目前，首选安装 360 杀毒软件的用户已超过 4 亿。 360 安全卫士拥有查杀木马、清理插件、修复漏洞、电脑体检等多种功能，并独创了“木马防火墙”功能，依靠抢先侦测和云端鉴别，可全面、智能地拦截各类木马，保护用户的账号、隐私等重要信息。

目前，木马威胁之大已远超病毒，360 安全卫士运用云安全技术，在拦截和查杀木马的效果、速度以及专业性上表现出色，能有效防止个人数据和隐私被木马窃取，被誉为“防范木马的第一选择”。360 安全卫士自身非常轻巧，同时还具备开机加速、垃圾清理等多种系统优化功能，可大大加快计算机运行速度，内含的 360 软件管家还可帮助用户轻松下载、升级和强力卸载各种应用软件。

1. 查杀流行木马

定期进行木马查杀可以有效保护各种系统账户安全。在这里可以进行系统区域位置快速扫描、全盘完整扫描、自定义区域扫描。

选择需要的扫描方式，单击“开始扫描”将马上按照选择的扫描方式进行木马扫描，如图 4-8 所示。

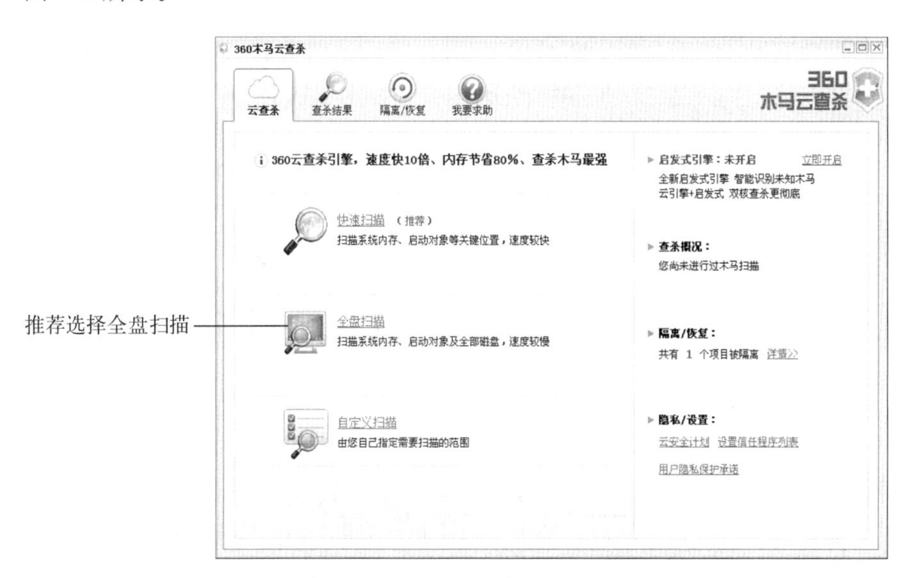

图4-8　安全卫士进行全盘扫描

2. 清理恶评及系统插件

作用：清理恶评及系统插件（一般需要清除恶评插件）。

（1）恶意软件的定义

恶意软件是对破坏系统正常运行的软件的统称，一般来说有如下表现形式：

① 强行安装，无法卸载。

② 安装以后修改主页且锁定。

③ 安装以后随时自动弹出恶意广告。

④ 自我复制代码，类似病毒一样，拖慢系统速度。

（2）插件的定义

插件是指会随着 IE 浏览器的启动自动执行的程序，根据插件在浏览器中的加载位置，可以分为工具条（Toolbar）、浏览器辅助（BHO）、搜索挂接（URL SEARCHHOOK）、下载 ActiveX（ACTIVEX）。

有些插件程序能够帮助用户更方便浏览因特网或调用上网辅助功能，也有部分程序被人称为广告软件（Adware）或间谍软件（Spyware）。此类恶意插件程序监视用户的上网行为，并把所记录的数据报告给插件程序的创建者，以达到投放广告，盗取游戏或银行账号密码等非法目的。

因为插件程序由不同的发行商发行，其技术水平也良莠不齐，插件程序很可能与其他运

行中的程序发生冲突，从而导致诸如各种页面错误，运行时间错误等现象，阻塞正常浏览。清理插件的界面如图 4-9 所示。

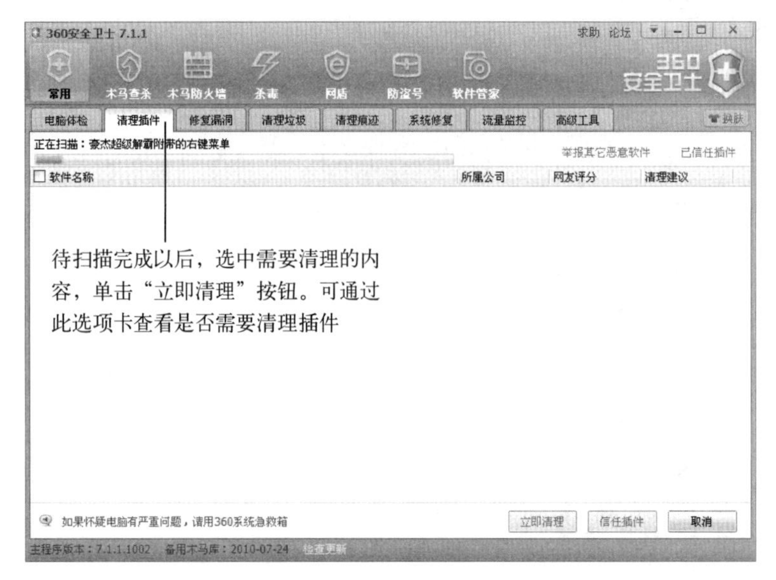

图4-9　清理插件的界面

3. 管理应用软件（主要是软件卸载）

在这里可以卸载计算机中不常用的软件，节省磁盘空间，提高系统运行速度。

选中要卸载的不常用软件，单击“卸载”按钮，软件将被立即卸载，如图 4-10 所示。

图4-10　软件卸载界面

4. 修复系统漏洞

360 安全卫士提供的漏洞补丁均由微软官方获取。如果系统漏洞较多，则容易招致病毒，需要及时修复漏洞，以保证系统安全。修复漏洞的界面如图 4-11 所示。

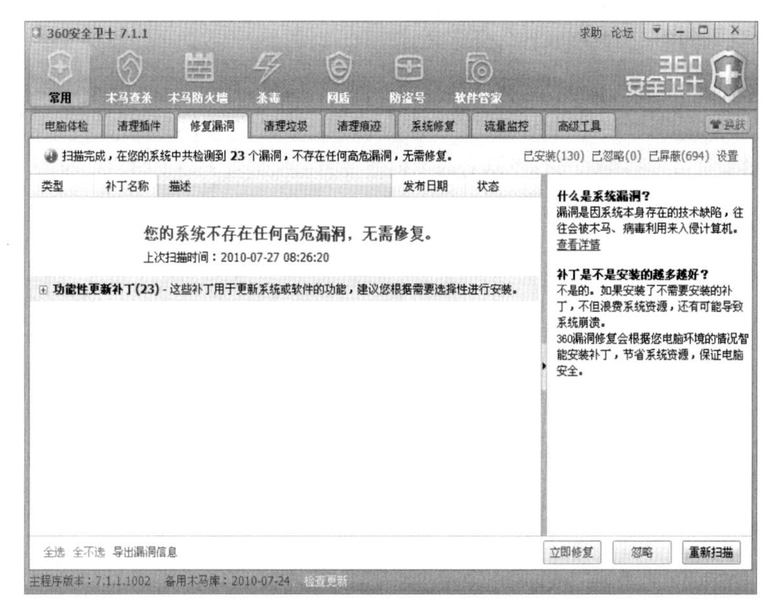

图4-11　修复漏洞界面

5. 系统修复

在这里可以一键修复系统的诸多问题，使系统迅速恢复到“健康状态”。

选中要修复的项，单击“一键修复”按钮，即可立即修复存在问题。图 4-12 所示为系统修复界面。

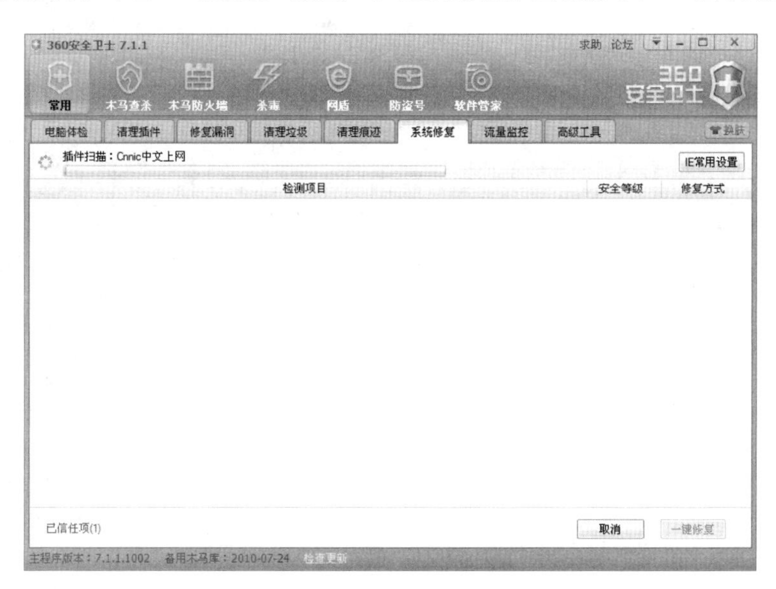

图4-12　系统修复界面

6. 高级工具

（1）开机启动项管理

在这里可以设置哪些程序可以开机启动，哪些程序不启动（若计算机配置低，设置为全部不启动，防护软件保留一个即可，可以定期杀下毒，平时不要开启）。图 4-13 所示为开机启动项管理界面。

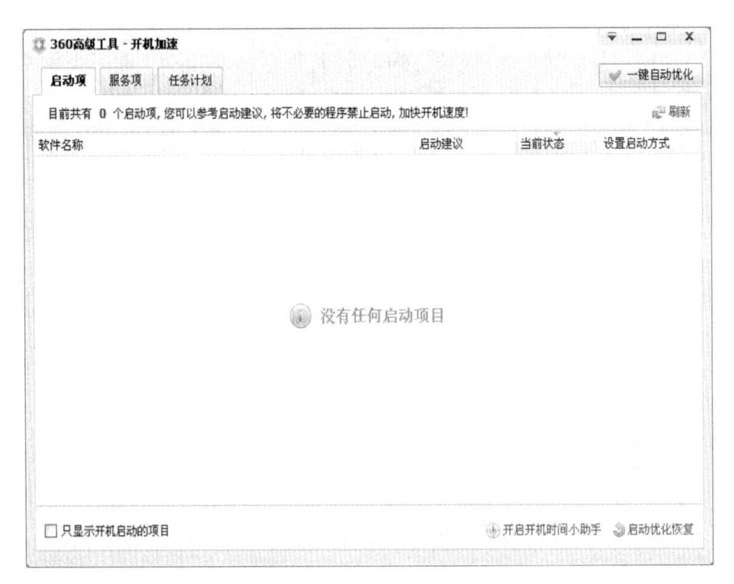

图4-13　开机启动项管理界面

（2）服务项管理界面（见图 4-14）

图4-14　服务项管理界面

4.4.3　宏病毒和网页病毒的防范

1. 宏病毒

宏病毒是也是脚本病毒的一种，由于它的特殊性，在这里单独算成一类。宏病毒的前缀是 Macro，第二前缀是 Word、Excel（也许还有别的）其中之一。凡是只感染 Word 文档的病毒格式是 Macro.Word；凡是感染 Excel 97 以后版本 Excel 文档的病毒采用 Excel 作为第二前缀，格式是 Macro.Excel；该类病毒的公有特性是能感染 Office 系列文档，然后通过 Office 通用模板进行传播，如：著名的美丽莎（Macro.Melissa）。

一个宏的运行，特别是有恶意的宏程序的运行，受宏的安全性的影响是最大的，如果宏的安全性高，那么没有签署的宏就不能运行，甚至还能使部分 Excel 的功能失效。所以，宏病毒在感染 Excel 之前，会自行对 Excel 的宏的安全性进行修改，把宏的安全性设为低。

下面通过一个实例来对宏病毒的原理与运行机制进行分析：

① 启动 Word 2010，创建一个新文档。

② 在新文档中选择“视图”→“宏”→“查看宏”。

③ 为宏起一个名字，自动宏的名字规定必须为 autoexec。

④ 单击“创建”按钮，如图 4-15 所示。

⑤ 在宏代码编辑窗口，输入 VB 代码，调用 Windows 自带的音量控制程序，如图 4-16 所示。

```
Shell (“c:\windows\system32\sndvol32.exe ”)
```

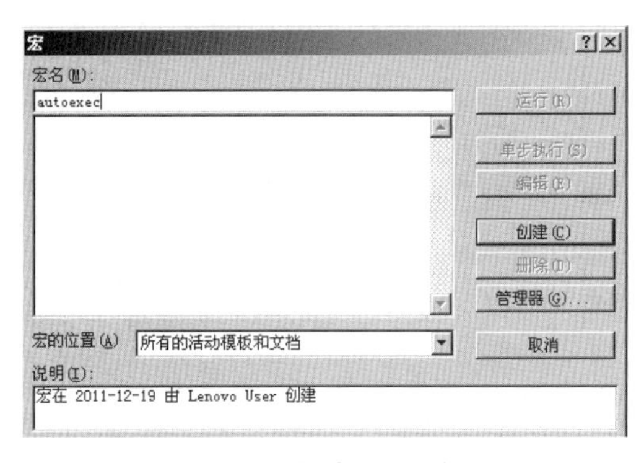

图4-15　创建宏对话框

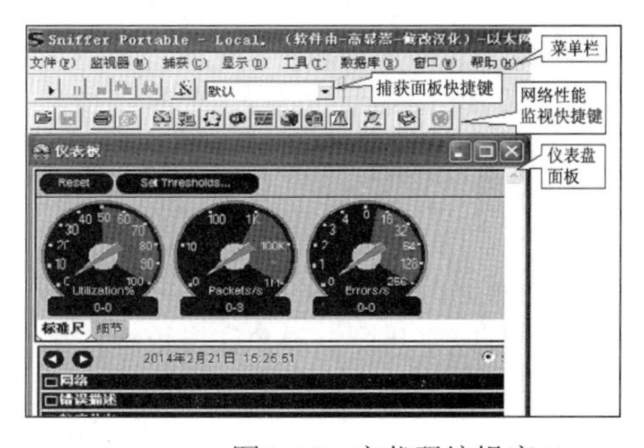

图4-16　宏代码编辑窗口

⑥ 关闭宏代码编辑窗口，将文档存盘并关闭。

⑦ 再次启动刚保存的文档，可以看到音量控制程序被自动启动，如图 4-17 所示。

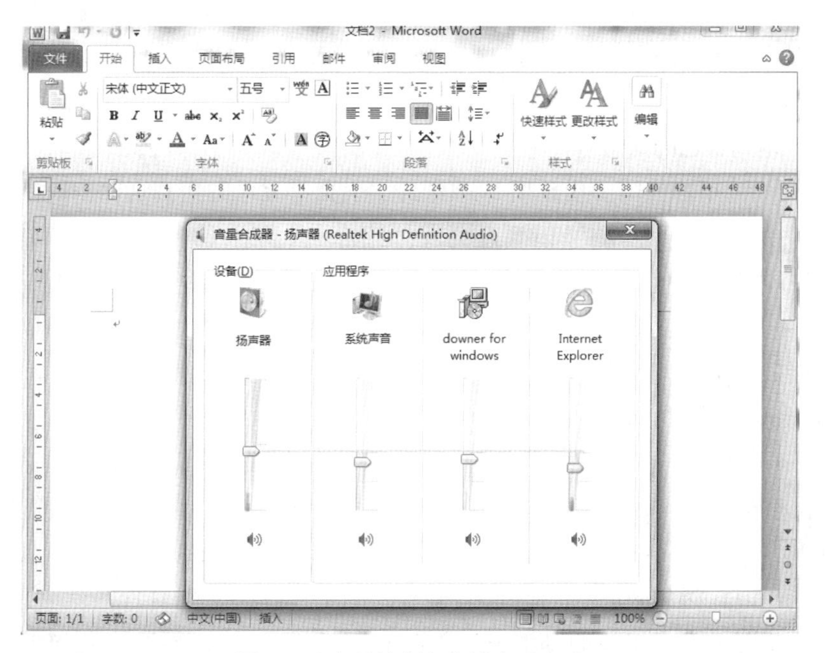

图4-17　音量控制程序被自动启动

由此可见，宏病毒主要针对 Office 通用模板进行传播，在使用此类软件时应该防止此类病毒。

2. 网页病毒

所谓网页病毒，就是网页中含有病毒脚本文件或 Java 小程序，当打开网页时，这些恶意程序就会自动下载到你的硬盘中，修改注册表、嵌入系统进程；当系统重启后，病毒体又会自我更名、复制、再伪装，进行各种破坏活动。

当用户登录某些含有网页病毒的网站时，网页病毒便被激活，这些病毒一旦激活，可以利用系统的一些资源进行破坏。轻则修改用户的注册表，使用户的首页、浏览器标题改变；重则可以关闭系统的很多功能，装上木马，染上病毒，使用户无法正常使用计算机系统；严重者则可以将用户的系统进行格式化。这种网页病毒容易编写和修改，使用户防不胜防。

网页病毒一般都经过了压壳处理，所以常用的杀毒软件是无法识别它们的，如果想清除网页病毒，只有使用以下方法：

（1）管理 Cookie

在 IE 中，选择“工具”|“Internet 选项”命令，单击“隐私”选项卡，这里设定了“阻止所有 Cookie”“高”“中高”“中”“低”“接受所有 Cookie”六个级别(默认为“中”)，只要拖动滑块就可以方便地进行设定，而单击下方的“设置”按钮，在网站地址中输入特定的网址，就可以将其设定为允许或拒绝使用 Cookie。

（2）禁用或限制使用 Java 程序及 ActiveX 控件

在网页中经常使用 Java、Java Applet、ActiveX 编写的脚本，它们可能会获取用户标识、IP 地址，乃至密码，甚至会在机器上安装某些程序或进行其他操作，因此应对 Java、Java 小程序脚本、ActiveX 控件和插件的使用进行限制。在“Internet 选项”对话框单击“安全”|“自定义级别”按钮，就可以设置“ActiveX 控件和插件”“Java”“脚本”“下载”“用户验证”以及其他安全选项。对于一些不太安全的控件或插件以及下载操作，应该予以禁止、限制，至少要进行提示。

（3）防止泄露自己的信息

默认条件下，用户在第一次使用 Web 地址、表单、表单的用户名和密码后，同意保存密码，在下一次再进入同样的 Web 页及输入密码时，只需输入开头部分，后面的就会自动完成，给用户带来了方便，但同时也留下了安全隐患，不过可以通过调整“自动完成”功能的设置来解决。设置方法如下：在“Internet 选项”对话框单击“内容”|“自动完成”按钮，弹出“自动完成设置”对话框，选中要使用的“自动完成”复选框。

（4）清除已浏览过的网址

在“Internet 选项”对话框的“常规”中单击历史记录区域的“清除历史记录”按钮即可。若只想清除部分记录，可单击 IE 工具栏上的“历史”按钮，在左栏的地址历史记录中，找到希望清除的地址或其下网页，右击，从弹出的快捷菜单中选择“删除”命令。

（5）清除已访问过的网页

为了加快浏览速度，IE 会自动把浏览过的网页保存在缓存文件夹下。当确认不再需要浏览过的网页时，选中所有网页，删除即可。或者在“Internet 选项”对话框的“常规”选项卡中单击“Internet 临时文件”项目中的“删除文件”按钮，在打开的“删除文件”对话框中选中“删除所有脱机内容”，单击“确定”按钮，这种方法会遗留少许 Cookie 在文件夹内，为此 IE 在“删除文件”按钮旁边增加了一个“删除 Cookie”的按钮，通过它可以很方便地删除遗留的 Cookie。

4.4.4 第四代木马的防范

木马程序技术发展至今，已经经历了四代：第一代，即是简单的密码窃取、发送等；第二代木马，在技术上有了很大的进步，通过修改注册表，让系统自动加载并实施远程控制，冰河可以说为是国内木马的典型代表之一；第三代本马在数据传递技术上，又做了不小的改进，出现了 ICMP 等类型的木马，利用畸形报文传递数据，增加了查杀的难度；第四代木马在进程隐藏方面，做了大的改动，采用了内核插入式的嵌入方式，利用远程插入线程技术，嵌入 DLL 线程，实现木马程序的隐藏达到了良好的隐藏效果。

常见木马的危害显而易见，防范的主要方法有：

① 提高防范意识，不要打开陌生人传来的可疑邮件和附件，确认来信的源地址是否合法。

② 如果网速变慢，往往是因为入侵者使用的木马抢占带宽。双击任务栏右下角连接图标，仔细观察发送“已发送字节”选项，如果数字比较大，可以确认有人在下载你的硬盘文件，除非你正使用 FTP 等协议进行文件传输。

③ 查看本机的连接，在本机上通过 netstat-an（或第三方程序）查看所有的 TCP/UDP 连接，当有些 IP 地址的连接使用不常见的端口与主机通信时，这个连接就需要进一步分析。

④ 木马可以通过注册表启动，所以通过检查注册表来发现木马在注册表 里留下的痕迹。

⑤ 使用杀毒软件和防火墙。

第四代木马在进程隐藏方面，做了较大的改动，不再采用独立的 EXE 可执行文件形式，而是改为内核嵌入方式、远程线程插入技术、挂接 PSAPI 等，这些木马也是目前最难对付的。针对第四代木马的防范方法如下：

1. 通过自动运行机制查木马

（1）注册表启动项

选择“开始”|“运行”命令，在弹出的“运行”对话框中输入 regedit.exe，打开注册表编辑器，依次展开 HKEY_CURRENT_USER/Software/Microsoft/Windows/CurrentVersion、HKEY_LOCAL_MACHINE/Software/Microsoft/Windows/CurrentVersion，查看下面所有以 Run 开头的项，其下是否有新增的和可疑的键值。也可以通过键值所指向的文件路径来判断是新安装的软件还是木马程序。

另外，HKEY_LOCAL_MACHINE/Software/classes/exefile/shell/open/command 键值也可能用来加载木马，比如把键值修改为“X:windowssystemABC.exe "%1"%”。

（2）系统服务

有些木马是通过添加服务项来实现自启动的，可以打开注册表编辑器，在 HKEY_LOCAL_MACHINE/Software/Microsoft/Windows/CurrentVersion/Run 下查找可疑键值，并在

HKEY_LOCAL_MACHINE/SYSTEM/CurrentControlSet/Services 下查看可疑主键。

然后禁用或删除木马添加的服务项：在“运行”对话框中输入 Services.msc，打开服务设置窗口，里面显示了系统中所有的服务项及其状态、启动类型和登录性质等信息。找到木马所启动的服务，双击打开它，把启动类型改为“已禁用”，确认后退出。

(3)“开始”菜单启动组

第四代木马不再通过“开始”菜单启动组进行随机启动，但是也不可掉以轻心。如果发现在“开始”|“程序”|“启动”中有新增的项，可以右击并选择“查找目标”命令，到文件的目录下查看一下，注册表位置为 HKEY_CURRENT_USER/Software/Microsoft/Windows/CurrentVersion/Explorer/Shell Folders，键名为 Common Startup。

(4) 系统 ini 文件 Win.ini 和 System.ini

系统 ini 文件 Win.ini 和 System.ini 里也是木马喜欢隐蔽的场所。选择“开始”|“运行”命令，在弹出的对话框中输入 msconfig，调出系统配置实用程序，检查 Win.ini 的 [Windows] 小节下的 load 和 run 字段后面有没有什么可疑程序，一般情况下“=”后面是空白的；还有对 System.ini 的 [boot] 小节中的 Shell=Explorer.exe 后面也要进行检查。

2. 通过文件对比查木马

有的木马的主程序成功加载后，会将自身作为线程插入到系统进程 SPOOLSV.EXE 中，然后删除系统目录中的病毒文件和病毒在注册表中的启动项，以使反病毒软件和用户难以查觉，然后它会监视用户是否在进行关机和重启等操作。如果有，它就在系统关闭之前重新创建病毒文件和注册表启动项。(下面均以 Windows XP 系统为例)：

(1) 对照备份的常用进程

平时可以先备份一份进程列表，以便随时进行对比查找可疑进程。方法如下：开机后在进行其他操作之前即开始备份，这样可以防止其他程序加载进程。在运行中输入 cmd，然后输入 tasklist /svc >X:processlist.txt（提示：不包括引号，参数前要留空格，后面为文件保存路径）按【Enter】键。这个命令可以显示应用程序和本地或远程系统上运行的相关任务 / 进程的列表。输入“tasklist /？”可以显示该命令的其他参数。

(2) 对照备份的系统 DLL 文件列表

可以从 DLL 文件文件下手，一般系统 DLL 文件都保存在 system32 文件夹下，可以对该目录下的 DLL 文件名等信息作一个列表，打开命令行窗口，利用 CD 命令进入 system32 目录，然后输入“dir *.dll>X:listdll.txt”按【Enter】键，这样所有的 DLL 文件名都被记录到 listdll.txt 文件中。如果怀疑有木马侵入，可以再利用上面的方法备份一份文件列表 listdll2.txt，然后利用 UltraEdit 等文本编辑工具进行对比；或者在命令行窗口进入文件保存目录，输入 fc listdll.txt listdll2.txt，这样就可以轻松发现那些发生更改和新增的 DLL 文件，进而判断是否为木马文件。

(3) 对照已加载模块

频繁安装软件会使 system32 目录中的文件发生较大变化，这时可以利用对照已加载模块的方法来缩小查找范围。选择“开始”|“运行”命令，输入 msinfo32.exe 打开“系统信息”，展开“软件环境”|“加载的模块”，然后选择“文件”|“导出”把它备份成文本文件，需要时再备份一个进行对比即可。

（4）查看可疑端口

所有的木马只要进行连接，接收 / 发送数据则必然会打开端口，DLL 木马也不例外，这里使用 netstat 命令查看开启的端口。在命令行窗口中输入 netstat –an 显示出所有的连接和侦听端口。Proto 是指连接使用的协议名称，Local Address 是本地计算机的 IP 地址和连接正在使用的端口号，Foreign Address 是连接该端口的远程计算机的 IP 地址和端口号，State 则是表明 TCP 连接的状态。Windows XP 所带的 netstat 命令比以前的版本多了一个 –O 参数，使用这个参数就可以把端口与进程对应起来。输入“netstat / ？”可以显示该命令的其他参数。

习　　题

一、填空题

1. 计算机病毒按寄生方式和感染途径可分为（　　）、（　　）和（　　）。

2. 引导型病毒感染磁盘中的引导区，蔓延到用户硬盘，并能感染到用户盘中的（　　）。

3. 引导型病毒按其寄生对象的不同又可分为两类：（　　）和（　　）。

4. 文件型病毒分为（　　）、（　　）和（　　）。

5. 混合型病毒，也称综合型、复合型病毒，同时具备（　　）和（　　）病毒的特征，即这种病毒既可以感染磁盘引导扇区，又可以感染可执行文件。

6. 计算机病毒按照链接方式分类可分为（　　）、（　　）、（　　）、（　　）。

二、选择题

1. 下面是关于计算机病毒的两种论断，经判断（　　）。

（1）计算机病毒也是一种程序，它在某些条件上激活，起干扰破坏作用，并能传染到其他程序中去；（2）计算机病毒只会破坏磁盘上的数据。

A. 只有（1）正确　　B. 只有（2）正确

C.（1）和（2）都正确　　D.（1）和（2）都不正确

2. 通常所说的“计算机病毒”是指（　　）。

A. 细菌感染　　B. 生物病毒感染

C. 被损坏的程序　　D. 特制的具有破坏性的程序

3. 对于已感染了病毒的 U 盘，最彻底的清除病毒的方法是（　　）。

A. 用酒精将 U 盘消毒　　B. 放在高压锅里煮

C. 将感染病毒的程序删除　　D. 对 U 盘进行格式化

4. 计算机病毒造成的危害是（　　）。

A. 使磁盘发霉　　B. 破坏计算机系统

C. 使计算机内存芯片损坏　　D. 使计算机系统突然掉电

5. 计算机病毒的危害性表现在（　　）。

A. 能造成计算机器件永久性失效

B. 影响程序的执行，破坏用户数据与程序

C. 不影响计算机的运行速度

D. 不影响计算机的运算结果，不必采取措施

6. 计算机病毒对于操作计算机的人，(　　)。

A. 只会感染，不会致病　　B. 会感染致病

C. 不会感染　　D. 会有厄运

7. 以下措施不能防止计算机病毒的是(　　)。

A. 保持计算机清洁

B. 先用杀病毒软件将从别人机器上拷来的文件清查病毒

C. 不用来历不明的 U 盘

D. 经常关注防病毒软件的版本升级情况，并尽量取得最高版本的防毒软件

8. 下列 4 项中，不属于计算机病毒特征的是(　　)。

A. 潜伏性　　B. 传染性　　C. 激发性　　D. 免疫性

9. 宏病毒可感染下列的(　　)文件。

A．exe　　B．doc　　C．bat　　D．txt

三、简答题

1. 计算机病毒有哪些传播途径？
2. 计算机病毒的感染过程是什么？
3. 简述特洛伊木马的基本原理。
4. 简述计算机病毒的生命周期。
5. 什么是病毒的多态？

使用Sniffer Pro防护网

5.1 项目导入

网络攻击与网络安全是紧密结合在一起的，研究网络的安全性就得研究网络攻击手段。在网络这个不断更新换代的世界里，网络中的安全漏洞无处不在，即便旧的安全漏洞补上了，新的安全漏洞又将不断涌现。网络攻击正是利用这些存在的漏洞和安全缺陷对系统和资源进行攻击。在这样的环境中，每一个人都有可能面临着安全威胁，都有必要对网络安全有所了解，并能够处理一些安全方面的问题。

5.2 职业能力目标和要求

Sniffer 就是网络嗅探行为，或者叫网络窃听器。它工作在网络底层，通过对局域网上传输的各种信息进行嗅探窃听，从而获取重要信息。Sniffer pro 是 Network Associates 公司开发的一个可视化网络分析软件，它主要通过 sniffer 这种网络嗅探行为，监控检测网络传输以及网络的数据信息，具体用来被动监听、捕捉、解析网络上的数据包并做出各种相应的参考数据分析，由于其强大的网络分析功能和全面的协议支持性，被广泛应用在网络状态监控及故障诊断等方面。当然，Sniffer 也可能被黑客或不良用心的人用来窃听并窃取某些重要信息并以此进行网络攻击等。

学习完本项目，读者要达到的职业能力目标和要求如下：

① 熟悉 Sniffer Pro 安装。

② 掌握使用 Sniffer 来分析网络信息。

③ 掌握 Sniffer 在网络维护中的应用。

④ 了解蜜罐系统。

⑤ 学会使用蜜罐系统的部署。

⑥ 了解拒绝服务攻击的原理。

⑦ 掌握利用 Sniffer 捕获拒绝服务攻击中的数据包。

5.3 相关知识

5.3.1 网络嗅探

1. Sniffer pro 的工作原理

在采用以太网技术的局域网中，所有的通信都是按广播方式进行，通常在同一个网段的所有网络接口都可以访问在物理媒体上传输的所有数据，但一般来说，一个网络接口并不响应所有的数据报文，因为数据的收发是由网卡来完成的，网卡解析数据帧中的目的MAC地址，并根据网卡驱动程序设置的接收模式判断该不该接收。在正常情况下，它只响应目的MAC地址为本机硬件地址的数据帧或本VLAN内的广播数据报文。但如果把网卡的接收模式设置为混杂模式，网卡将接受所有传递给它的数据包。即在这种模式下，不管该数据是否是传给它的，它都能接收，在这样的基础上，Sniffer Pro采集并分析通过网卡的所有数据包，就达到了嗅探检测的目的，这就是Sniffer Pro工作的基本原理。

2. Sniffer Pro在网络维护中的应用

Sniffer Pro在网络维护中主要是利用其流量分析和查看功能，解决局域网中出现的网络传输质量问题。

（1）广播风暴

广播风暴是局域网最常见的一种网络故障。网络广播风暴的产生，一般是由于客户机被病毒攻击、网络设备损坏等故障引起的。可以使用Sniffer中的主机列表功能，查看网络中哪些机器的流量最大，哪台机器数据流量异常。从而，可以在最短的时间内判断网络的具体故障点。

（2）网络攻击

随着网络的不断发展，黑客技术吸引了不少网络爱好者。在大学校园里，一些初级黑客，开始拿校园网来做实验，DDoS攻击成为一些黑客炫耀自己技术的一种手段，由于校园网本身的数据流量比较大，加上外部DDoS攻击，校园网可能会出现短时间的中断现象。对于类似的攻击，使用Sniffer软件，可以有效判断网络是受广播风暴影响，还是来自外部的攻击。

（3）检测网络硬件故障

在网络中工作的硬件设备，只要有所损坏，数据流量就会异常，使用Sniffer可以轻松判断出物理损坏的网络硬件设备。

5.3.2 蜜罐技术

1. 蜜罐概述

蜜罐好比是情报收集系统，是故意让人攻击的目标，引诱黑客前来攻击。所以攻击者入侵后，就可以知道他是如何得逞的，随时了解针对服务器发动的最新的攻击和漏洞。还可以通过窃听黑客之间的联系，收集黑客所用的种种工具，并且掌握他们的社交网络。

设计蜜罐的初衷就是让黑客入侵，借此收集证据，同时隐藏真实的服务器地址，因此要求一台合格的蜜罐拥有发现攻击、产生警告、强大的记录能力、欺骗、协助调查等功能。

2. 蜜罐应用

（1）迷惑入侵者，保护服务器

一般的客户/服务器模式里，浏览者是直接与网站服务器连接的，整个网站服务器都暴露在入侵者面前，如果服务器安全措施不够，那么整个网站数据都有可能被入侵者轻易毁灭。但是，如果在客户/服务器模式里嵌入蜜罐，让蜜罐作为服务器角色，真正的网站服务器作为一个内部网络在蜜罐上做网络端口映射，这样可以把网站的安全系数提高，入侵者即使渗透了位于外部的“服务器”，也得不到任何有价值的资料，因为他入侵的是蜜罐而已。虽然入侵者可以在蜜罐的基础上跳进内部网络，但那要比直接攻下一台外部服务器复杂得多，许多水平不足的入侵者只能望而却步。蜜罐也许会被破坏，但是不要忘记，蜜罐本来就是被破坏的角色。在这种用途上，蜜罐不能再设计得漏洞百出，它既然成了内部服务器的保护层，就必须要求它自身足够坚固。

（2）抵御入侵者，加固服务器

入侵与防范一直都是热点问题，而在其间插入一个蜜罐环节将会使防范变得有趣，这台蜜罐被设置得与内部网络服务器一样，当一个入侵者费尽力气入侵了这台蜜罐的时候，管理员已经收集到足够的攻击数据来加固真实的服务器。

（3）诱捕网络罪犯

这是一个相当有趣的应用，当管理员发现一个普通的客户 / 服务器模式网站服务器已经被侵入的时候，如果技术能力允许，管理员会迅速修复服务器。如果是企业的管理员，他们会设置一个蜜罐模拟出已经被入侵的状态，让入侵者在不起疑心的情况下被记录下一切行动证据，从而可以轻易地揪出网络罪犯。

5.3.3 拒绝服务攻击

1. 拒绝服务攻击概述

拒绝服务攻击即攻击者想办法让目标机器停止提供服务或资源访问，是黑客常用的攻击手段之一。这些资源包括磁盘空间、内存、进程甚至网络带宽，从而阻止正常用户的访问。其实，对网络带宽进行的消耗性攻击只是拒绝服务攻击的一小部分，只要能够对目标造成麻烦，使某些服务被暂停甚至主机死机，都属于拒绝服务攻击。拒绝服务攻击问题也一直得不到合理的解决，究其原因是因为网络协议本身的安全缺陷造成的，从而拒绝服务攻击也成为了攻击者的终极手法。

2. SYN Flood 拒绝服务攻击的原理

SYN Flood 是当前最流行的拒绝服务攻击之一，这是一种利用 TCP 协议缺陷，发送大量的伪造的 TCP 连接请求，从而使得被攻击方资源耗尽（CPU 满负荷或内存不足）的攻击方式。

SYN Flood 拒绝服务攻击是通过 TCP 协议三次握手而实现的。

首先，攻击者向被攻击服务器发送一个包含 SYN（Synchronize）标志的 TCP 报文，SYN 即同步报文，会指明客户端使用的端口以及 TCP 连接的初始序号。这时同被攻击服务器建立了第一次握手。

其次，受害服务器在收到攻击者的 SYN 报文后，将返回一个 SYN+ACK 的报文，表示攻击者的请求被接受，同时 TCP 序号被加一，ACK（Acknowledgment）即确认，这样就同被攻击服务器建立了第二次握手。

最后，攻击者也返回一个确认报文 ACK 给受害服务器，同样 TCP 序列号被加一，到此一个 TCP 连接完成，三次握手完成。

拒绝服务攻击中，问题就出在 TCP 连接的三次握手中，假设一个用户向服务器发送

了 SYN 报文后突然死机或掉线，那么服务器在发出 SYN+ACK 应答报文后是无法收到客户端的 ACK 报文的（第三次握手无法完成），这种情况下服务器端一般会重试（再次发送 SYN+ACK 给客户端）并等待一段时间后丢弃这个未完成的连接，这段时间的长度我们称为 SYN 超时，一般来说这个时间是分钟的数量级（为 30 s ～ 2 min）；一个用户出现异常导致服务器的一个线程等待 1 min 并不是什么很大的问题，但如果有一个恶意的攻击者大量模拟这种情况，服务器端将为了维护一个非常大的半连接列表而消耗非常多的资源。实际上如果服务器的 TCP/IP 栈不够强大，最后的结果往往是堆栈溢出崩溃——即使服务器端的系统足够强大，服务器端也将忙于处理攻击者伪造的 TCP 连接请求而无暇理睬客户的正常请求，此时从正常客户的角度看来，服务器失去响应，使服务器端受到了 SYN Flood 攻击（SYN 洪水攻击）。

5.4　项目实施

5.4.1　Sniffer Pro 安装

Sniffer Pro 是 NAI 公司推出的功能强大的协议分析软件。下面针对用 Sniffer Pro 安装、功能及界面进行介绍。

在网上下载 Sniffer Pro 软件后，直接运行安装程序，系统会提示输入个人信息和软件注册码，安装结束后，重新启动，之后再通过 Sniffer 程序进行汉化。运行 Sniffer 程序后，系统会自动搜索机器中的网络适配器，单击“确定”按钮进入 Sniffer 主界面。下面详细介绍安装过程。

① 打开 Sniffer Pro 安装包，如图 5-1 所示。双击运行 Sniffer Pro 安装程序，进入欢迎界面，如图 5-2 所示。

图5-1　Sniffer Pro安装包

图5-2　Sniffer Pro欢迎界面

② 单击“下一步”按钮，开始安装加载，如图 5-3 和图 5-4 所示。

③ 按照默认的安装选项进入下一步运行安装过程中出现注册信息窗口，如图 5-5 所示。

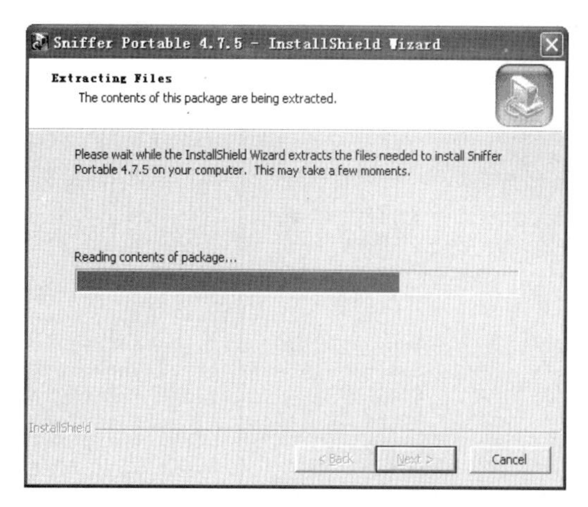

图5-3　Sniffer Pro安装中

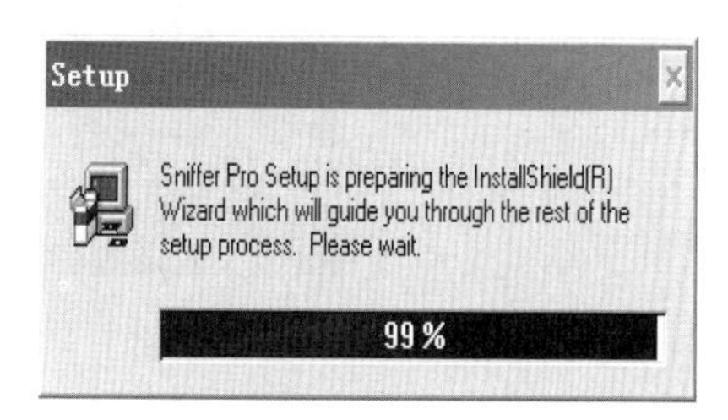

图5-4　Sniffer Pro安装加载中

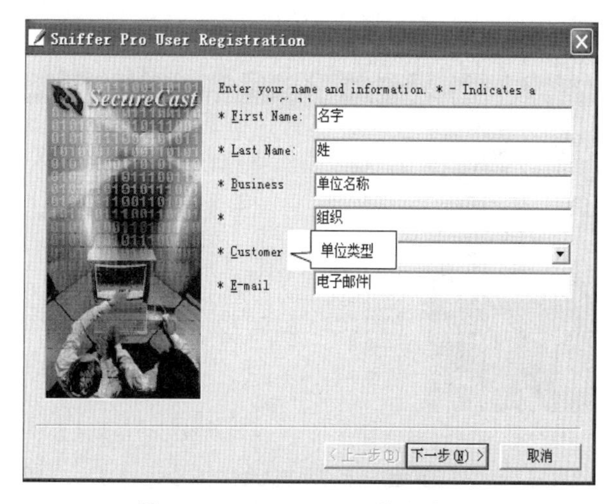

图5-5　Sniffer Pro注册信息窗口1

④ 输入信息如图 5-6 所示，输入英文名字，* 号为必填内容。

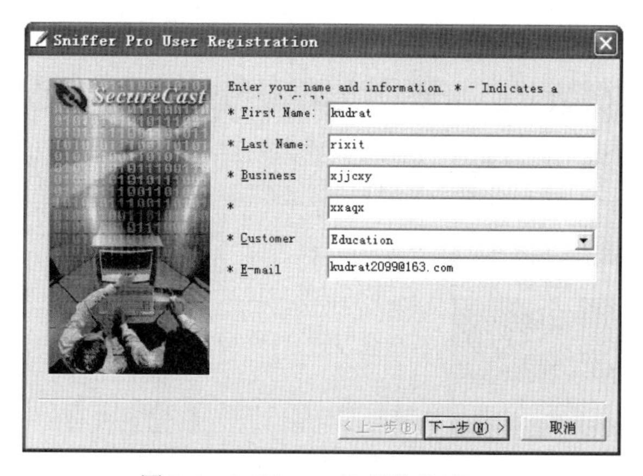

图5-6　Sniffer Pro注册信息窗口1

⑤ 单击“下一步”按钮，进入第二个注册信息窗口，按要求输入地址、城市、电话等，如图 5-7 所示。

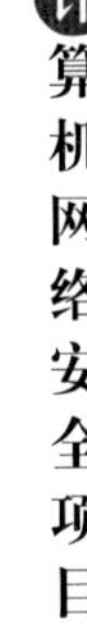

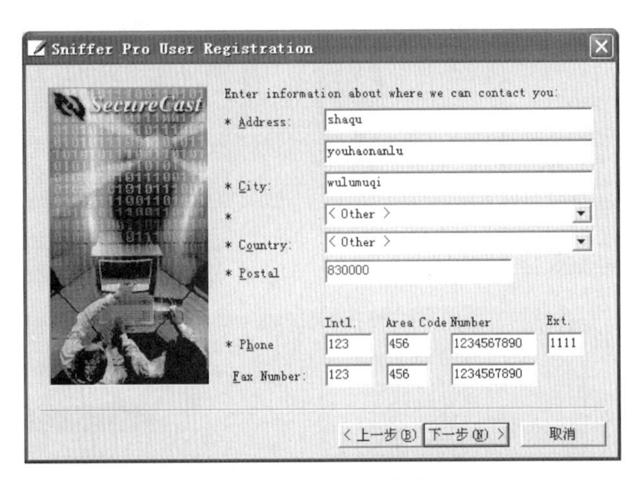

图5-7　Sniffer Pro注册信息窗口2

⑥ 单击“下一步”按钮，进入第三个注册信息窗口，按要求输入 Sniffer 的序列号，如图 5-8 所示。

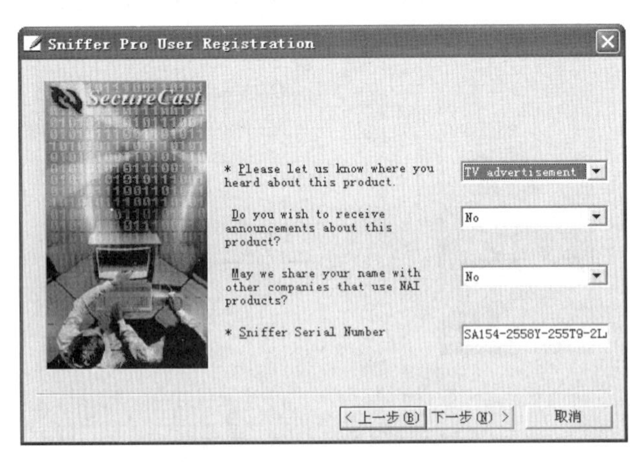

图5-8　Sniffer Pro注册窗口3

⑦ 单击“下一步”按钮，进入选择连接网络选项对话框，如图 5-9 所示。选择不连接网络，单击“下一步”按钮。

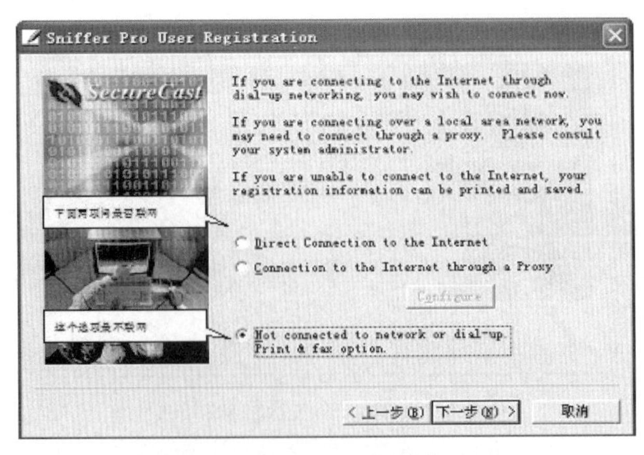

图5-9　Sniffer Pro网络连接选项

⑧ 下面出现的是注册信息窗口（见图 5-10），单击“完成”按钮，完成安装。重启计算机，使 Sniffer 生效。

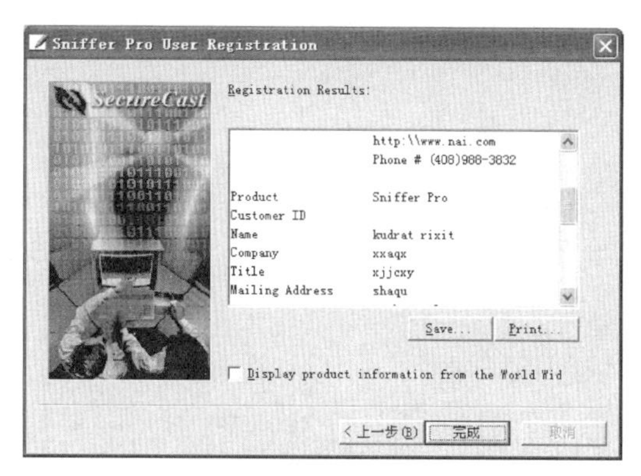

图5-10　注册信息窗口

⑨ 计算机重启后，选择“开始”菜单“程序”选项中的 sniffer 命令（见图 5-11），运行 sniffer 程序，进入到 sniffer 主界面，如图 5-12 所示。

图5-11　运行Sniffer Pro

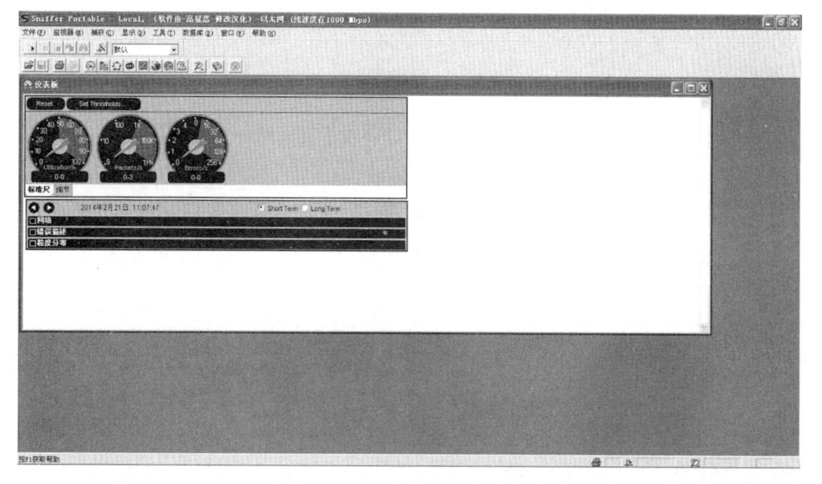

图5-12　Sniffer Pro主界面

5.4.2 Sniffer Pro 功能界面

1. 主界面

进入 Sniffer 的主界面，可以看到 Sniffer 菜单、捕获面板、网络性能快捷键及仪表盘面板，如图 5-13 所示。

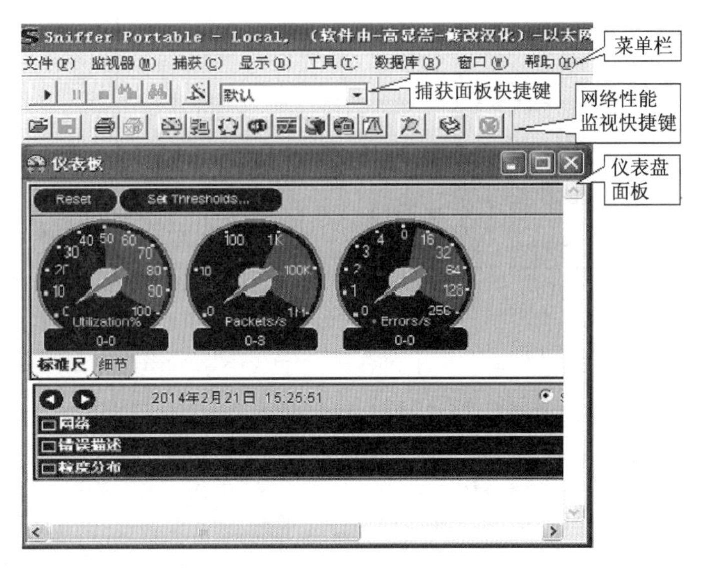

图5-13 Sniffer Pro主界面

(1) 捕获面板

报文捕获功能可以在报文捕获面板中进行，图 5-14 所示为捕获面板的功能说明图。

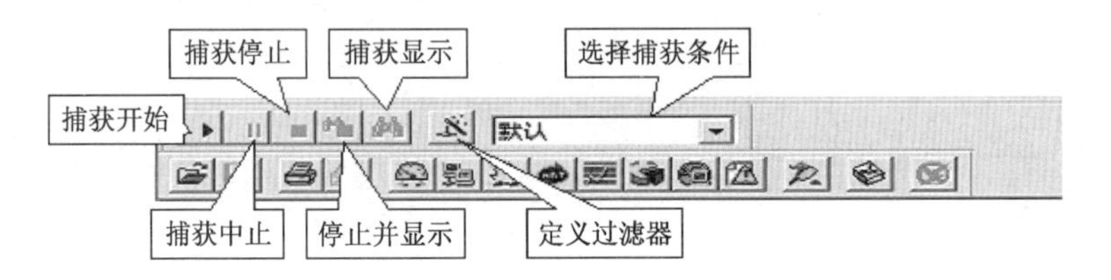

图5-14 Sniffer Pro捕获面板

(2) 网络性能快捷键

图 5-15 所示为网络性能快捷键的功能图。

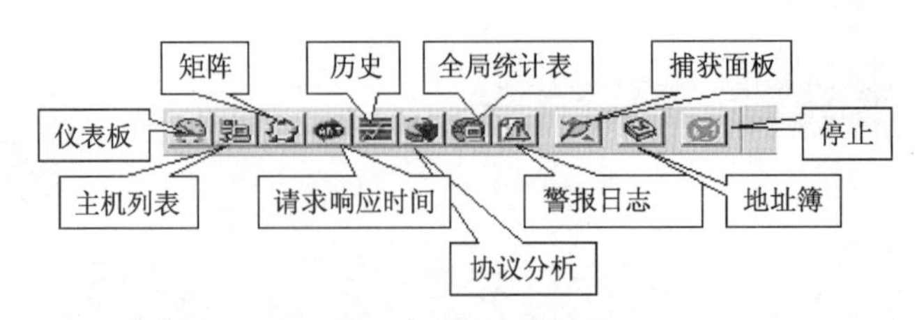

图5-15 网络性能快捷键

2. 常用的工具按钮

下面介绍一些在日常网络维护中常用的工具按钮。

（1）主机列表按钮

单击网络性能快捷键中的“主机列表”按钮，Sniffer 会显示网络中所有机器的信息，如图 5-16 所示。其中，“Hw 地址”一栏是网络中的客户机信息。网络中的客户机一般都有唯一的名字，因此在“Hw 地址”栏中，可以看到客户机的名字。对于安装 Sniffer 的机器，在“Hw 地址”栏中用“本地”来标识；对于网络中的交换机、路由器等网络设备，Sniffer 只能显示这些网络设备的 MAC 地址。入埠数据包和出埠数据包，指的是该客户机发送和接收的数据包数量，后面还有客户机发送和接收的字节大小，可以据此查看网络中的数据流量大小。

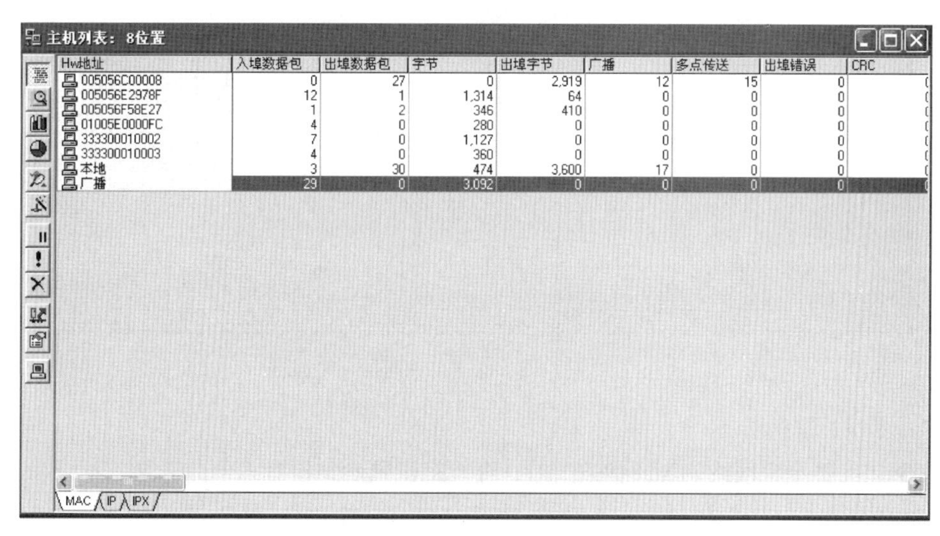

图5-16　主机列表

（2）矩阵按钮

矩阵功能通过圆形图例说明客户机的数据走向，可以看出与客户机有数据交换的机器，如图 5-17 所示。

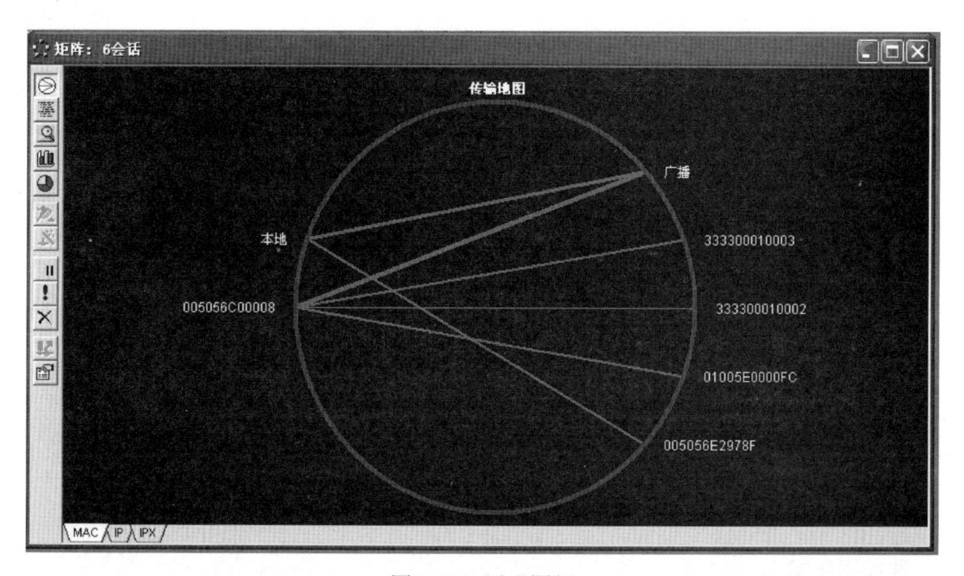

图5-17　圆形图例

（3）请求响应时间按钮

请求响应时间功能，可以查看客户机访问网站的详细情况，如图 5-18 所示。当客户机访问某站点时，可以通过此功能查看从客户机发出请求到服务器响应的时间等信息。

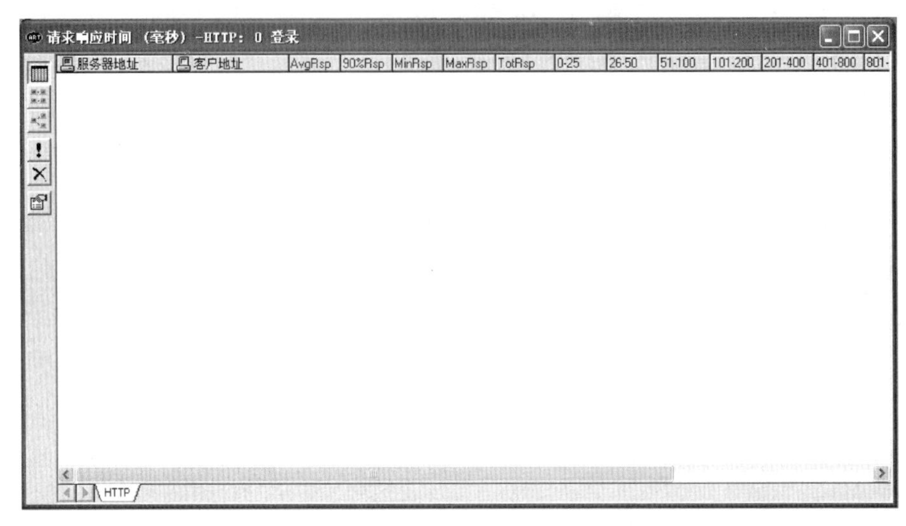

图5-18　请求响应时间

（4）警报日志按钮

当 Sniffer 监控到网络的不正常情况时，会自动记录到警报日志中。所以，打开 Sniffer 软件后，首先要查看一下警报日志，看网络运行是否正常，如图 5-19 所示。

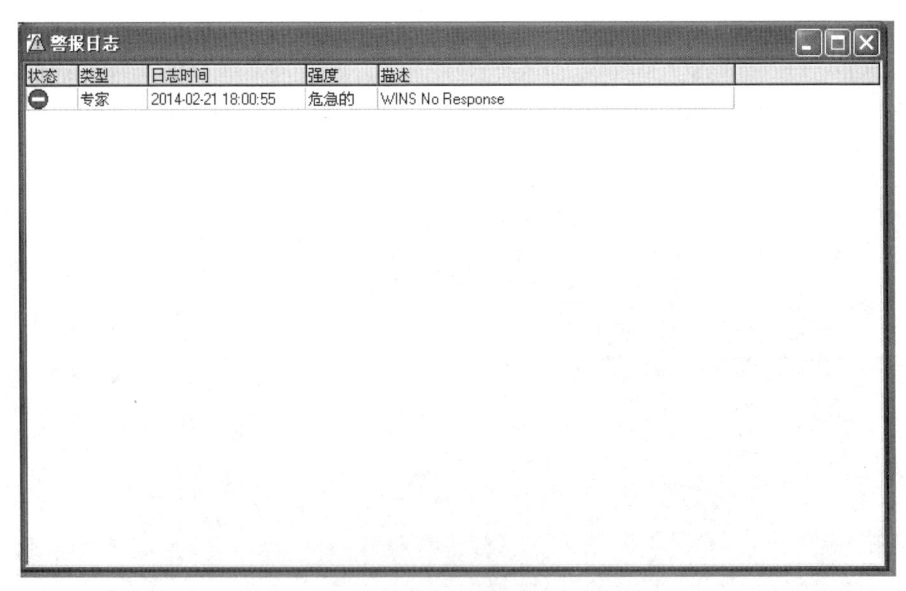

图5-19　警报日志

5.4.3　Sniffer Pro 报文的捕获与解析

1. 选择网络接口

① 选择“开始”|“程序”|“Sniffer Pro”|“Sniffer”命令，打开 Sniffer Pro 软件主窗口，

如图 5-20 所示。

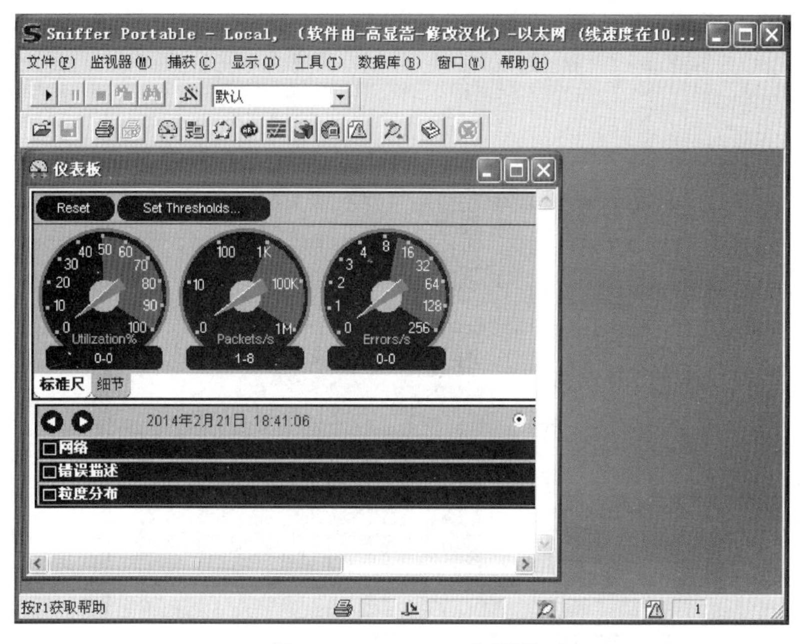

图5-20　Sniffer Pro主界面

② 在主窗口中，选择“文件”|“选定设置”命令（见图 5-21），弹出“当前设置”对话框，如图 5-22 所示。如果本地主机具有多个网络接口，且需要监听的网络接口不在列表中，可以单击“新建”按钮添加。选择正确的网络接口后，单击“确定”按钮。

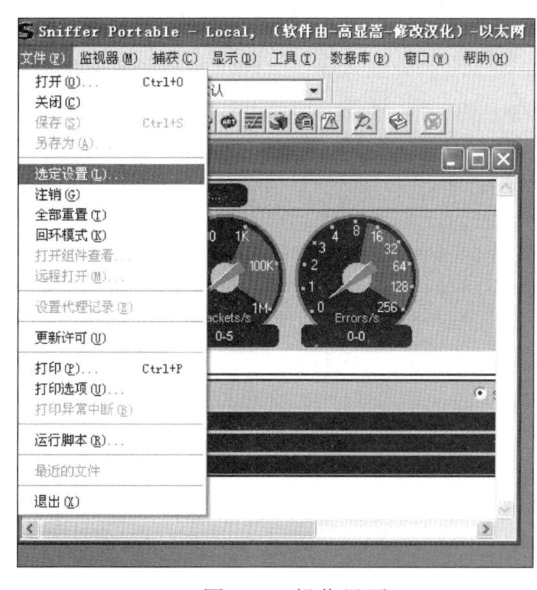

图5-21　操作界面

图5-22　选择网络接口窗口

2. 选报文捕获与分析

① 在 Sniffer Pro 主窗口中（见图 5-23），直接单击工具栏中的“开始”按钮，开始捕获经过选定网络接口的所有数据包。在本机浏览器打开任意一个网页，同时在 Sniffer 主窗口观

察数据捕获情况。

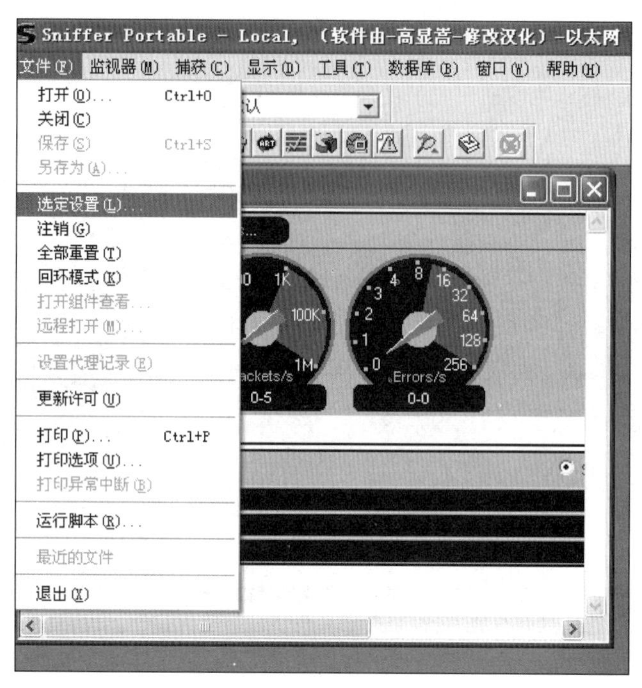

图5-23 Sniffer Pro主窗口

② 依次选择主窗口中的“捕获”|“停止并显示”命令或直接单击工具栏中的“停止并显示”按钮，在弹出的窗口中选择“解码”选项卡，如图 5-24 所示。

③ 在上侧的窗格中，选中向 Web 服务器请求网页内容的 HTTP 报文，在中间的窗格中选中一项，在下方的窗格将有相应的十六进制和 ASCII 码的数据与之相对应。

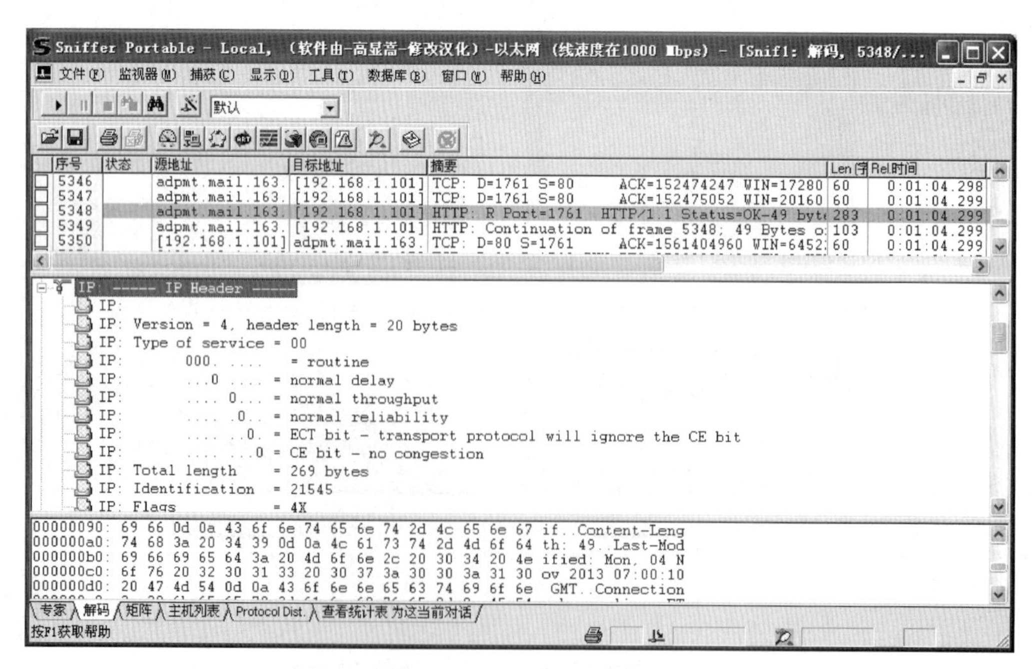

图5-24 Sniffer Pro捕获界面

④ 界面中间窗格的 IP 报文段描述中，对照图 5-25 所示的 IP 报文格式，可以清楚地分析捕获到报文段。

<table>
<tr><th colspan="5">IP报文格式</th></tr>
<tr><td colspan="3">0 15</td><td colspan="2">16 31</td></tr>
<tr><td>4位版本</td><td>4位首部长度</td><td>8位服务类型（TOS）</td><td colspan="2">16位报文总长度（字节数）</td></tr>
<tr><td colspan="3">16位标识</td><td>3位标识</td><td>13位片偏移</td></tr>
<tr><td colspan="2">8位生存时间（TTL）</td><td>8位协议</td><td colspan="2">16位首部校验和</td></tr>
<tr><td colspan="5">32位源IP地址</td></tr>
<tr><td colspan="5">32位目的IP地址</td></tr>
<tr><td colspan="5">选项（如果有）</td></tr>
<tr><td colspan="5">数据</td></tr>
</table>

图5-25 IP报文格式

3. 定义过滤器

也可以通过定义过滤器来捕获指定的数据包。

① 在 Sniffer Pro 主窗口中，选择“捕获”|“定义过滤器”命令，如图 5-26 所示。

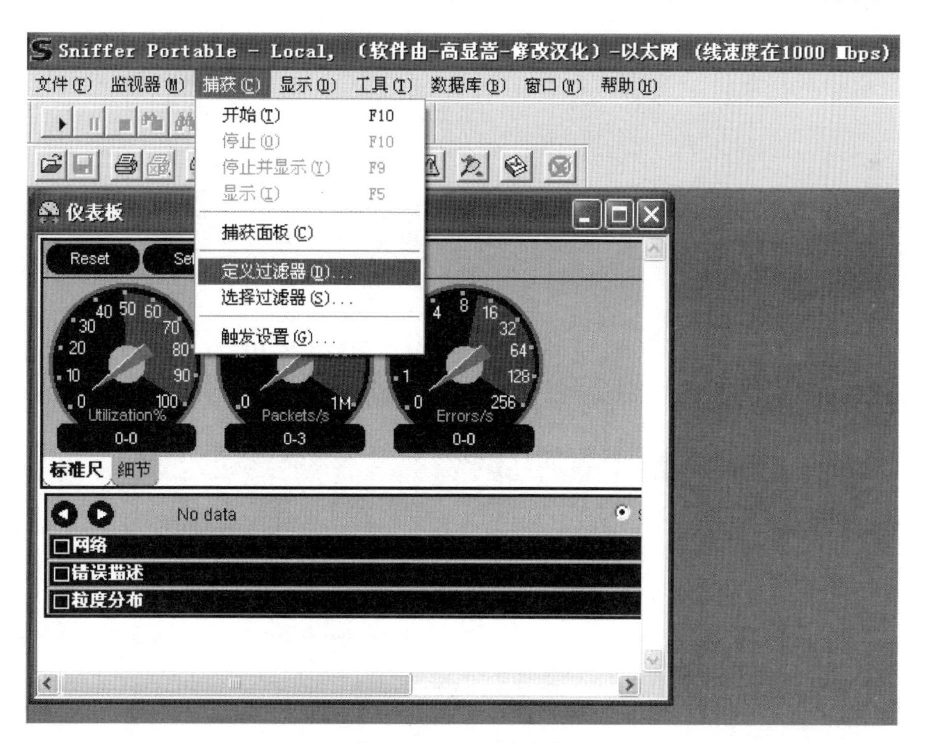

图5-26 打开过滤器

② 弹出“定义过滤器 - 捕获”对话框，选择“地址”选项卡。在“地址类型”下拉列表中，选择 IP 选项，在“模式”栏中选择“包含”单选按钮，并在下方列表中分别填写源主机和目标主机的 IP 地址，如图 5-27 所示。

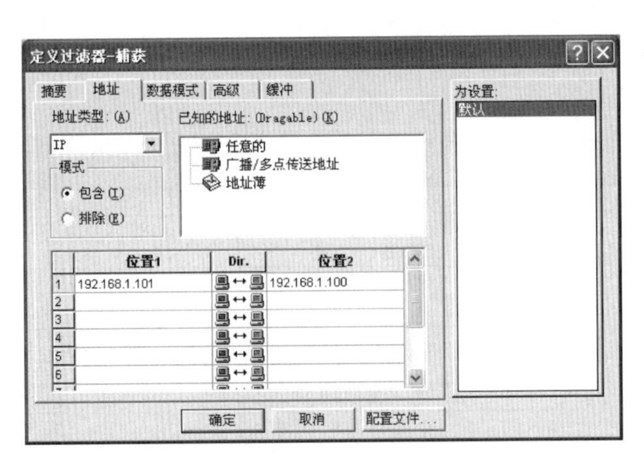

图5-27　选择地址

③ 选择“高级”选项卡，展开结点 IP，选中协议 ICMP（见图 5-28），单击“确定”按钮。此时，Sniffer Pro 只捕获计算机源主机和目标主机之间通信的 ICMP 报文。

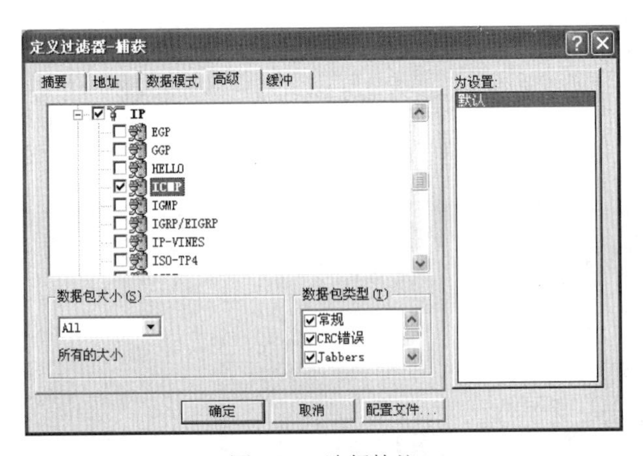

图5-28　选择协议

④ 打开本地（IP：192.168.1.101）计算机 CMD，ping 目标（IP：192.168.1.100）主机，如图 5-29 所示。

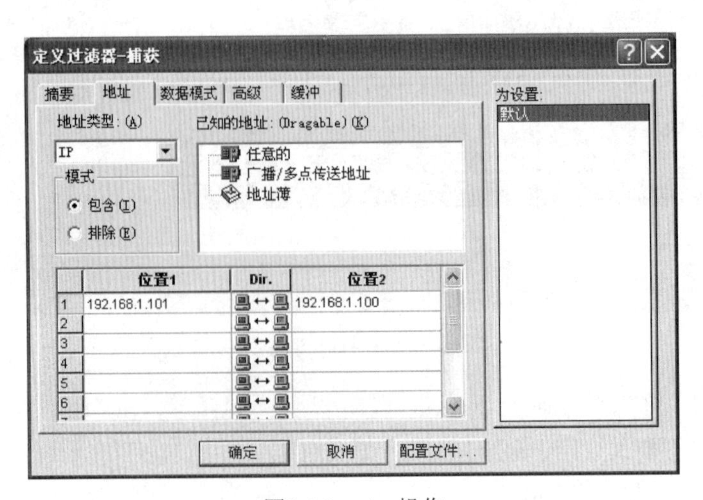

图5-29　ping操作

⑤ 进入 Sniffer,单击工具栏中的“停止并显示”按钮,在弹出的窗口中选择“解码”选项卡,显示图 5-30 所示捕获界面。

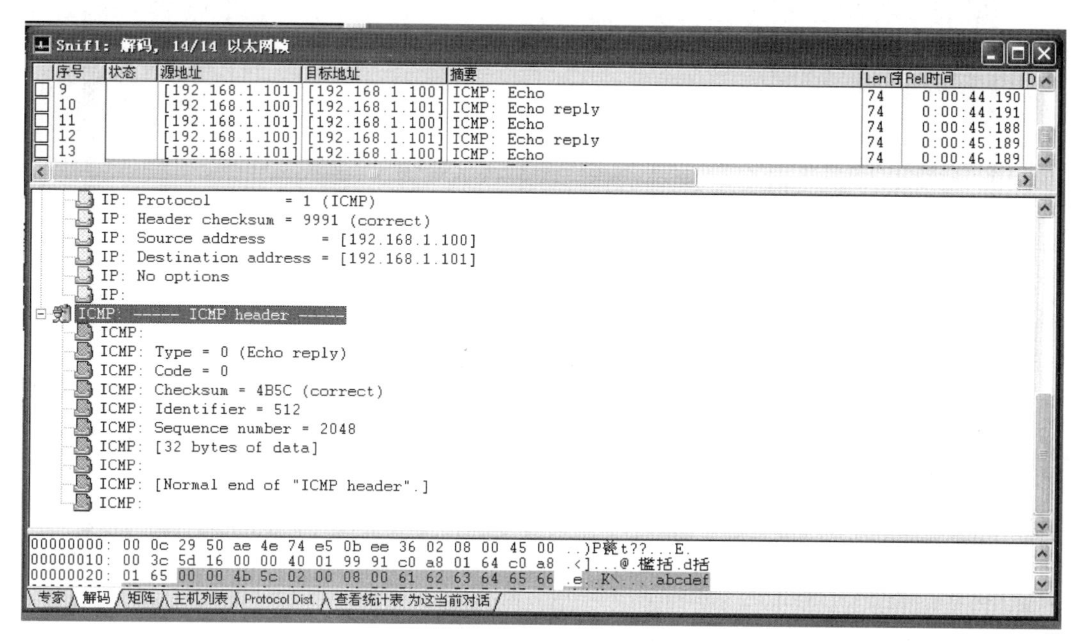

图5-30　捕获界面

⑥ 界面中间窗格的 ICMP 报文段描述中，对照图 5-31 ICMP 报文格式，可以分析捕获到报文段。

类型（13或14）	代码（0）	校验和（16位）
标识符（16位）		序列号（16位）
发起时间戳（32位）		
接收时间戳（32位）		
传输时间戳（32位）		

图5-31　ICMP报文格式

5.4.4　Web 服务器蜜罐防范

1. HFS 工具安装部署与设置

HFS 网络文件服务器是专为个人用户所设计的 HTTP 文件系统，这款软件可以提供更方便的网络文件传输系统，下载后无须安装，只要解压缩后执行 hfs.exe，便可架设完成个人 HTTP 网络文件服务器，如图 5-32 所示。虚拟服务器将对这个服务器的访问情况进行监视，并把所有对该服务器的访问记录下来，包括 IP 地址、访问文件等。通过这些对黑客的入侵行为进行简单的分析。

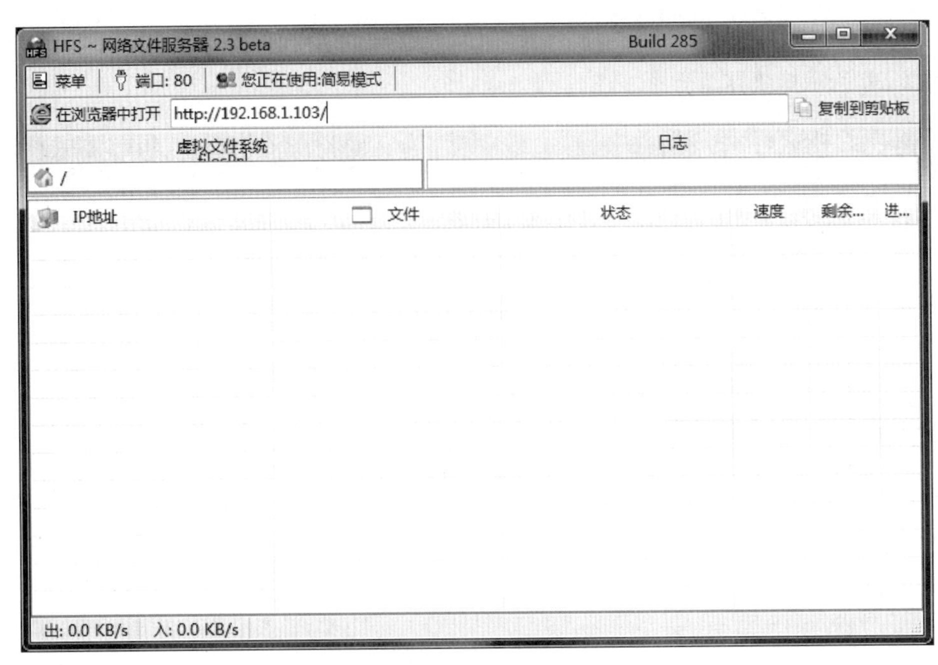

图5-32　HFS主界面

2. 部署与设置

运行 HFS，右击窗格，即可新增 / 移除虚拟档案资料夹，或者直接将欲加入的文件拖动至此窗口，便可架设完成个人 HTTP 网络文件服务器，如图 5-33 所示。

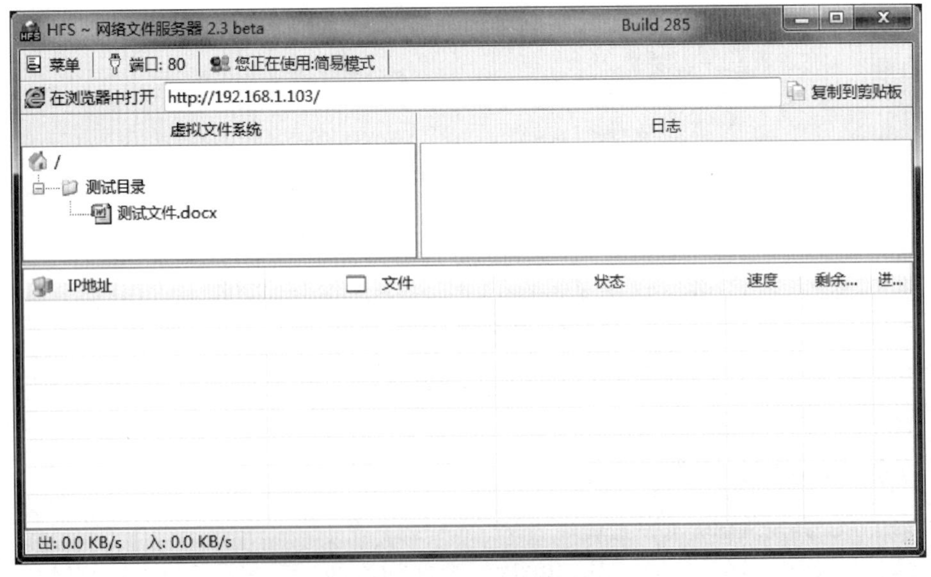

图5-33　HTTP网络文件服务器

3. 监视监控

① 在主机 B（192.168.1.109）的浏览器中输入主机 A 的 IP 地址 192.168.1.103，并下载测试文件，如图 5-34 所示。

图5-34 主机B浏览器操作

② 转到主机 A 中，打开 HFS 服务器就可以监视到主机 B 的操作，如图 5-35 所示，HFS 主界面里就会自动监听并显示攻击者的访问操作记录。

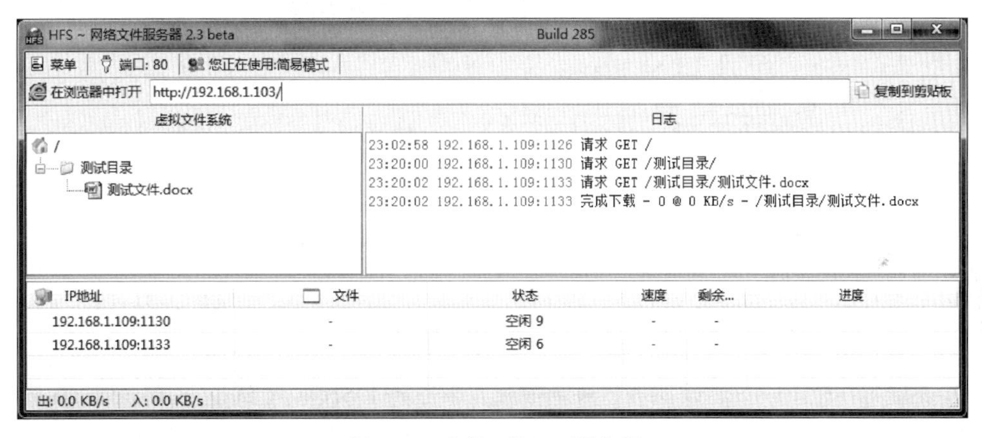

图5-35 主机A的HFS服务器

5.4.5 部署全方位的蜜罐服务器

1. Defnet HoneyPot 工具

Defnet HoneyPot 一款著名的“蜜罐”虚拟系统，它会虚拟一台有“缺陷”的服务器，等着恶意攻击者上钩。利用该软件虚拟出来的系统和真正的系统看起来没有什么两样，但它是为恶意攻击者布置的陷阱。通过它可以看到攻击者都执行了那些命令，进行了哪些操作，使用了哪些恶意攻击工具。通过陷阱的记录，可以了解攻击者的习惯，掌握足够的攻击证据，甚至反击攻击者。图 5-36 所示为 DEFNET Honeypot 主界面。

2. 蜜罐服务器部署

① 运行 DEFNET Honeypot，在程序主界面右侧单击 Honeypot 按钮，弹出如图 5-37 所示对话框，在设置对话框中，可以虚拟 Web、FTP、SMTP、Finger、POP3 和 Telnet 等常规网站提供的服务。

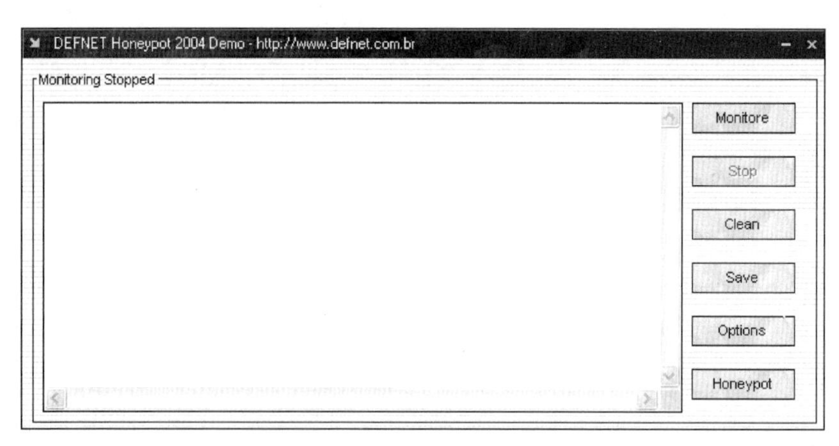

图5-36　Defnet HoneyPot主界面

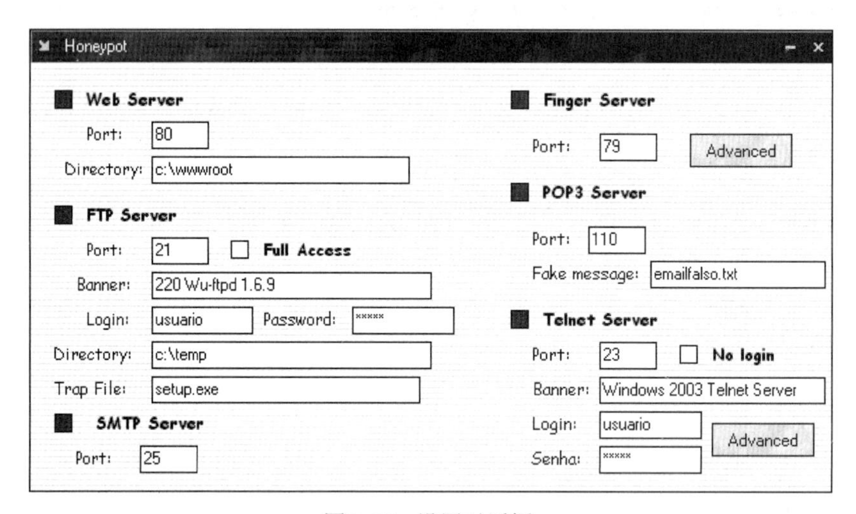

图5-37　设置对话框

② 要虚拟一个 FTP Server 服务，可选中相应服务 FTP Server 复选框，并且可以给恶意攻击者 Full Access 权限。可设置好 Directory 选项，用于指定伪装的文件目录项，如图 5-38 所示。

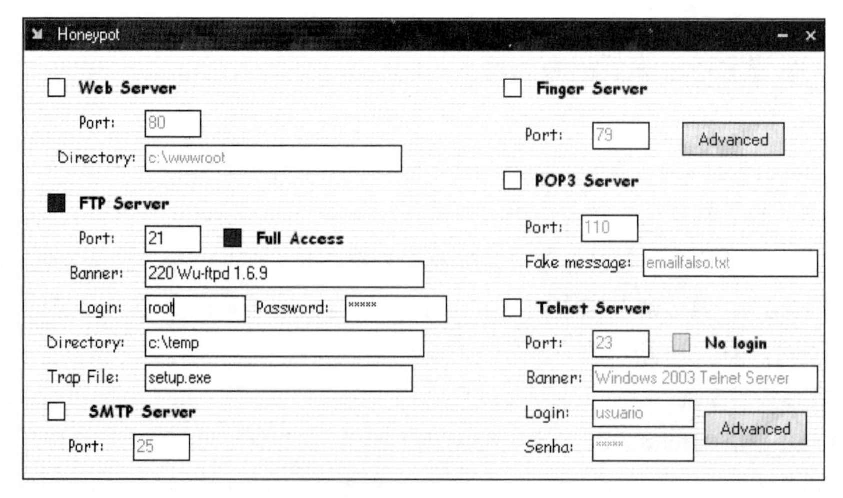

图5-38　FTP Server服务

③ 在 Finger Server 的 Advanced 高级设置项中，可以设置多个用户，admin 用户是伪装成管理员用户的，其提示信息是 administrator，即管理员组用户，并且可以允许 40 个恶意攻击者同时连接该用户，如图 5-39 所示。

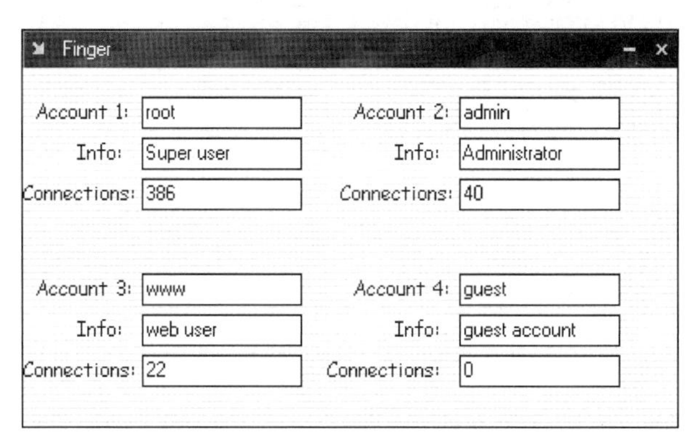

图5-39 Finger Server

④ 在 Telnet Server 的高级设置项中，还可以伪装驱动器盘符 (Drive)、卷标 (Volume)、序列号 (serial no)，以及目录创建时间和目录名、剩余磁盘空间 (Free space in bytes)、MAC 地址、网卡类型等，如图 5-40 所示。

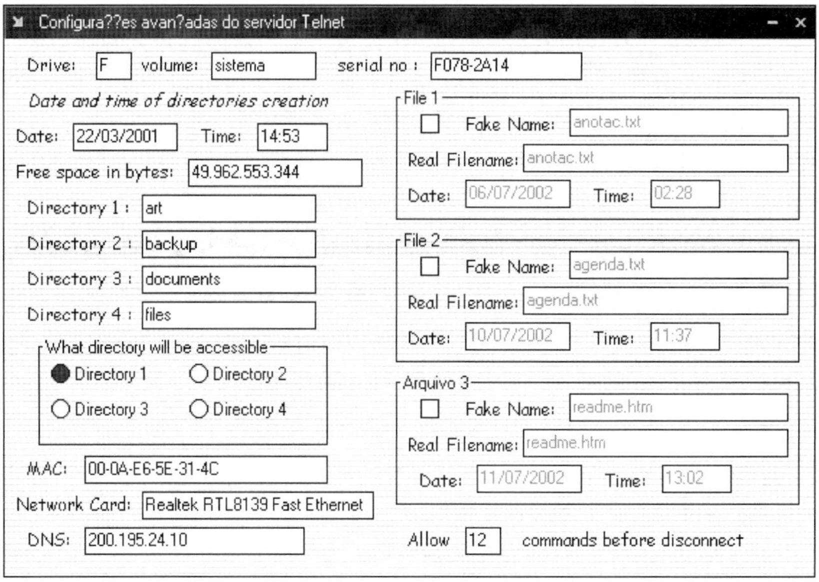

图5-40 Telnet Server

3. 开启监视

蜜罐搭建成功后，单击 Honeypot 主程序界面的 Monitore 按钮，开始监视恶意攻击者。当有人攻击我们的系统时，会进入我们设置的蜜罐。在 Honeypot 左面窗口中的内容，就可以清楚地看到，恶意攻击者都在做什么，进行了哪些操作。

例如，在本机机 B 中对本机 (蜜罐服务器) 进行 Telnet 连接，蜜罐中显示的信息是如图 5-41 所示。

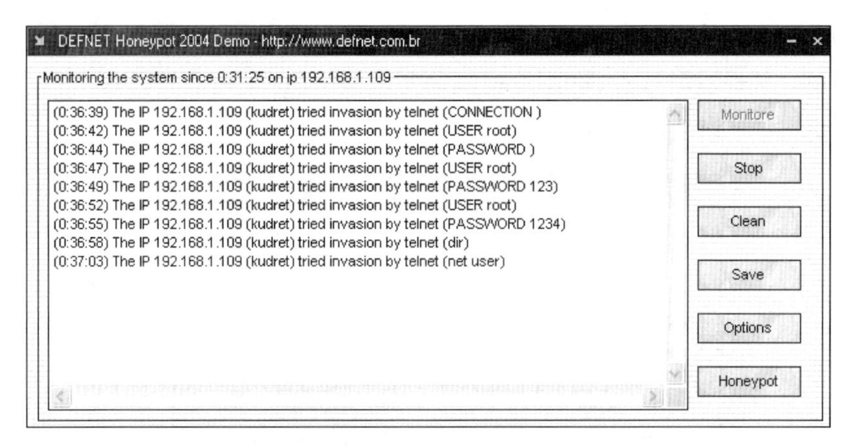

图5-41　监控界面

从信息中可以看到，攻击者 Telnet 到服务器分别用 root 空密码和 123 密码进行探视均告失败，然后再次连接用 root 用户和 1234 密码进入系统。接下来可用 dir 命令查看目录、系统用户。

4. 蜜罐提醒

当用户不能在服务器前跟踪攻击者的攻击动作，且想了解攻击者都做了些什么时，可以使用 Honeypot 提供的“提醒”功能。在软件主界面点击 Options 按钮，在弹出的设置窗口中，设置自己的 E-mail 信箱，会自动将攻击者的动作记录下来，发送到设置的邮箱中。选中 Send logs by e-mail，在输入框中填写自己的邮箱地址、邮件发送服务器地址、发送者邮箱地址。再选中 Authenticaton required，填写邮箱的登录名和密码，就可以随时掌握攻击者的入侵情况，如图 5-42 所示。

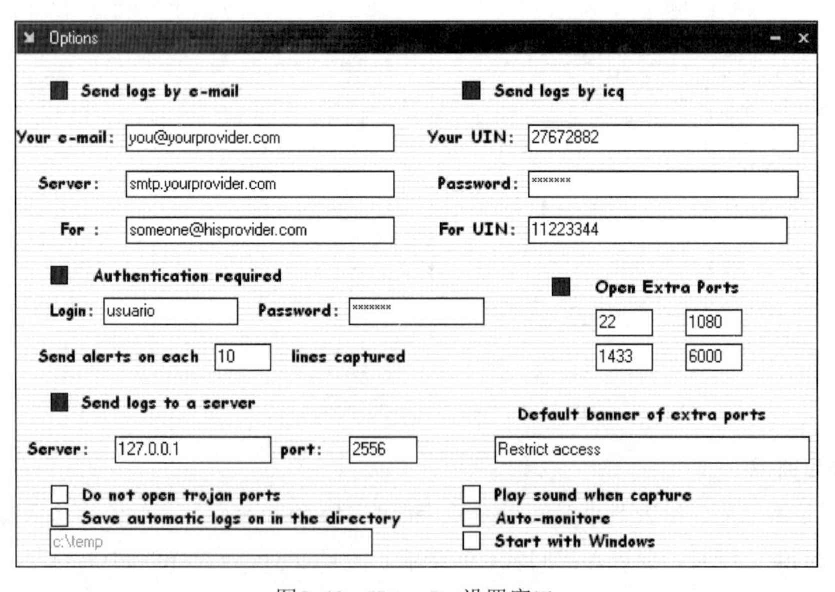

图5-42　HoneyPot设置窗口

另外，还可以选中 Save outomatic logs on in the directory 将入侵日志保存到指定的目录中，方便日后分析。

上面是在模拟环境中进行的演示，真实网络环境中的部署与此类似。通过演示，可以看到蜜罐服务器不仅误导了攻击者让他们无功而返，同时获取了必要的入侵信息，为用户对真正的服务器进行安全设置提供了依据，也是下一步反攻的前提。

5.4.6 SYN Flood 攻击

1. 捕获洪水数据

① 打开攻击者主机的Sniffer Pro，单击工具栏中“定义过滤器”按钮，在弹出的“定义过滤器”窗口中设置如下过滤条件：在“网络地址”属性页中输入“主机 A<-> 主机 B 的 IP 地址”；在“协议过滤”属性页中选中“协议树” | ETHER | IP | TCP 结点项，单击“确定”按钮使过滤条件生效，结果如图 5-43 所示。

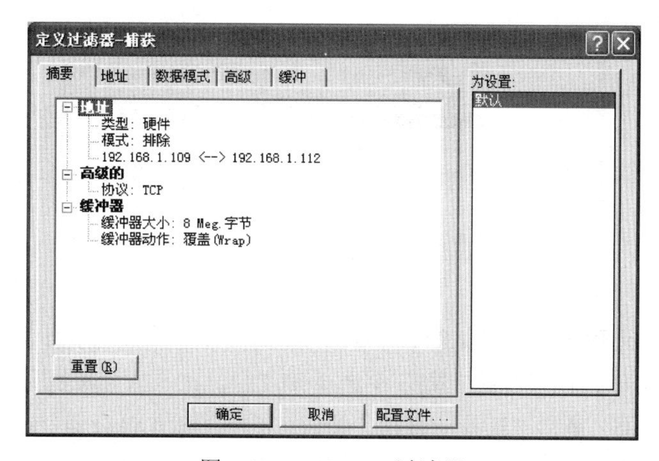

图5-43　Sniffer Pro过滤器

② 在 Sniffer Pro 捕获窗口工具栏中点击“开始捕获数据包”按钮，开始捕获数据包。

2. 性能分析

① 启动被攻击主机系统“性能监视器”，监视在遭受到洪水攻击时本机 CPU、内存消耗情况，依次单击“控制面板” | “管理工具” | “性能”，如图 5-44 所示。

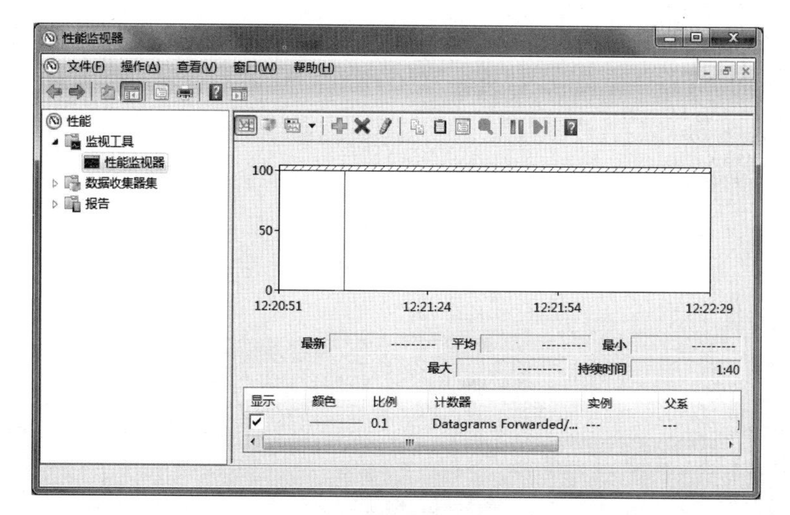

图5-44　“性能监视器”窗口

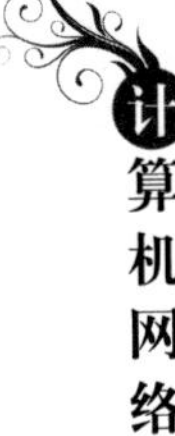

② 在监视视图区右击，选择“属性”命令，打开“系统监视器属性”对话框，如图 5-45 所示。

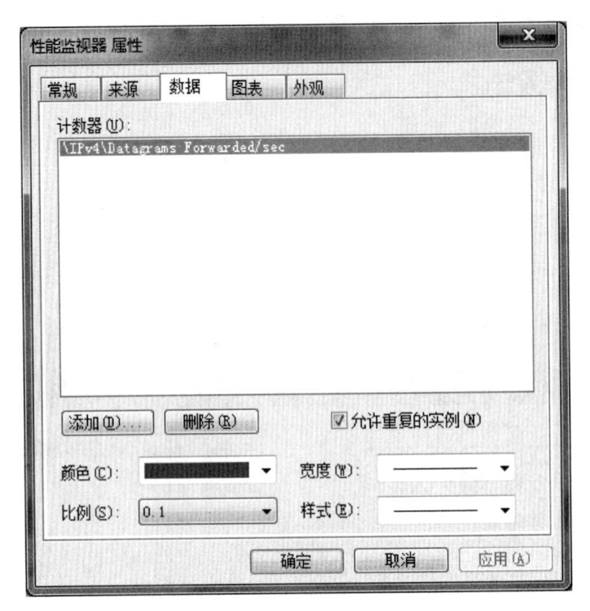

图5-45　系统监视器属性

③ 在“数据”选项卡中将“计数器”列表框中的条目删除；单击“添加”按钮，弹出“添加计数器”对话框，在“性能对象”中选择 TCPv4，在“从计算机选择计数器”中选中 Segments Received/sec，单击“添加”按钮，然后“关闭”添加计数器对话框；单击“系统监视器属性”对话框中的“确定”按钮，使策略生效，如图 5-46 所示。

图5-46　添加计数器

3. 洪水攻击防范

下面通过几台虚拟的主机简要讲解黑客攻击的方式以便更好地进行防范。

① 运行已准备好的独裁者拒绝服务攻击工具，选择 SYN 攻击方式，在视图中需要输入源主机、目标主机 IP 地址和端口，如图 5-47 所示。

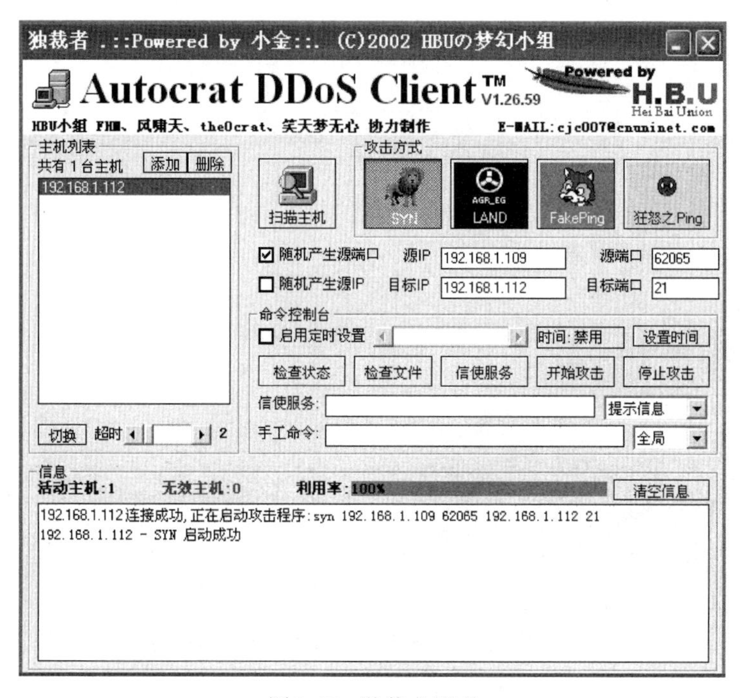

图5-47 独裁者界面

② 单击“开始攻击”按钮，对被攻击主机进行 SYN 洪水攻击。

③ 攻击后，在被攻击主机观察“性能”监控程序中图形变化，并通过“任务管理器”性能页签观察内存的使用状况，比较攻击前后系统性能变化情况，如图 5-48 所示。

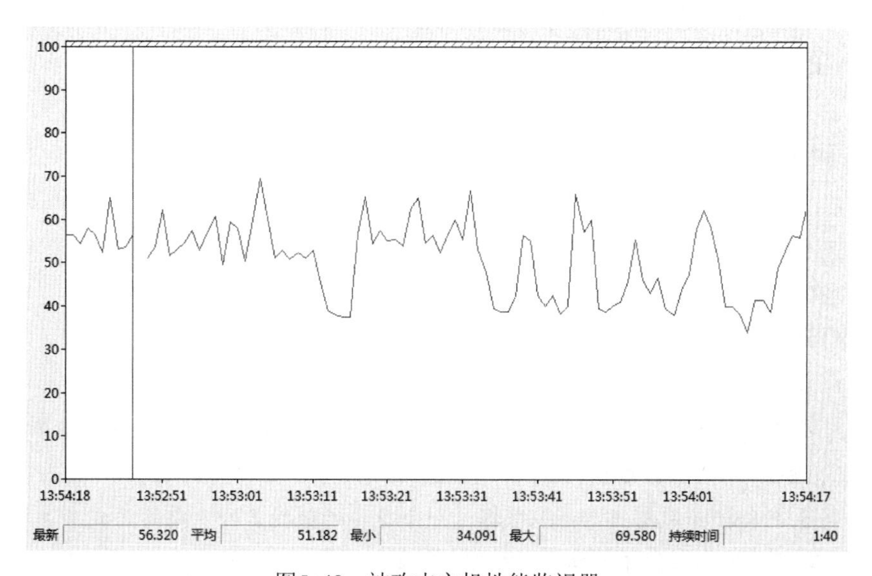

图5-48 被攻击主机性能监视器

④ 攻击者停止洪水发送，并停止协议分析器捕获，分析攻击者与对被攻击主机的 TCP 会话数据。

⑤ 通过 Sniffer Pro 所捕获到的数据包进行分析，观察在攻击者对被攻击主机开放的 TCP 端口进行洪泛攻击时，三次握手情况，如图 5-49 所示。

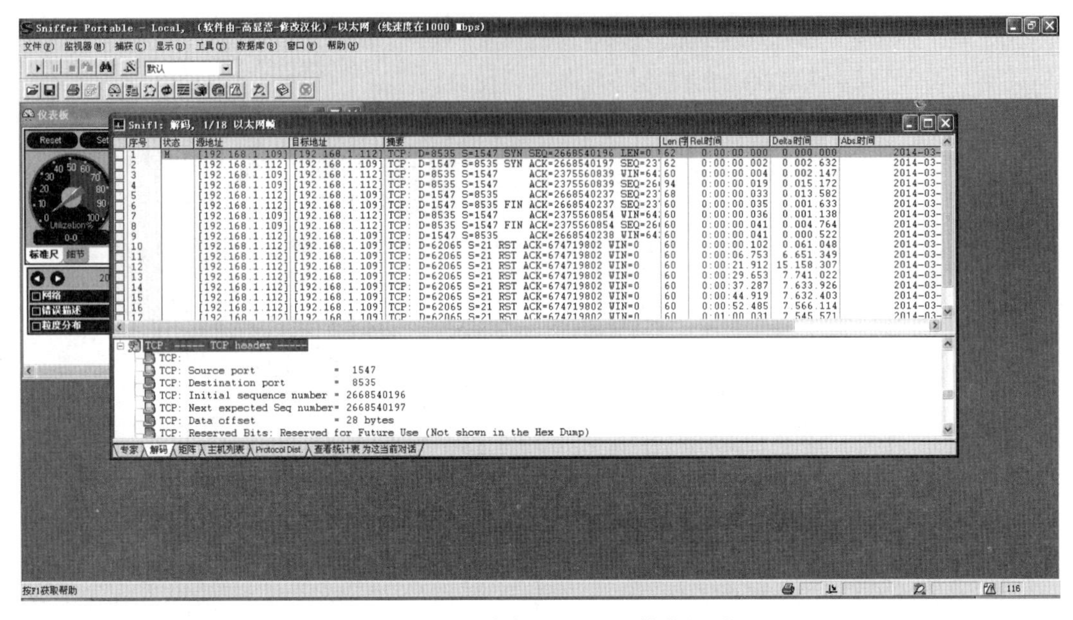

图5-49 攻击主机Sniffer Pro捕获界面

习　题

一、填空题

1. 在计算机网络安全技术中，DoS 的中文译名是（　　）。

2.（　　）的特点是先是用一些典型的黑客入侵手段控制一些高带宽的服务器，然后在这些服务器上安装攻击进程，集数十台、数百台甚至上千台机器的力量对单一攻击目标实施攻击。

3. SYN flooding 攻击即是利用的（　　）协议设计弱点。

4.（　　）是一个孤立的系统集合，其首要目的是利用真实或模拟的漏洞或利用系统配置中的（　　），引诱攻击者发起攻击。它吸引攻击者，并能记录攻击者的活动，从而更好地理解击者的攻击。

二、选择题

1. 网络监听是（　　）。

　A. 远程观察一个用户的计算机　　B. 监视网络的状态、传输的数据流

　C. 监视 PC 系统的运行情况　　D. 件事一个网络的发展方向

2. 如果要使 Sniffer 能够正常抓取数据，一个重要的前提是网卡要设置成（　　）模式。

　A. 广播　　B. 共享　　C. 混杂　　D. 交换

3. Sniffer 在抓取数据的时候实际上是在 OSI 模型的（　　）层抓取。

A. 物理层　　B. 数据链路层　　C. 网络层　　D. 传输层

4. TCP 协议是攻击者攻击方法的思想源泉，主要问题存在于 TCP 的三次握手协议上，以下（　　）顺序是正常的 TCP 三次握手过程。

① 请求端 A 发送一个初始序号 ISNa 的 SYN 报文；

② A 对 SYN+ACK 报文进行确认，同时将 ISNa+1、ISNb+1 发送给 B

③ 被请求端 B 收到 A 的 SYN 报文后，发送给 A 自己的初始序列号 ISNb，同时将 ISNa+1 作为确认的 SYN+ACK 报文

A. ①②③　　B. ①③②　　C. ③②①　　D. ③①②

5. DDoS 攻击破坏网络的（　　）。

A. 可用性　　B. 保密性　　C. 完整性　　D. 真实性

6. 拒绝服务攻击（　　）。

A. 用超出被攻击目标处理能力的海量数据包销耗可用系统带宽资源等方法的攻击

B. 全称是 Distributed Denial Of Service

C. 拒绝来自一个服务器所发送回应请求的指令

D. 入侵控制一个服务器后远程关机

7. 当感觉到操作系统运行速度明显减慢，打开任务管理器后发现 CPU 的使用率达到 100 %时，最有可能受到（　　）攻击。

A. 特洛伊木马　　B. 拒绝服务　　C. 欺骗　　D. 中间人攻击

8. 死亡之 ping、泪滴攻击等等都属于（　　）攻击。

A. 漏洞　　B. DOS　　C. 协议　　D. 格式字符

三、简答题

1. 什么是网络嗅探？简述在局域网上实现监听的基本原理。

2. 如何防范网络监听？

3. 什么是蜜罐系统？

4. 什么是拒绝服务攻击？

5. 拒绝服务攻击是如何导致的？说明 SYNFlood 攻击导致拒绝服务的原理。

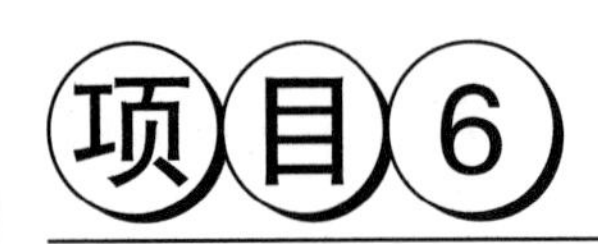

数据加密

6.1 项目导入

在网络安全日益受到关注的今天，加密技术在各方面的应用也越来越突出和重要，在各方面都表现出举足轻重的作用。本项目主要介绍加密技术的应用。首先概述了加密技术的概念及其分类，然后主要阐述了加密技术在一些方面的应用，如对PGP的安装、密钥对的生成、文件加密签名的实现、电子邮件加密/解密等。进行这些操作必须首先要对该内容有大概的理解，在本次实验后，用户会加深对数字签名及公钥密码算法的理解。

6.2 职业能力目标和要求

和防火墙配合使用的数据加密技术，是为提高信息系统和数据的安全性和保密性，防止秘密数据被外部破译而采用的主要技术手段之一。在技术上分别从软件和硬件两方面采取措施。按照作用的不同，数据加密技术可分为数据传输加密技术、数据存储加密技术、数据完整性的鉴别技术和密钥管理技术。

学习完本项目，读者要达到的职业能力目标和要求如下：

① 了解并掌握古典与现代密码学的基本原理与简单算法。

② 掌握Windows加密文件系统的应用。

③ 掌握PGP的安装、密钥对的生成。

④ 掌握使用PGP对文件加密签名。

⑤ 掌握使用PGP对电子邮件加密/解密及签名。

⑥ 了解PKI与证书服务的工作原理。

⑦ 熟练掌握安装证书服务及配置。

6.3 相关知识

6.3.1 密码技术基本概念

加密技术是最常用的安全保密手段，利用技术手段把重要的数据变为乱码（加密）传送，到达目的地后再用相同或不同的手段还原（解密）。

① 明文：采用密码方法可以隐蔽和保护机要消息，使未授权者不能提取信息，被隐蔽的消息称作明文。

② 密文：密码可将明文变换成另一种隐蔽形式，称为密文。

③ 加密：这种由明文到密文的变换称为加密。

④ 解密（或脱密）：由合法接收者从密文恢复出明文的过程称为解密（或脱密）。

⑤ 破译：非法接收者试图从密文分析出明文的过程称为破译。

⑥ 加密算法：对明文进行加密时采用的一组规则称为加密算法。

⑦ 解密算法：对密文解密时采用的一组规则称为解密算法。

⑧ 密钥：加密算法和解密算法是在一组仅有合法用户知道的秘密信息，称为密钥的控制下进行的，加密和解密过程中使用的密钥分别称为加密密钥和解密密钥，如图6-1所示。

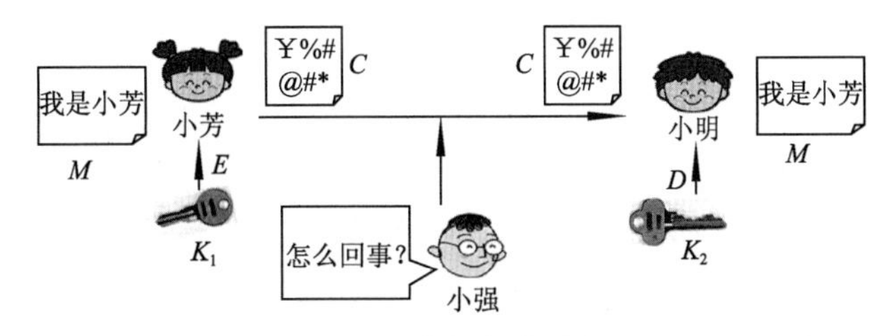

图6-1　数据加密过程

M—明文；*K*—加密算法；*E*—加密算法；*D*—解密算法；*C*—密文

6.3.2　古典加密技术

密码研究已有数千年的历史。许多古典密码虽然已经经受不住现代手段的攻击，但是它们在密码研究史上的贡献还是不可否认的，甚至许多古典密码思想至今仍然被广泛使用。为了使读者对密码有更加直观的认识，这里介绍几种非常简单但却非常著名的古典密码体制。

1. 代替密码

Caesar密码是传统的代替加密法，当没有发生加密（即没有发生移位）之前，其置换表如表6-1所示。

表6-1 Caesar置换表（加密前）

a	a	b	c	d	e	f	g	h	i	j	k	l	m
A	A	B	C	D	E	F	G	H	I	J	K	L	M
n	n	o	p	q	r	s	t	u	v	w	x	y	z
N	N	O	P	Q	R	S	T	U	V	W	X	Y	Z

加密时每一个字母向前推移k位，例如当k=5时，置换表如表6-2所示。

表6-2 Caesar置换表（加密后）

a	b	c	d	e	f	g	h	i	j	k	l	m
F	G	H	I	J	K	L	M	N	O	P	Q	R
n	o	p	q	r	s	t	u	v	w	x	y	z
S	T	U	V	W	X	Y	Z	A	B	C	D	E

于是对于明文：data security has evolved rapidly

经过加密后就可以得到密文：IFYF XJHZWNYD MFX JATQAJI WFUNIQD

2. 单表置换密码

单表置换密码也是一种传统的代替密码算法，在算法中维护着一个置换表，这个置换表记录了明文和密文的对照关系。当没有发生加密（即没有发生置换）之前，其置换表如表6-3所示。

表6-3 置换表（加密前）

a	b	c	d	e	f	g	h	i	j	k	l	m
A	B	C	D	E	F	G	H	I	J	K	L	M
n	o	p	q	r	s	t	u	v	w	x	y	z
N	O	P	Q	R	S	T	U	V	W	X	Y	Z

在单表置换算法中，密钥是由一组英文字符和空格组成的，称为密钥词组，例如当输入密钥词组：I LOVEMY COUNTRY后，对应的置换表如表6-4所示。

表6-4 置换表（加密后）

a	b	c	d	e	f	g	h	i	j	k	l	m
I	L	O	V	E	M	Y	C	U	N	T	R	A
n	o	p	q	r	s	t	u	v	w	x	y	z
B	D	F	G	H	J	K	P	Q	S	W	X	Z

在表6-4中 ILOVEMYCUNTR是密钥词组I LOVE MY COUNTRY略去前面已出现过的字符O和Y依次写下的。后面ABD…WXZ则是密钥词组中未出现的字母按照英文字母表顺序排列成的，密钥词组可作为密码的标志，记住这个密钥词组就能掌握字母加密置换的全过程。

这样对于明文：data security has evolved rapidly，按照表6-4的置换关系，就可以得到密文：VIKI JEOPHUKX CIJ EQDRQEV HIFUVRX。

6.3.3 对称加密及DES算法

1. 对称加密

如图6-2所示，对称加密采用了对称密码编码技术，它的特点是文件加密和解密使用相同的密钥，即加密密钥也可以用作解密密钥，这种方法在密码学中叫作对称加密算法。

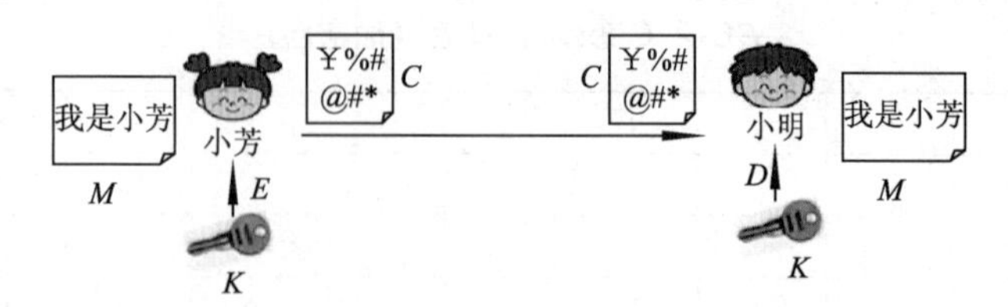

图6-2 对称加密

2. DES算法

DES（Data Encryption Standard）是在20世纪70年代中期由美国IBM公司开发出来的，且被美国国家标准局公布为数据加密标准的一种分组加密法。

DES属于分组加密法，而分组加密法就是对一定大小的明文或密文来做加密或解密动作。在这个加密系统中，其每次加密或解密的分组大小均为64位，所以DES没有密码扩充问题。对明文做分组切割时，可能最后一个分组会小于64位，此时要在此分组之后附加“0”位。另一方面，DES所用的加密或解密密钥也是64位大小，但因其中8位是用来做奇偶校验，所以64位中真正起密钥作用的只有56位。加密与解密所使用的算法除了子密钥的顺序不同之外，其他部分则是完全相同的。

3. DES算法的原理

DES算法的入口参数有3个：Key、Data和Mode。其中，Key为8字节共64位，是DES算法的工作密钥；Data也为8字节64位，是要被加密或解密的数据；Mode为DES的工作方式，有加密或解密两种。

如Mode为加密，则用Key把数据Data进行加密，生成Data的密码形式（64位）作为 DES的输出结果。

若Mode为解密，则用Key把密码形式的数据Data解密，还原为Data的明码形式（64位）作为DES的输出结果。

4. 算法实现步骤

实现加密需要3个步骤：

第一步：变换明文。对给定的64位的明文x,首先通过一个置换IP表来重新排列,从而构造出64位的x_0, x_0=IP(x)=L_0R_0,其中L_0表示x_0的前32位，R_0表示x_0的后32位。

第二步：按照规则迭代。规则为：

$L_i=R_{i-1}$

$R_i=L_i \oplus f(R_{i-1}, K_i)$　(i=1,2,3,⋯,16)

经过第1步变换已经得到L_0和R_0的值，其中符号⊕表示数学运算“异或”，f表示一种置换，由S盒置换构成，K_i是一些由密钥编排函数产生的比特块。F和K_i将在后面介绍。

说明：S盒用在分组密码算法中，是非线性结构，其密码强度直接决定了密码算法的好坏。S盒的功能就是一种简单的“代替”操作。一个n输入、m输出的S盒所实现的功能是从二元域F_2上的n维向量空间F_2到二元域F_2上的m维向量空间F_2的映射：F_2——>F_2，该映射被称为S盒代替函数。构造S盒常用的方法有如下3种：随机选择、人为构造和数学方法构造。

第三步：对$L_{16}R_{16}$利用IP^{-1}作逆置换，就得到了密文y_0加密过程。

加密步骤框图如图6-3所示。

（1）IP（初始置换）置换表和IP^{-1}逆置换表

输入的64位数据按IP表置换进行重新组合，并把输出分为L_0和R_0两部分，每部分各32位，其IP表置换如表6-5所示。

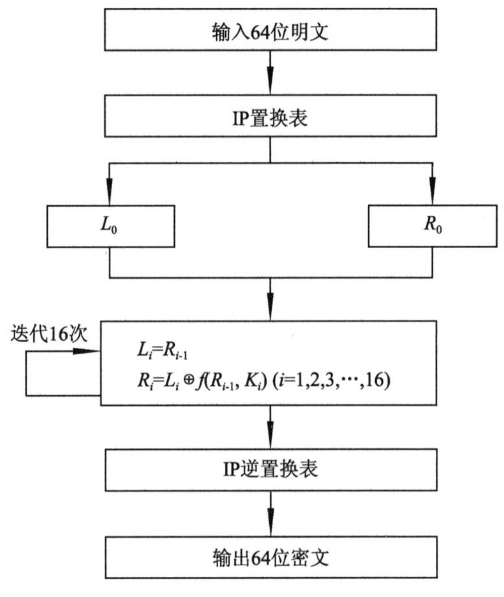

图6-3　加密步骤框图

表6-5　IP 置 换 表

58	50	12	34	26	18	10	2	60	52	44	36	28	20	12	4
62	54	46	38	30	22	14	6	64	56	48	40	32	24	16	8
57	49	41	33	25	17	9	1	59	51	43	35	27	19	11	3
61	53	45	37	29	21	1	35	63	55	47	39	31	23	15	7

将输入的64位明文的第58位换到第一位，第50位换到2位，依次类推，最后一位是原来的第7位。L_0和R_0则是换位输出后的两部分，L_0是输出的左32位，R_0是右32位。比如：置换前的输入值为$D_1D_2D_3\cdots D_{64}$，则经过初置换后的结果为：$L_0=D_{58}D_{50}\cdots D_8$，$R_0=D_{57}D_{49}\cdots D_7$。

经过16次迭代运算后。得到L_{16}和R_{16}，将此作为输入进行逆置换，即得到密文输出。逆置换正是初始置的逆运算。例如，第1位经过初始置换后，处于第40位，而通过逆置换IP^{-1}，又将第40位换回到第1位，其逆置换IP^{-1}规则表6-6所示。

表6-6　逆置换表IP^{-1}

40	8	48	16	56	24	64	32	39	7	47	15	55	23	63	31
38	6	46	14	54	22	62	30	37	5	45	13	53	21	61	29
36	4	44	12	52	20	60	28	35	3	43	11	51	19	59	27
34	2	42	10	50	18	58	26	33	1	41	9	49	17	57	25

（2）函数f

函数f有两个输入：32位的R_{i-1}和48位K_i。

E变换的算法是从R_{i-1}的32位中选取某些位，构成48位，即E将32位扩展位48位。变换规则根据E位选择表，如表6-7所示。

表6-7　*E*（扩展置换）位选择表

32	1	2	3	4	5	6	5	6	7	8	9	8	9	10	11
12	13	12	13	14	15	16	15	16	17	18	19	20	21	20	21
22	23	24	25	24	25	26	27	28	29	28	29	30	31	32	1

K_i是由密钥产生的48位比特串，具体的算法是：将E的选位结果与 K_i作异或操作，得到一个48位输出。分成8组，每组6位，作为8个S 盒的输入。

每个S盒输出4位，共32位。S盒的输出作为P变换的输入，P的功能是对输入进行置换，P换位如表6-8所示。

表6-8　*P*（压缩置换）换位表

16	7	20	21	29	12	28	17	1	15	23	26	5	18	31	10
2	8	24	14	32	27	3	9	19	13	30	6	22	11	4	25

（3）子密钥K_i

假设密钥为K,长度为64位，但是其中第8、16、24、32、40、48、64用作奇偶校验位，实际上密钥长度位56位。K的下标i的取值范围是1～16，用16轮来构造。

首先，对于给定的密钥K，应用PC_1变换进行选位，选定后的结果是56位，设其前28位为C_0,后28位为D_0。PC_1选位表如表6-9所示。

表6-9　PC_1选位表

57	49	41	33	25	17	9	1	58	50	42	34	26	18
10	2	59	51	43	35	27	19	11	3	60	52	44	36
63	55	47	39	31	23	15	7	62	54	46	38	30	22
14	6	61	53	45	37	29	21	13	5	28	20	12	4

第一轮：对C_0 作左移LS_1得到C_1，对D_0作左移LS1得到D_1，对C_1D_1应用PC_2进行选位，得到K_1。其中，LS_1是左移的位数。LS移位表如表6-10所示。

表6-10　LS（循环左移）移位表

1	1	2	2	2	2	2	2	1	2	2	2	2	2	2	1

表的第1列是LS_1，第2列是LS_2，依次类推。左移的原理是所有二进位向左移动，原来最右边的比特位移动到最左边。PC_2选位表如表6-11所示。

表6-11　PC_2选位表

14	17	11	24	1	5	3	28	15	6	21	10
23	19	12	4	26	8	16	7	27	20	13	2
41	52	31	37	47	55	30	40	51	45	33	48
44	49	39	56	34	53	46	42	50	36	29	32

第二轮：对C_1和D_1作左移LS_2得到C_2和D_2,进一步对C_2D_2应用PC_2进行选位，得到K_2,如此继续，分别得到$K_3K_4\cdots K_{16}$。

（4）S盒的工作原理

S盒以6位作为输入，而以4位作为输出，现以s_1为例说明其过程。假设输入为$A=a_1a_2a_3a_4a_5a_6$，则$a_2a_3a_4a_5$，所代表的数是0～15之间的一个数，记为：$K=a_2a_3a_4a_5$；由a_1a_6所代表的数是0～3间的一个数，记为$h=a_1a_6$。在s_1的h行，k列找到一个数B，B在0～15之间，它可以用4位二进制表示，为$B=b_1b_2b_3b_4$，这就是s_1的输出。S盒由8张数据表组成如表6-12所示。

表6-12　S盒的组成

s_1															
14	4	13	1	2	15	11	8	3	10	6	12	5	9	0	7
0	15	7	4	14	2	13	1	10	6	12	11	9	5	3	8
4	1	14	8	13	6	2	11	15	12	9	7	3	10	5	0
15	12	8	2	4	9	1	7	5	11	3	14	10	0	6	13
s_2															
15	1	8	14	6	11	3	4	9	7	2	13	12	0	5	10
3	13	4	7	15	2	8	14	12	0	1	10	6	9	11	5
0	14	7	11	10	4	13	1	5	8	12	6	9	3	2	15
13	8	10	1	3	15	4	2	11	6	7	12	0	5	14	9
s_3															
10	0	9	14	6	3	15	5	1	13	12	7	11	4	2	8
13	7	0	9	3	4	6	10	2	8	5	14	12	11	15	1
13	6	4	9	8	15	3	0	11	1	2	12	5	10	14	7
1	10	13	0	6	9	8	7	4	15	14	3	11	5	2	12
s_4															
7	13	14	3	0	6	9	10	1	2	8	5	11	12	4	15
13	8	11	5	6	15	0	3	4	7	2	12	1	10	14	9
10	6	9	0	12	11	7	13	15	1	3	14	5	2	8	4
3	15	0	6	10	1	13	8	9	4	5	11	12	7	2	14
s_5															
2	12	4	1	7	10	11	6	8	5	3	15	13	0	14	9
14	11	2	12	4	7	13	1	5	0	15	10	3	9	8	6
4	2	1	11	10	13	7	8	15	9	12	5	6	3	0	14
11	8	12	7	1	14	2	13	6	15	0	9	10	4	5	3
s_6															
12	1	10	15	9	2	6	8	0	13	3	4	14	7	5	11
10	15	4	2	7	12	9	5	6	1	13	14	0	11	3	8
9	14	15	5	2	8	12	3	7	0	4	10	1	13	11	6
4	3	2	12	9	5	15	10	11	14	1	7	6	0	8	13
s_7															
4	11	2	14	15	0	8	13	3	12	9	7	5	10	6	1
13	0	11	7	4	9	1	10	14	3	5	12	2	15	8	6

续表

s_7															
1	4	11	13	12	3	7	14	10	15	6	8	0	5	9	2
6	11	13	8	1	4	10	7	9	5	0	15	14	2	3	12
s_8															
13	2	8	4	6	15	11	1	10	9	3	14	5	0	12	7
1	15	13	8	10	3	7	4	12	5	6	11	0	14	9	2
7	11	4	1	9	12	14	2	0	6	10	13	15	3	5	8
2	1	14	7	4	10	8	13	15	12	9	0	3	5	6	11

DES算法的解密过程是一样的，区别仅仅在于第1次迭代时用子密钥K_{15}，第2次用K_{14}，最后一次用K_0，算法本身并没有任何变化。DES的算法是对称的，既可用于加密又可用于解密。

6.3.4 公开密钥及RSA算法

1. 公开密钥

如图6-4所示，非对称式加密就是加密和解密所使用的不是同一个密钥，通常有两个密钥，称为公钥和私钥，它们两个必须配对使用，否则不能打开加密文件。这里的公钥是指可以对外公布的，私钥则不能，只能由持有人一个人知道。它的优越性就在这里，因为对称式的加密方法如果是在网络上传输加密文件就很难把密钥告诉对方，不管用什么方法都有可能被窃听到。而非对称式的加密方法有两个密钥，且其中的公钥是可以公开的，也就不怕别人知道，收件人解密时只要用自己的私钥即可，这样就很好地避免了密钥的传输安全性问题。

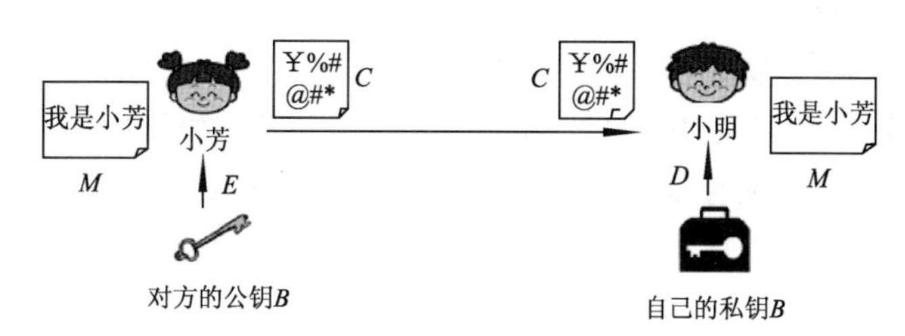

图6-4 非对称加密

2. RSA算法

RSA是第一个比较完善的公开密钥算法，它既能用于加密，也能用于数字签名。RSA以它的3个发明者Ron Rivest、Adi Shamir、Leonard Adleman的名字首字母命名，这个算法经受住了多年深入的密码分析，虽然密码分析者既不能证明也不能否定RSA的安全性，但这恰恰说明该算法有一定的可信性，目前它已经成为最流行的公开密钥算法。

RSA的安全基于大数分解的难度。其公钥和私钥是一对大素数（100～200位十进制数或更大）的函数。从一个公钥和密文恢复出明文的难度，等价于分解两个大素数之积（这是公认的数学难题）。

RSA的公钥、私钥的组成，以及加密、解密的公式如表6-13所示。

表6-13　密钥及公式

公钥KU	n：两素数p和q的乘积（p和q必须保密） e：与（p-1）(q-1）互质
私钥KR	d：e^{-1} (mod(p-1)(q1)) n：两素数p和q的乘积（p和q必须保密）
加密	$c \equiv m^e \bmod n$
解密	$m \equiv c^d \bmod n$

下面先复习一下数学上的几个基本概念，它们在后面的介绍中要用到。

3. 什么是“素数”

素数是这样的整数，它除了能表示为它自己和1的乘积以外，不能表示为任何其他两个整数的乘积。例如，15 = 3 × 5，所以15不是素数；又如，12 = 6 × 2 = 4 × 3，所以12也不是素数。另一方面，13除了等于13 × 1以外，不能表示为其他任何两个整数的乘积，所以13是一个素数。素数也称为“质数”。

4. 什么是“互质数”（或“互素数”）

数学教材对互质数是这样定义的：“公约数只有1的两个数，叫作互质数。”这里所说的“两个数”是指自然数。

判别方法主要有以下几种（不限于此）：

① 两个质数一定是互质数。例如，2与7、13与19。

② 一个质数如果不能整除另一个合数，这两个数为互质数。例如，3与10、5与26。

③ 1不是质数也不是合数，它和任何一个自然数在一起都是互质数，如1和9908。

④ 相邻的两个自然数是互质数，如15与16。

⑤ 相邻的两个奇数是互质数，如49与51。

⑥ 大数是质数的两个数是互质数，如97与88。

⑦ 小数是质数，大数不是小数整数倍的两个数是互质数，如7和16。

⑧ 两个数都是合数（两数差又较大），小数所有的质因数，都不是大数的约数，这两个数是互质数。如357与715，357=3 × 7 × 17，而3、7和17都不是715的约数，这两个数为互质数，等等。

5. 什么是模指数运算

模运算是整数运算，有一个整数m，以n为模做模运算，即m mod n。例如，10 mod 3=1；26 mod 6=2；28 mod 2 =0，等等。模指数运算就是先做指数运算，取其结果再做模运算。如5^3 mod 7=125 mod 7=6

6. 算法描述

① 选择一对不同的、足够大的素数p和q。

② 计算n=pq。

③ 计算$f(n)$=(p-1)(q-1)，同时对p和q严加保密，不让任何人知道。

④ 找一个与$f(n)$互质的数e，且$1<e<f(n)$。

⑤ 计算d，使得$de \equiv 1 \bmod f(n)$。这个公式也可以表达为$d \equiv e^{-1} \bmod f(n)$。

这里要解释一下，≡是数论中表示同余的符号。公式中，≡符号的左边必须和符号右边同余，也就是两边模运算结果相同。显而易见，不管$f(n)$取什么值，符号右边$1 \bmod f(n)$的结果都等于1；符号的左边d与e的乘积做模运算后的结果也必须等于1。这就需要计算出d的值，让这个同余等式能够成立。

⑥ 公钥KU=(e,n)，私钥KR=(d,n)。

⑦ 加密时，先将明文变换成$0 \sim n\text{-}1$的一个整数M。若明文较长，可先分割成适当的组，然后再进行交换。设密文为C，则加密过程为：$C \equiv M^e \pmod n$。

⑧ 解密过程为：$M \equiv C^d \pmod n$

7. 实例描述

在一篇文章里，不可能对RSA算法的正确性做严格的数学证明，但可以通过一个简单的例子来理解RSA的工作原理。为了便于计算，在以下实例中只选取小数值的素数p、q、以及e，假设用户A需要将明文key通过RSA加密后传递给用户B，过程如下：

（1）设计公私密钥(e,n)和(d,n)

令p=3，q=11，得出$n=p \times q=3 \times 11=33$；$f(n)=(p\text{-}1)(q\text{-}1)=2 \times 10=20$；取$e$=3，（3与20互质）则$e \times d \equiv 1 \bmod f(n)$，即$3 \times d \equiv 1 \bmod 20$。$d$怎样取值呢？可以用试算的办法来寻找。试算结果如表6-14所示。

表6-14　试 算 结 果

d	$e \times d=3 \times d$	$(e \times d) \bmod (p\text{-}1)(q\text{-}1) = (3 \times d) \bmod 20$
1	3	3
2	6	6
3	9	9
4	12	12
5	15	15
6	18	18
7	21	1
8	24	3
9	27	6

通过试算找到，当d=7时，$e \times d \equiv 1 \bmod f(n)$同余等式成立。因此，可令$d$=7。从而可以设计出一对公私密钥，加密密钥（公钥）为：KU =(e,n)=(3,33)，解密密钥（私钥）为：KR =(d,n)=(7,33)。

（2）英文数字化

将明文信息数字化，并将每块两个数字分组。假定明文英文字母编码表为按字母顺序排列数值，如表6-15所示。

表6-15　明文英文字母编码表

字母	a	b	c	d	e	f	g	h	i	j	k	l	m
码值	01	02	03	04	05	06	07	08	09	10	11	12	13
字母	n	o	p	q	r	s	t	u	v	w	x	y	z
码值	14	15	16	17	18	19	20	21	22	23	24	25	26

则得到分组后的key的明文信息为：11、05、25。

（3）明文加密

用户加密密钥(3,33)将数字化明文分组信息加密成密文。由$C \equiv M^e \pmod n$得：

$C_1 \equiv (M_1)^e \pmod n = 11^3 \pmod{33} = 11$

$C_2 \equiv (M_2)^e \pmod n = 5^3 \pmod{33} = 26$

$C_3 \equiv (M_3)^e \pmod n = 25^3 \pmod{33} = 16$

因此，得到相应的密文信息为：11、26、16。

（4）密文解密

用户B收到密文，若将其解密，只需要计算$M \equiv C^d \pmod n$，即：

$M_1 \equiv (C_1)^d \pmod n = 11^7 \pmod{33} = 11$

$M_2 \equiv (C_2)^d \pmod n = 26^7 \pmod{33} = 05$

$M_3 \equiv (C_3)^d \pmod n = 16^7 \pmod{33} = 25$

用户B得到明文信息为：11、05、25。根据上面的编码表将其转换为英文，又得到了恢复后的原文key。

由于RSA算法的公钥私钥的长度（模长度）要到1 024位甚至2 048位才能保证安全，因此，p、q、e的选取、公钥私钥的生成，加密解密模指数运算都有一定的计算程序，需要计算机高速完成。

6.3.5 数字证书

数字证书又称数字标识，它提供了一种在Internet上进行身份验证的方式，是用来标志和证明网络通信双方身份的数字信息文件，与驾照或日常生活中的身份证相似。在网上进行电子商务活动时，交易双方需要使用数字证书来表明自己的身份，并使用数字证书来进行有关的交易操作。通俗地讲，数字证书就是个人或单位在Internet的身份证。

数字证书主要包括三方面的内容：证书所有者的信息、证书所有者的公开密钥和证书颁发机构的签名。

在获得数字证书之前，必须向一个合法的认证机构提交证书申请。需要填写书面的申请表格（试用型数字证书除外），向认证中心的证书申请审核机构提交相关的身份证明材料以供审核。当申请通过审核并且交纳相关的费用后，证书申请审核机构会向用户返回证书业务受理号和证书下载密码。通过这个证书业务受理号及下载密码，就可以到认证机构的网站上下载和安装证书。

6.3.6 公钥基础设施（PKI）

1. 基本概念

随着Internet 的普及，人们通过因特网进行沟通越来越多，相应的通过网络进行商务活动即电子商务也得到了广泛的发展。然而随着电子商务的飞速发展也相应的引发出一些Internet安全问题，为了解决这些安全问题，世界各国对其进行了多年的研究，初步形成了一套完整的Internet 安全解决方案，即时下被广泛采用的PKI 技术(Public Key Infrastructure，公钥基础设施)、PKI（公钥基础设施）技术采用证书管理公钥，通过第三方的可信任机构——认证中心(Certificate Authority，CA)，把用户的公钥和用户的其他标识信息（如名称、E-mail、身份证号等）捆绑在一起，在Internet上验证用户的身份。目前，通用的办法是采用基于PKI 结构结合数字证书，通过把要传输的数字信息进行加密，保证信息传输的保密性、完整性，签名保证身份的真实性和抗抵赖。

2. PKI基本组成

PKI（Public Key Infrastructure）公钥基础设施是提供公钥加密和数字签名服务的系统或平台，目的是为了管理密钥和证书。一个机构通过采用PKI 框架管理密钥和证书可以建立一个安全的网络环境。一个典型、完整、有效的PKI 应用系统有以下五部分组成：

（1）认证中心CA

CA 是PKI 的核心，CA 负责管理PKI 结构下的所有用户（包括各种应用程序）的证书，把用户的公钥和用户的其他信息捆绑在一起，在网上验证用户的身份，CA 还要负责用户证书的黑名单登记和黑名单发布，后面有CA 的详细描述。

（2）X.500 目录服务器

X.500 目录服务器用于发布用户的证书和黑名单信息，用户可通过标准的LDAP 协议查询自己或其他人的证书和下载黑名单信息。

（3）具有高强度密码算法SSL的安全WWW服务器

Secure socket layer(SSL)协议最初由Netscape 企业发展，现已成为网络用来鉴别网站和网页浏览者身份，以及在浏览器使用者及网页服务器之间进行加密通信的全球化标准。

（4）Web（安全通信平台）

Web 有Web Client 端和Web Server 端两部分，分别安装在客户端和服务器端，通过具有高强度密码算法的SSL 协议保证客户端和服务器端数据的机密性、完整性、身份验证。

（5）自开发安全应用系统

自开发安全应用系统是指各行业自开发的各种具体应用系统，例如银行、证券的应用系统等。

6.4 项目实施

6.4.1 Windows加密文件系统应用

1. EFS的应用

Windows 2000以上、NTFS V5版本格式分区上的Windows操作系统提供了一个叫作Encrypting File System（简称EFS）加密文件系统的新功能。EFS加密是基于公钥策略的。在使用EFS加密一个文件或文件夹时，系统首先会生成一个由伪随机数组成的FEK (File Encryption Key，文件加密钥匙)，然后将利用FEK和数据扩展标准X算法创建加密后的文件，并把它存储到硬盘上，同时删除未加密的原始文件。随后系统利用公钥加密FEK，并把加密后的FEK存储在同一个加密文件中。而在访问被加密的文件时，系统首先利用当前用户的私钥解密FEK，然后利用FEK解密出文件。在首次使用EFS时，如果用户还没有公钥/私钥对（统称为密钥），

则会首先生成密钥，然后加密数据。如果登录到了域环境中，密钥的生成依赖于域控制器，否则它就依赖于本地机器。

2. EFS的设置和使用

在Windows 7下对文件或者文件夹进行EFS加密很简单，右击要加密的对象，选择“属性”命令，在“常规”选项卡下单击“高级”按钮，在弹出的对话框中将“加密以保护数据”复选框选中，单击“应用”按钮，加密对象就会变成绿色，说明加密成功，解密只需进行相反操作。

① 选择需要加密的文件夹或文件，右击，选择“属性”命令，如图6-5所示。单击“高级”按钮（见图6-6），弹出“高级属性”对话框。

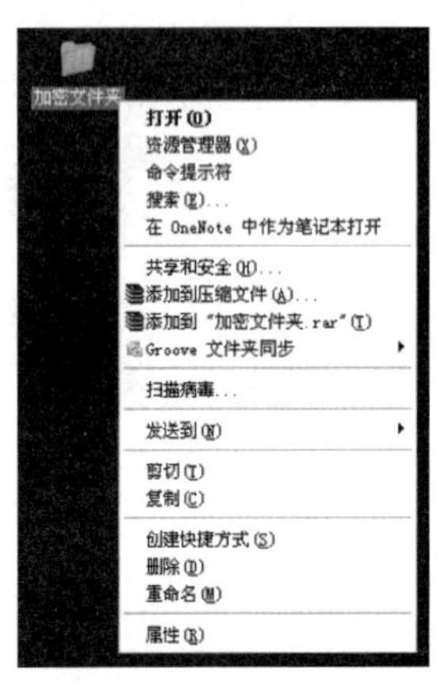

图6-5 快捷菜单

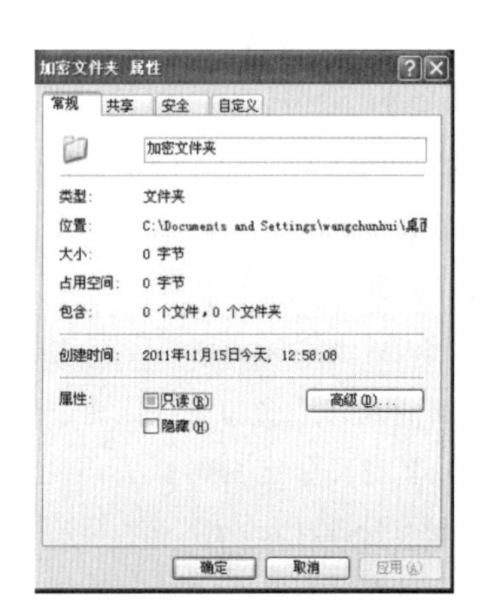

图6-6 文件属性

② 选择“加密内容以便保护数据”复选框，单击“确定”按钮，如图6-7所示。加密后的文件夹，在资源管理器里会显示为浅绿色，图6-8所示。

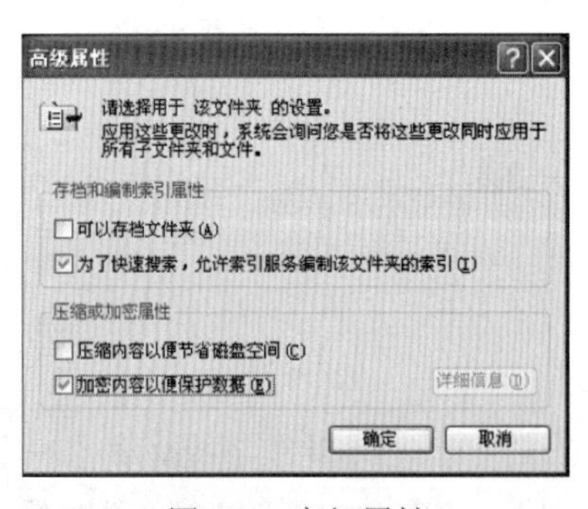

图6-7 高级属性

图6-8 资源管理器

③ 此时Windows 7自动生成了一个对应账户的证书。为了数据的安全可以导出证书，运行certmgr.msc，调出证书管理器，在证书当前用户下找到生成的证书，如图6-9所示。

④ 右击证书选择所有任务，打开导出向导。证书管理器证书导出向导选择同时导出密钥此证书只能以个人信息交换的方式导出，如图6-10所示。

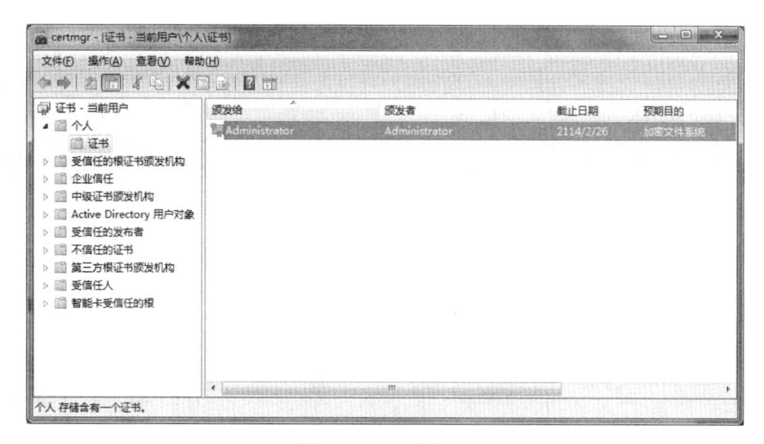

图6-9　证书窗口

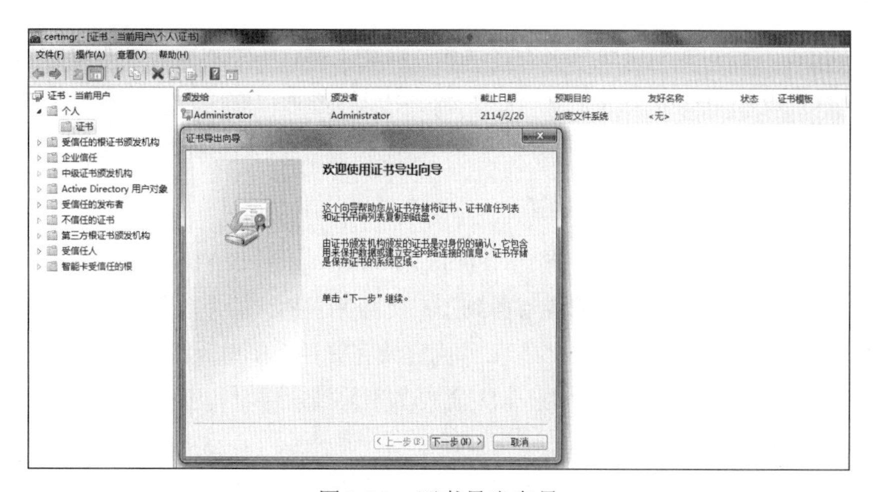

图6-10　证书导出向导

⑤ 单击“下一步”按钮，导出私钥，如图6-11所示。单击“下一步”按钮，输入保护私钥密码，如图6-12所示。

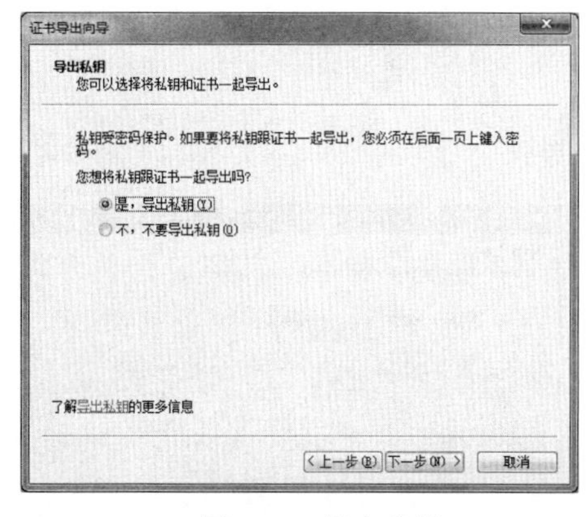

图6-11　导出私钥

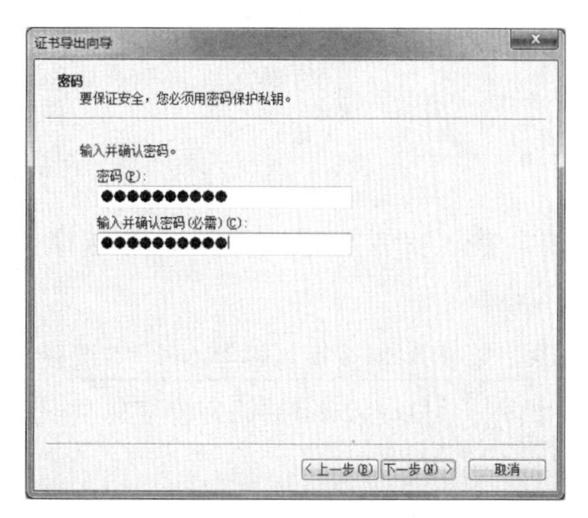

图6-12　保护私钥密码

⑥ 单击“下一步”按钮，指定要导出的文件名，如图6-13所示。再单击“下一步”按钮，完成证书导出，如图6-14所示。

图6-13　导出的文件名

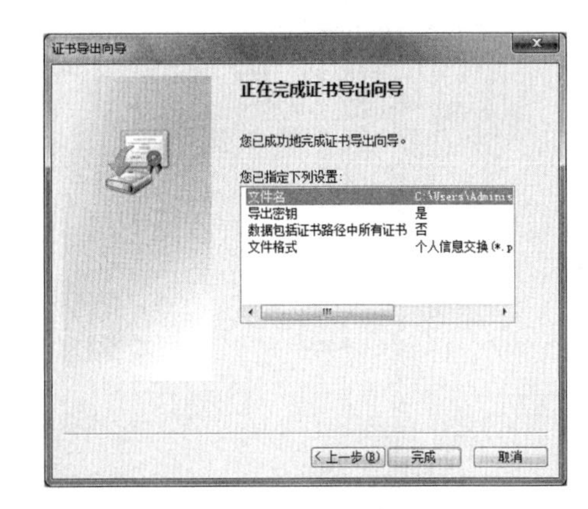

图6-14　完成证书导出

总之，EFS加密或依赖于域控制器或依赖于本地用户账户，如果不考虑EFS加密的强度，采用这种加密方式；如果采用脱机攻击的方式，破解了域控制器或者本地对应的用户账户则EFS加密不攻自破。不过对于大多数用户来说，EFS加密是一种操作系统带来的免费加密方式，可以应对大部分的非法偷窥或者复制，因此是一种不错的安全工具。

6.4.2　PGP加密系统演示实验

PGP(Pretty Good Privacy)是由美国的Philip Zimmermann开发的用于保护电子邮件和文件传输安全的技术，在学术界和技术界都得到了广泛应用。PGP的主要特点是使用单向散列算法对邮件/文件内容进行签名以保证邮件/文件内容的完整性，使用公钥和私钥技术的保证邮件/文件内容的机密性和不可否认性，是一款非常好的密码技术学习和应用软件。

1. 安装PGP软件

① 查看所给的软件包所包含的文件内容。图6-15所示为一般的PGP软件所包含的文件，这里运行它的安装文件pgp.exe。

图6-15　PGP软件包

② 进入安装界面，在图6-16中选择“No, I' m a new user”。

③ 单击Next按钮，在图6-17中选择要安装的PGP组件。再单击Next按钮，安装软件结束重启系统，如图6-18所示。

④ 下面对软件进行汉化，运行“PGP简体中文化版（第三次修正）.exe”的软件，将pgp进行汉化，会出现需要密码的界面，如图6-19所示。密码存储在“使用说明.txt”文件中，为pgp.com.cn。输

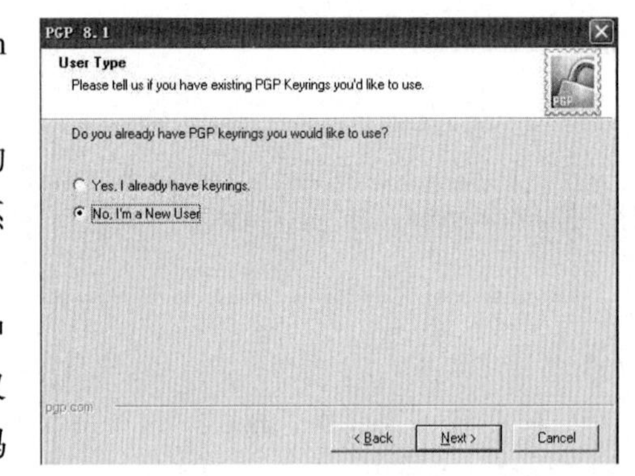

图6-16　PGP用户类型

入之后，进入安装向导，如图6-20所示。

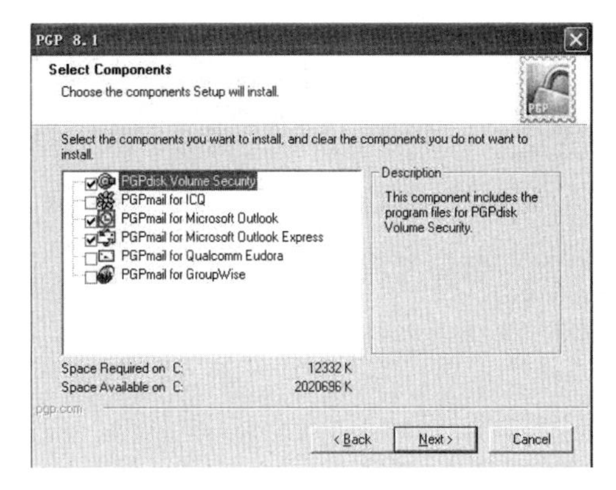

图6-17　选择PGP组件

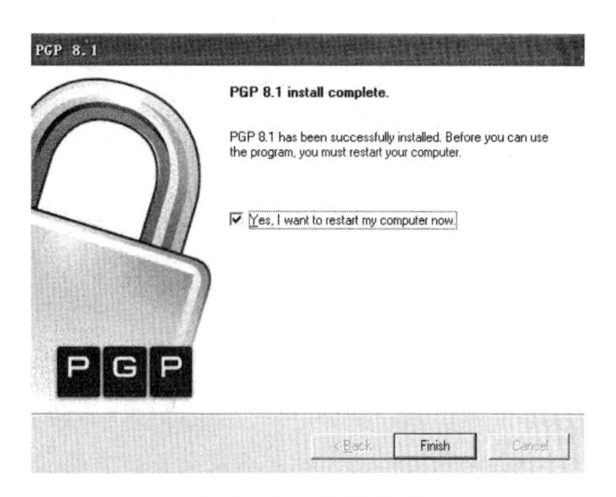

图6-18　安装结束

图6-19　密码界面

图6-20　安装向导

⑤ 根据界面提示单击“下一步”按钮，选择完整安装。

⑥ 安装完成之后，要进行信息注册。右击任务栏中PGP的锁型图标，选择“许可证”命令，如图6-21所示。在PGP许可证的页面中单击“更改许可证”按钮，如图6-22所示。

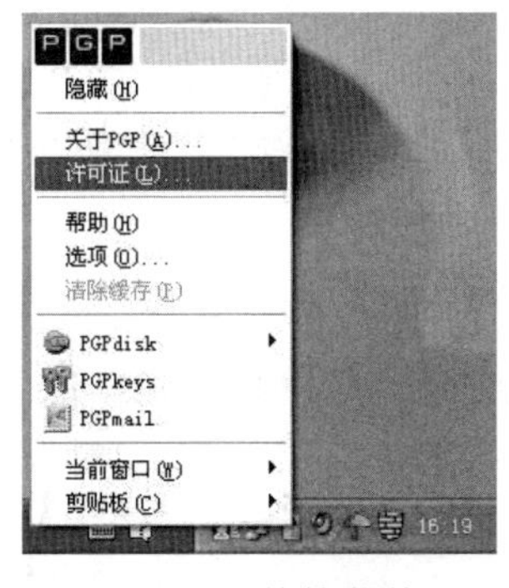

图6-21　快捷菜单

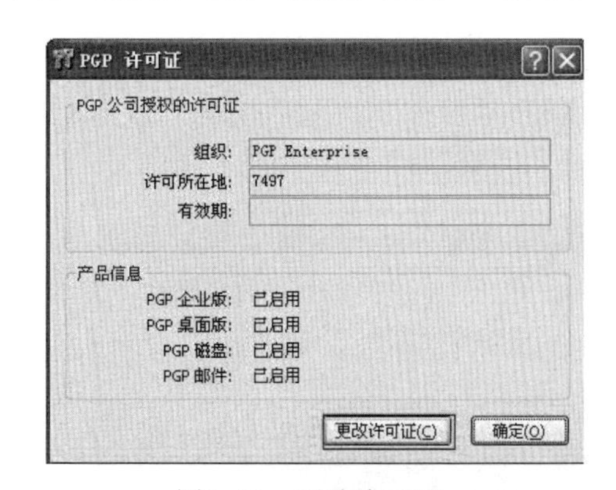

图6-22　更改许可证

⑦ 进入PGP许可证授权界面后，单击“手动”按钮展开许可证的输入框。同时打开“使用说明”，将相应的内容填入注册框，如图6-23所示。单击“确认”按钮，完成安装。

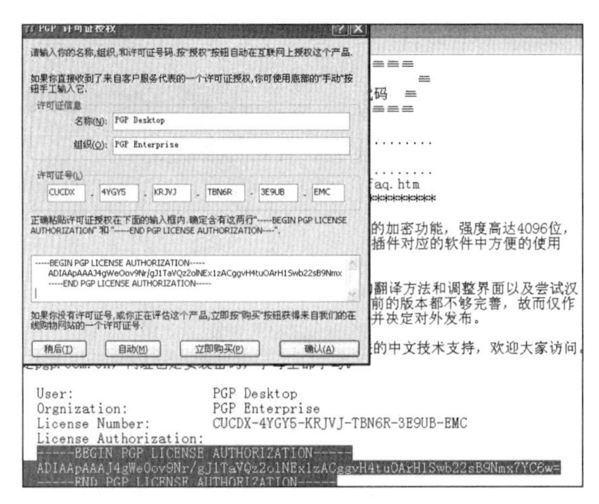

图6-23　注册窗口

2. 生成密钥对

① 选择“开始”|“程序”|“PGP”|“PGPkeys”，启动PGPkeys 主界面，如图6-24所示。单击“新建密钥对”按钮，在Key Generation Winzrad提示向导下，单击Next按钮，开始创建密钥对。

② 输入对应的用户名和邮箱地址，如图6-25所示。

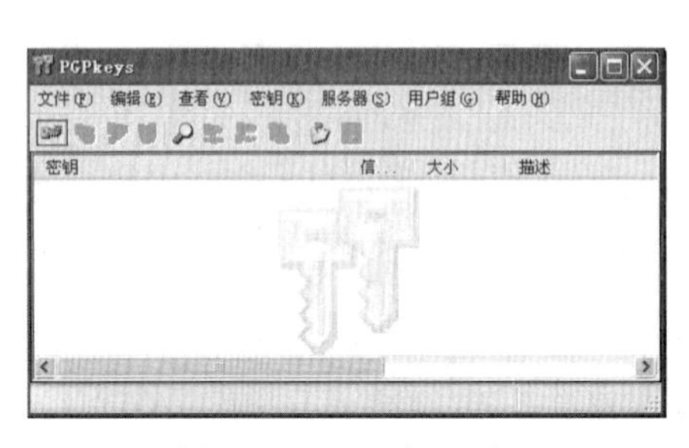

图6-24　PGP主界面

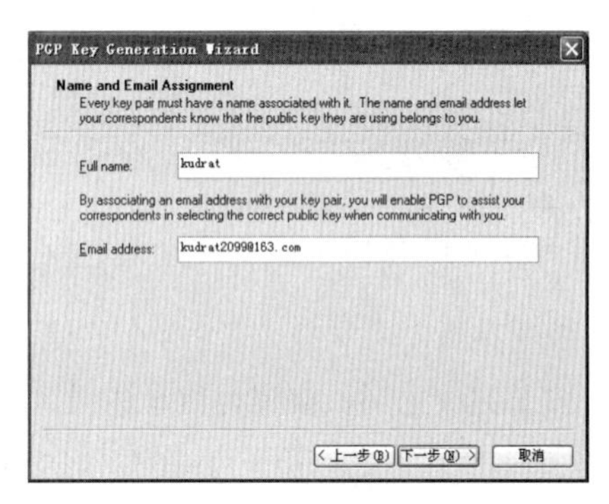

图6-25　密钥注册

③ 输入私钥的保护密码，如图6-26所示。注意密码的隐藏输入和密码长度。

④ 如图6-27所示，生成密钥对。

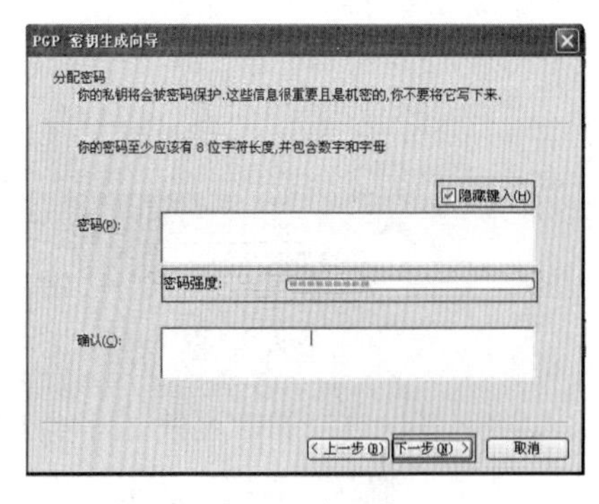

图6-26　分配密码

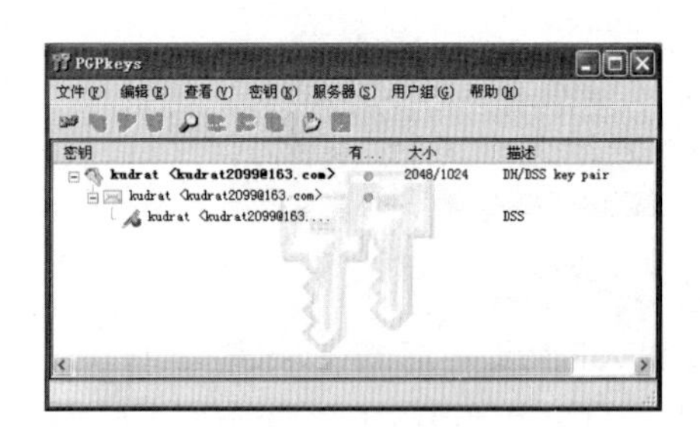

图6-27　PGP主界面

3. 用PGP加密和解密文件

① 使用记事本创建“PGP测试文件.txt”，文件内容为“这个文件是加密的”。

② 如图6-28所示，单击“开始”|“程序”|“PGP”|“PGPmail”命令，在工具栏中选择Encrypt/Sign图标（左起第四个），如图6-29所示。

图6-28　打开PGPmail

图6-29　PGPmail界面

③ 在选择文件对话框中，选择最初建立的pgptest.txt文件，如图6-30所示。

④ 如图6-31所示，在PGP Key 密钥选择对话框中，选中接收者的密钥，然后双击选中。

图6-30　选择文件对话框

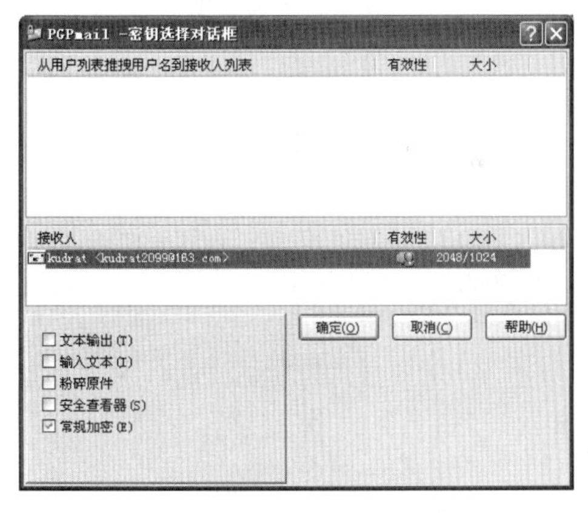

图6-31　密钥选择对话框

⑤ 在图6-32对话框中，要求输入私钥密码，正确输入后文件被转换为扩展名为.pgp的加密文件，并弹出如图6-33所示对话框，重新输入密码或选择不同的密钥。

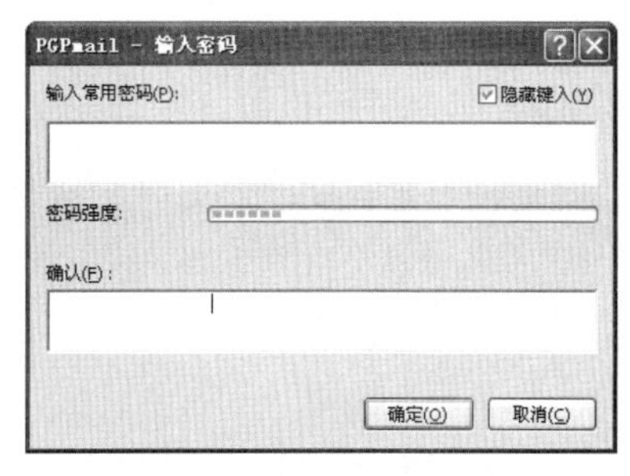

图6-32　输入密码对话框1

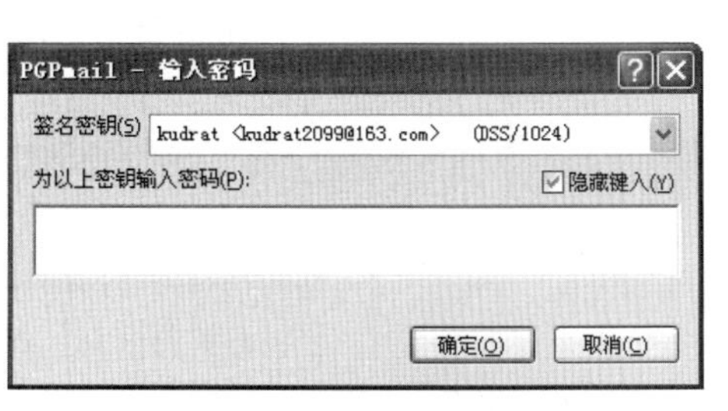

图6-33　输入密码对话框2

⑥ 单击“确定”按钮，在pgptest.txt的目录下会出现一个新的加密的文件，名为“PGP测试文件.txt.pgp”。

⑦ 解密文件时，先双击生成的加密文件“PGP测试文件.txt.pgp”，弹出如图6-34所示对话框，要求输入密钥的密码。

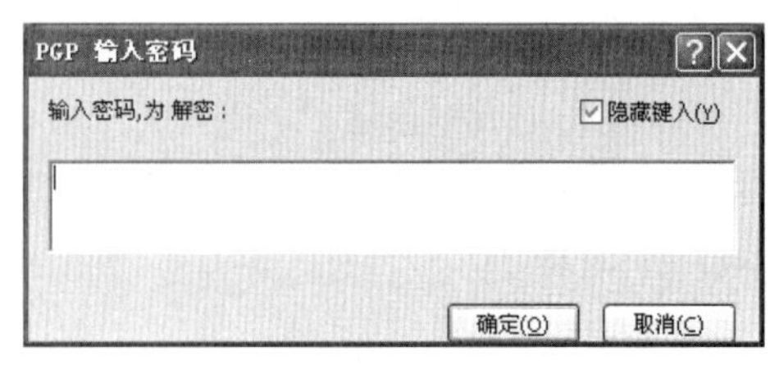

图6-34　输入密码对话框3

⑧ 输入正确的密码后，就可以解密原来的文件。

4. 用PGP对Outlook Express邮件进行加解密操作

① 打开Outlook Express，填写好邮件内容后，选择Outlook 工具栏菜单中的PGP 加密图标，使用用户公钥加密邮件内容，如图6-35所示。

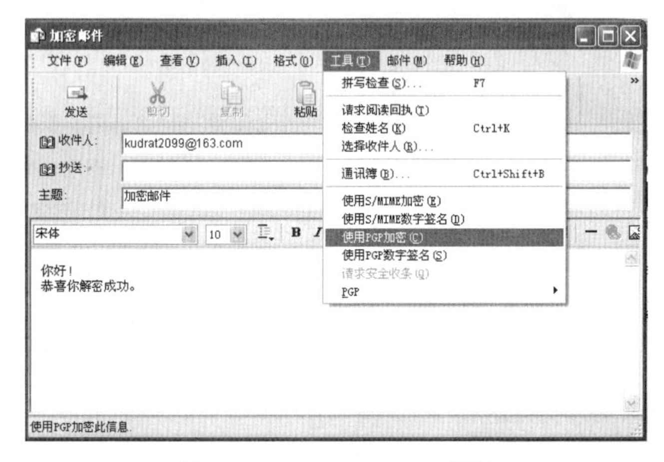

图6-35　Outlook Express界面

② 发送加密邮件，生成加密后的邮件，如图6-36所示。

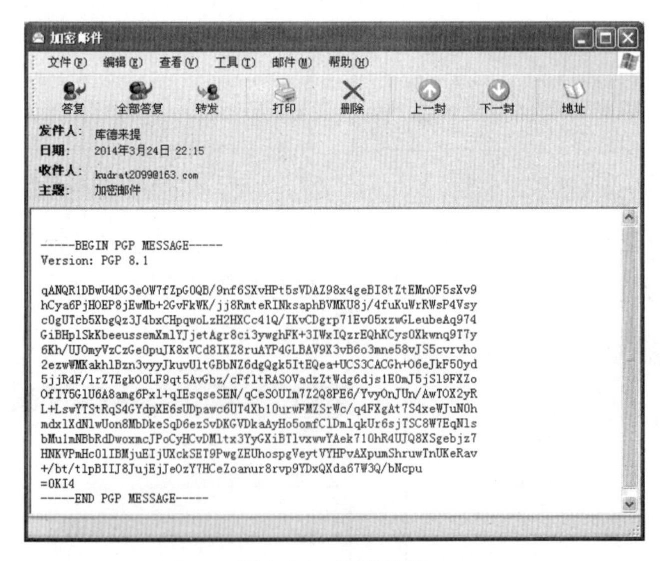

图6-36　加密邮件

③ 对方收到邮件后打开，如图6-37所示。

图6-37　收到邮件

④ 选中加密邮件，并选择邮件内容复制，在开始菜单打开PGPmail，在PGPmail中单击“解密/效验”按钮，如图6-38所示。在弹出的“选择文件并解密/效验”对话框中选择剪贴板，将要解密的邮件内容复制到剪贴板中，如图6-39所示。

图6-38　PGPmail界面

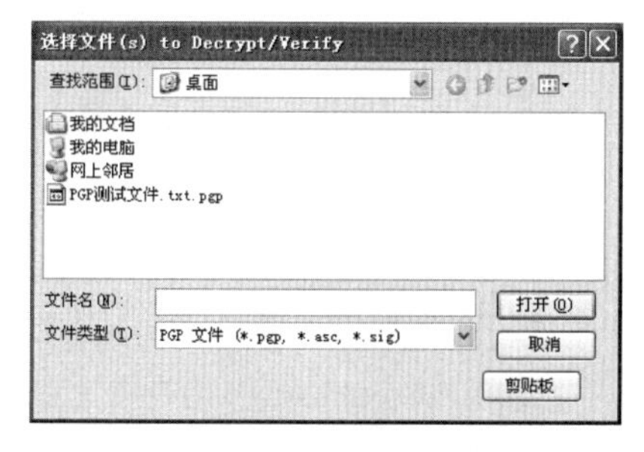

图6-39　选择文件并解密/效验对话框

⑤ 输入用户保护私钥密码后，邮件被解密还原，如图6-40所示。

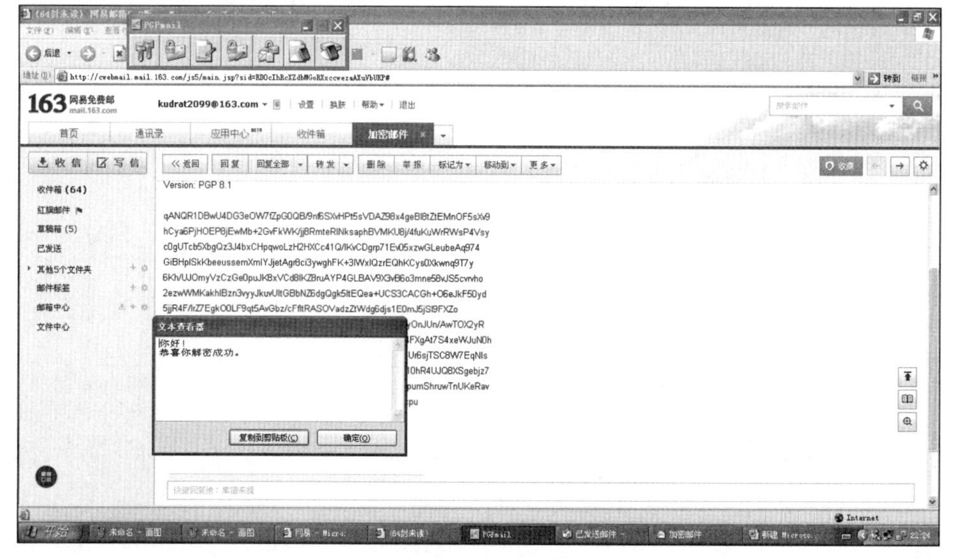

图6-40　邮件被解密还原

6.4.3 Windows Server 2008证书服务的安装

实验内容为在CA服务器上安装CA证书服务，在Web服务器生成Web证书申请，通过IE浏览器提交证书申请，证书申请批准后下载Web服务器证书，为Web服务器安装证书并配置SSL，使用HTTPS协议访问网站来验证结果。

说明：本实验在Windows Server 2008组成一个局域网环境下完成。

搭建证书服务器的步骤如下：

① 登录Windows Server 2008服务器。

② 打开“服务器管理器”窗口，如图6-41所示。

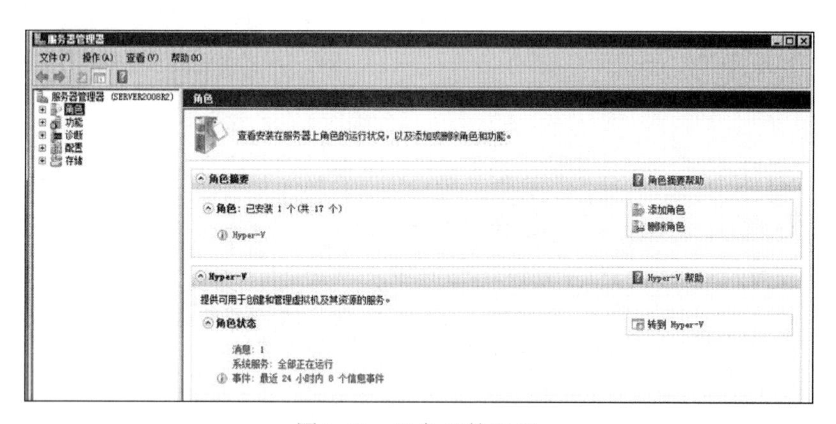

图6-41　服务器管理器

③ 单击“添加角色”按钮，之后单击“下一步”按钮，如图6-42所示。

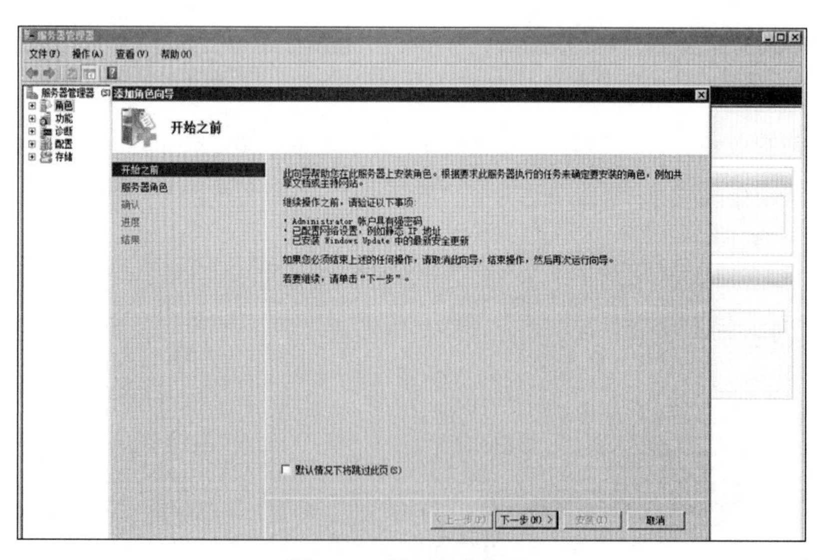

图6-42　添加角色向导

④ 如图6-43所示，选中“Active Directory证书服务”选项，之后单击“下一步”按钮。

⑤ 如图6-44所示，进入证书服务简介界面，单击“下一步”按钮。

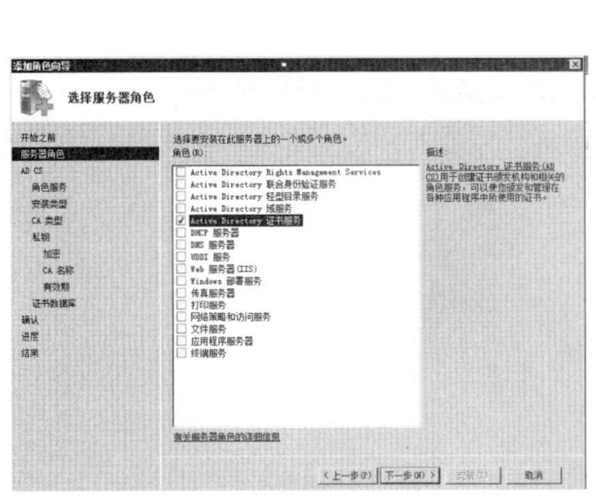

图6-43　选择服务器角色

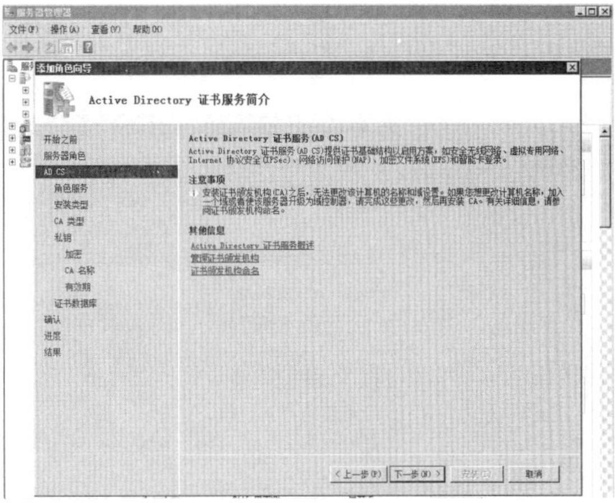

图6-44　添加角色向导

⑥ 如图6-45所示，将“证书颁发机构”“证书颁发机构Web注册”选中，然后单击“下一步”按钮。

⑦ 如图6-46所示，勾选“独立”选项，单击“下一步”按钮。

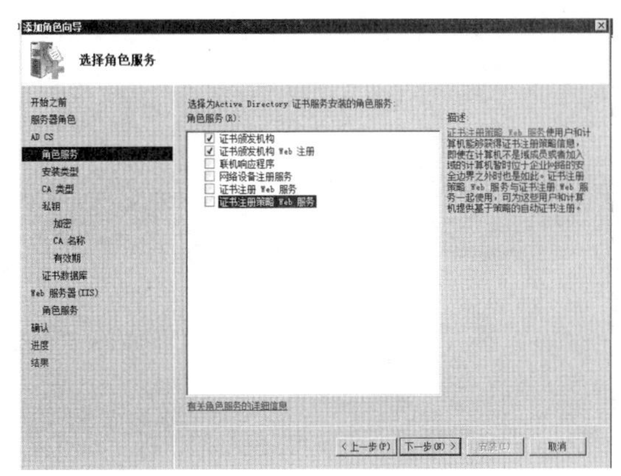

图6-45　选择角色服务

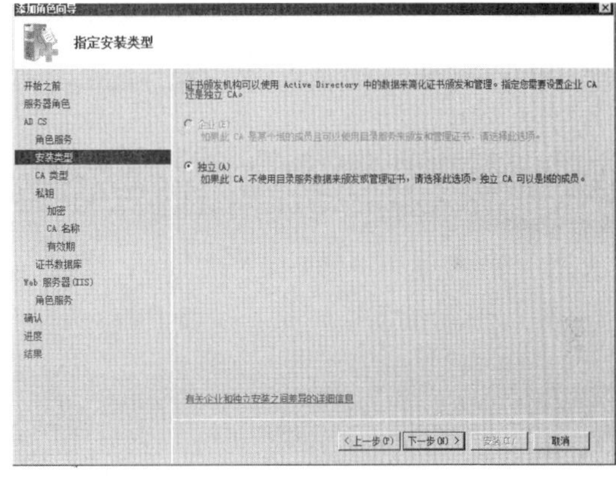

图6-46　指定安装类型

⑧ 如图6-47所示，首次创建，勾选“根CA”之后单击“下一步”按钮。

⑨ 如图6-48所示，首次创建勾选“新建私钥”，之后单击“下一步”按钮。

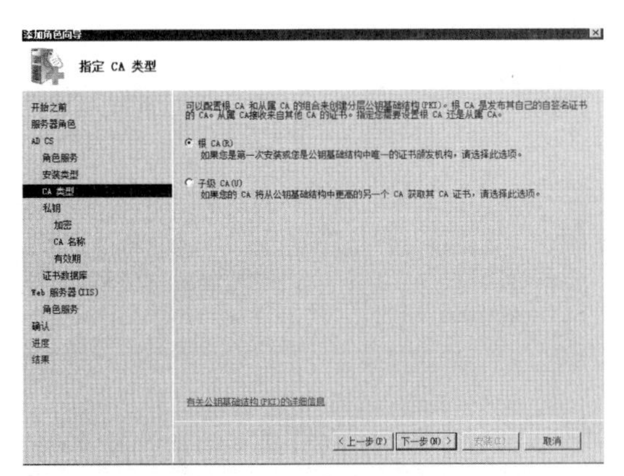

图6-47　指定CA类型

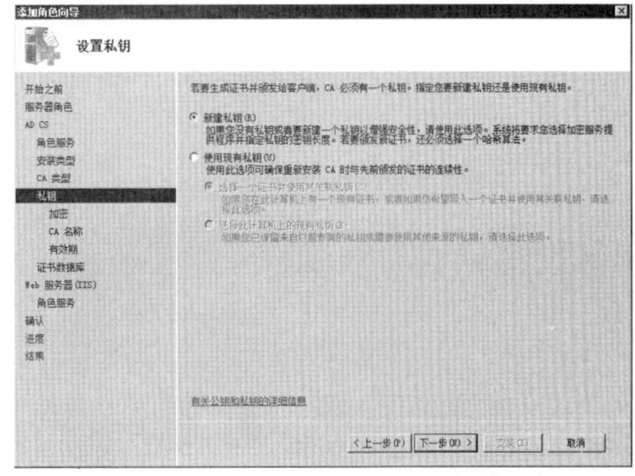

图6-48　设置私钥

⑩ 如图6-49所示，保持默认设置，继续单击“下一步”按钮。

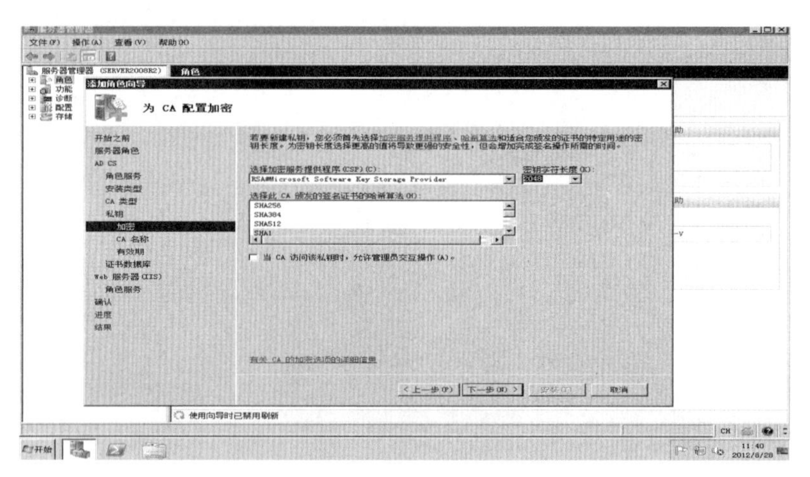

图6-49　为CA配置加密

⑪ 如图6-50所示，保持默认设置，继续单击“下一步”按钮。

⑫ 如图6-51所示，保持默认设置，继续点击“下一步”按钮。

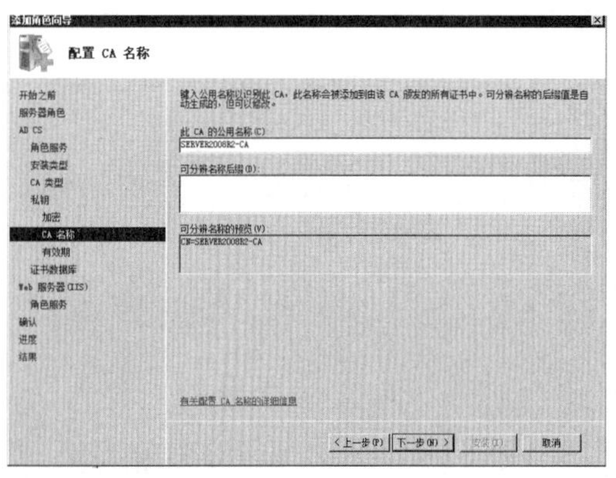

图6-50　配置CA名称

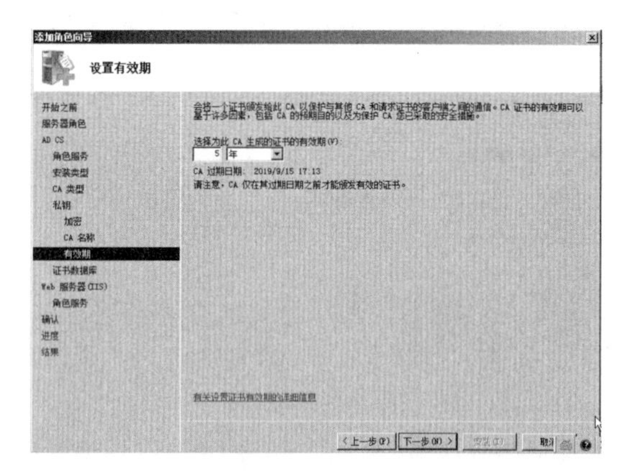

图6-51　设置有效期

⑬ 如图6-52所示，保持默认设置，继续单击“下一步”按钮。

⑭ 如图6-53所示，单击“安装”按钮。

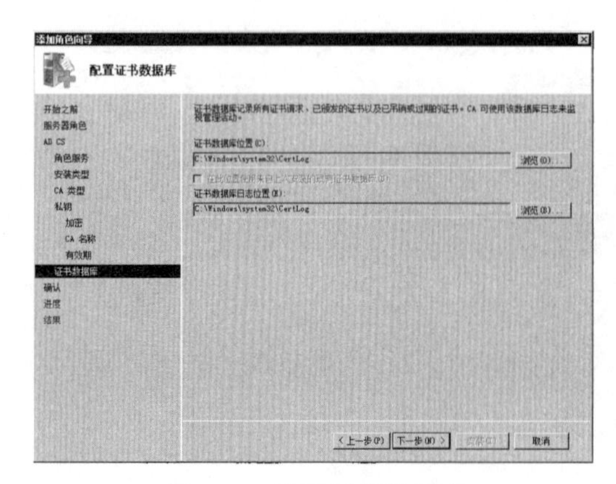

图6-52　配置证书数据库

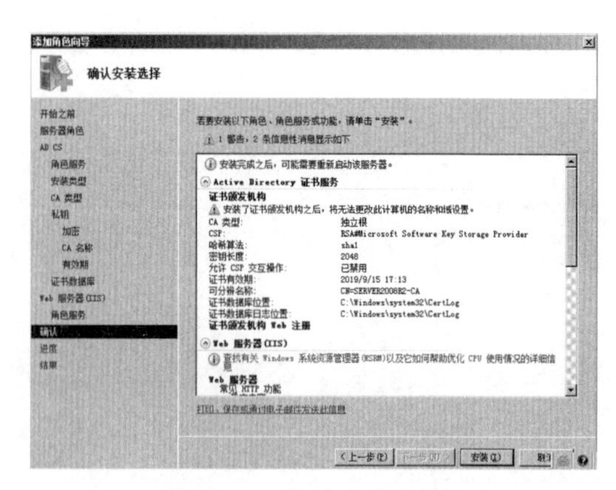

图6-53　确认安装选择

⑮ 如图6-54所示，单击“关闭”按钮，证书服务器安装完成。

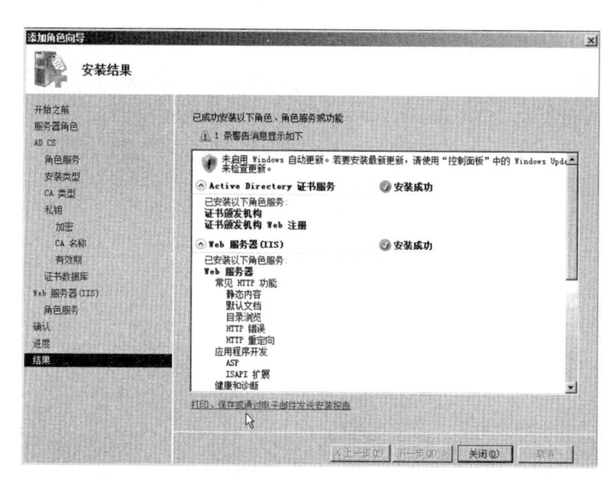

图6-54　安装结果

6.4.4　Windows Server 2008使用IIS配置Web服务器上证书应用

此应用用于提高Web站点的安全访问级别；配置后应用站点可实现安全的服务器至客户端的信道访问；此信道将拥有基于SSL证书加密的HTTP安全通道，保证双方通信数据的完整性，使客户端至服务器端的访问更加安全。

注：以证书服务器创建的Web站点为示例，搭建Web服务器端SSL证书应用步骤如下：

① 如图6-55所示，打开IIS，在Web服务器找到“服务器证书”并选中。

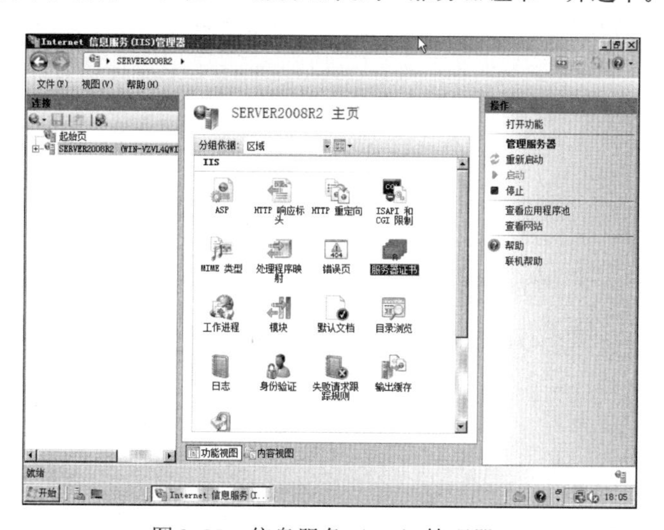

图6-55　信息服务（IIS）管理器1

② 如图6-56所示，单击“服务器证书”，找到“创建证书申请”选项。

③ 单击“创建证书申请”，打开“创建证书申请”后，填写相关文本框，填写中需要注意的是：“通用名称”必须填写本机IP或域名，其他项则可以自行填写。注：192.168.1.104为示例机的IP地址，实际IP地址需根据每人主机IP自行填写；填写完后，单击“下一步”按钮，如图6-57所示。

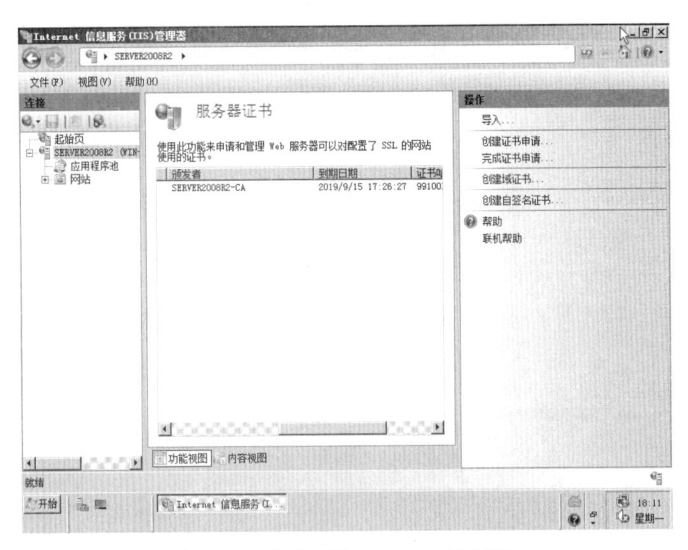

图6-56　信息服务（IIS）管理器2

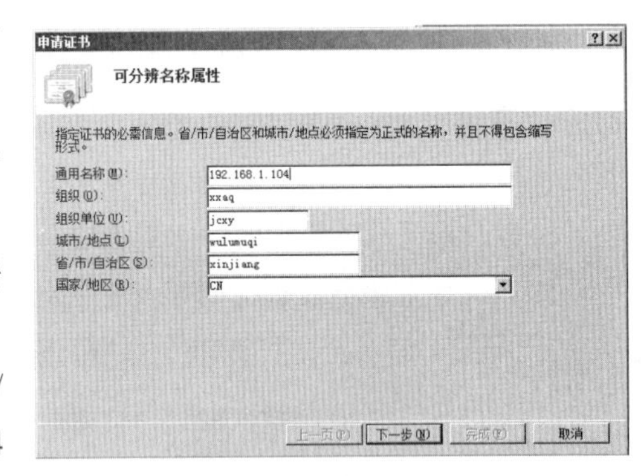

图6-57　申请证书1

④ 如图6-58所示，保持默认设置，单击“下一步”按钮。

⑤ 如图6-59所示，选择并填写需要生成文件的保存路径与文件名，此文件后期将会被使用；（保存位置、文件名可以自行设定），之后单击“完成”按钮，此配置完成，子界面会关闭。

⑥ 打开IE浏览器，访问http://192.168.1.104/certsrv/，如图6-60所示。注：此处的192.168.1.104为示例机IP地址，实际IP地址需根据每人主机IP自行填写。

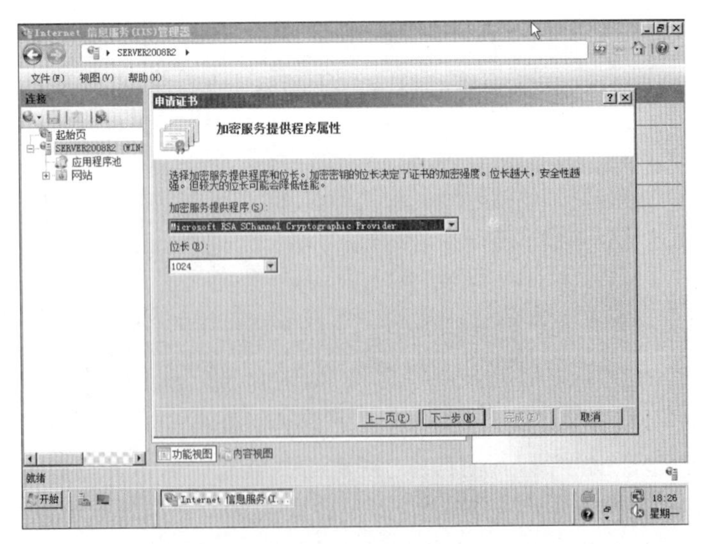

图6-58　申请证书2

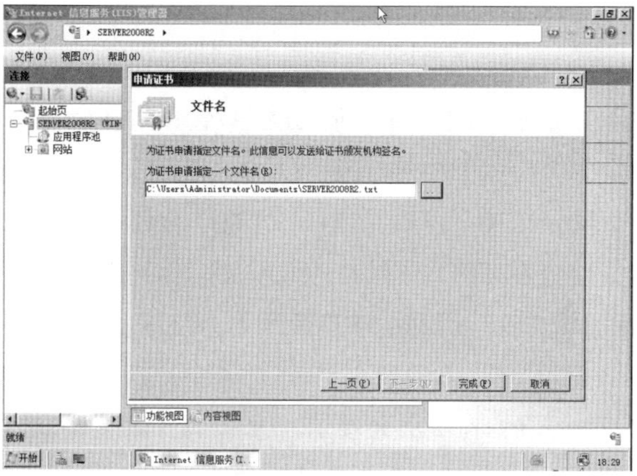

图6-59　申请证书3

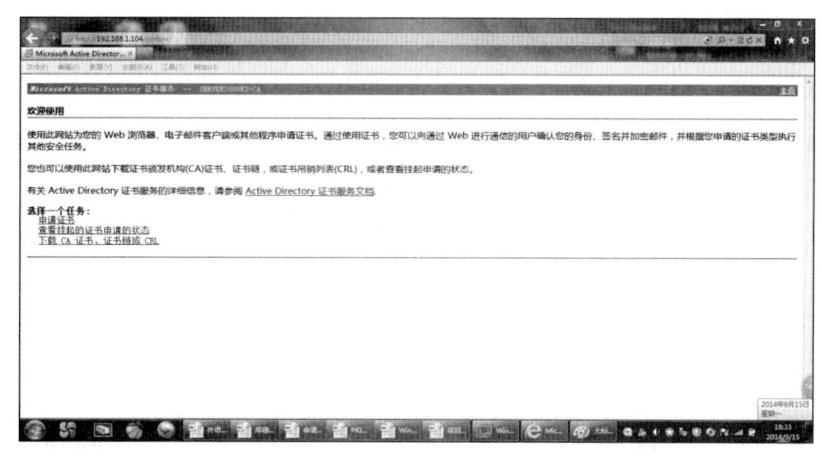

图6-60　主机192.168.1.104的证书服务

⑦ 此时会出现证书服务页面，单击“申请证书”，进入下一界面单击“高级证书申请”，进入下一界面单击“创建并向此CA提交一个申请”，进入下一界面，会弹出一个提示窗口：“为了完成证书注册，必须将该CA的网站配置为使用HTTPS身份验证”（见图6-61），也就是必须将HTTP网站配置为HTTPS的网站，才能正常访问当前网页及功能。

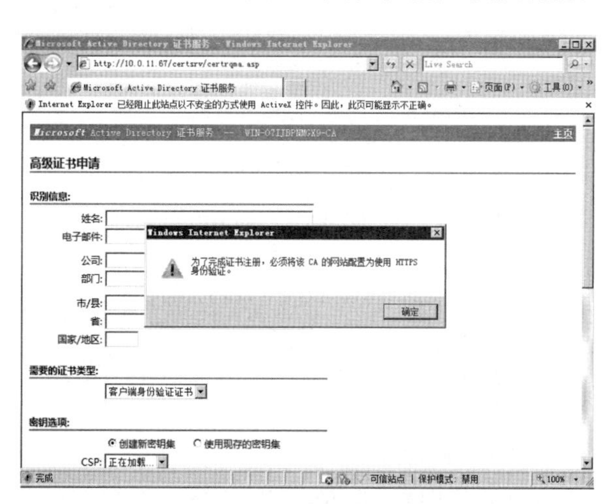

图6-61　高级证书申请

在进行后继内容前，相关术语名词解释：

HTTPS（Hypertext Transfer Protocol over Secure Socket Layer），是以安全为目标的HTTP通道，简单讲是HTTP的安全版。即HTTP下加入SSL层，HTTPS的安全基础是SSL，因此加密的详细内容就需要SSL。 它是一个URI Scheme（抽象标识符体系），句法类同http:体系。用于安全的HTTP数据传输。https:URL表明它使用了HTTP，但HTTPS存在不同于HTTP的默认端口及一个加密/身份验证层（在HTTP与TCP之间）。这个系统的最初研发由网景公司进行，提供了身份验证与加密通信方法，现在它被广泛用于万维网上安全敏感的通信，例如交易支付方面。

SSL（Secure Sockets Layer 安全套接层）及其继任者传输层安全（Transport Layer Security，TLS）是为网络通信提供安全及数据完整性的一种安全协议。TLS与SSL在传输层对网络连接进行加密。

至此，需要搭建一个HTTPS网站，即搭建Web服务器的SSL应用；

⑧ 如何搭建HTTPS的网站。证书服务已搭建，用于创建SSL的加密服务；使用证书服务器的Web网站时，需要将证书Web站点配置为HTTPS网站才能正常使用。

下面继续以证书服务器的搭建为示例，完成Web服务器的SSL应用搭建。

⑨ 由于搭建HTTPS需要先申请证书，但现在证书服务网站也需要配置为HTTPS才能正常使用，在证书网站还未配置为HTTPS服务前，可按如下方法申请证书。打开IE浏览器，选择“工具”|“Internet选项”命令，如图6-62所示。

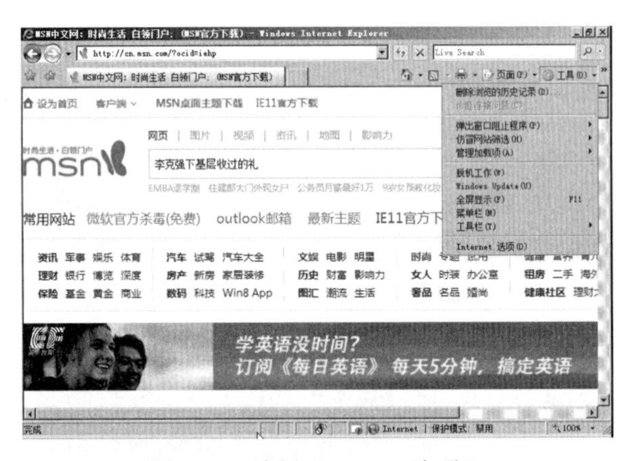

图6-62　选择“Internet选项”

⑩ 选择“安全”|“可信站点”，如图6-63所示。

⑪ 在弹出的对话框中输入之前的证书网站地址http://192.168.1.104/certsrv，并将其“添加”到信任站点中；添加完后，单击“关闭”按钮，关闭子界面，如图6-64所示。

⑫ 继续在“可信站点”位置点击“自定义级别”按钮，此时会弹出一个“安全设置”子界面，在安全设置界面中拖动右侧的滚动条，找到“对未标记为可安全执行脚本的ActiveX控件初始化并执行脚本”选项，选中“启用”单选按钮（见图6-65）；之后单击“确定”按钮，直到“Internet选项”子界面关闭为止。

⑬ 如图6-66所示，完成上面操作后，先将IE关闭，然后重新打开，输入http://192.168.1.104/

certsrv，然后单击“申请证书”。

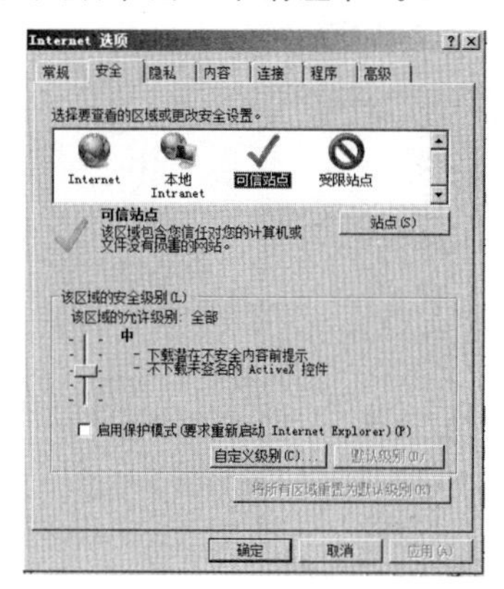

图6-63　Internet选项

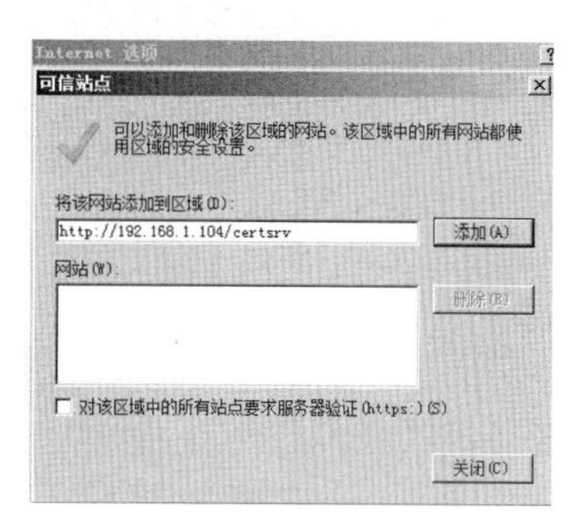

图6-64　可信站点

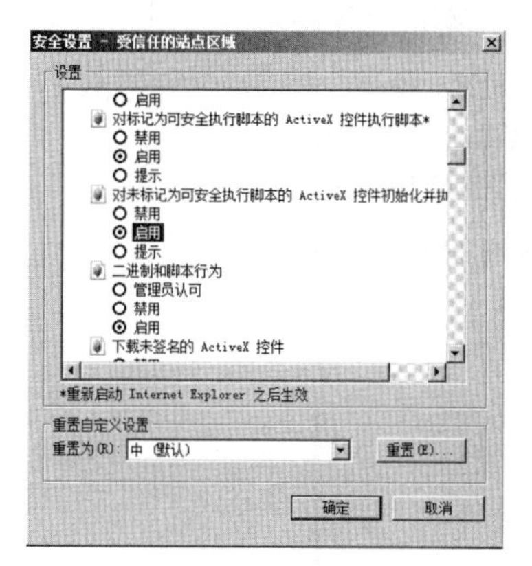

图6-65　安全设置

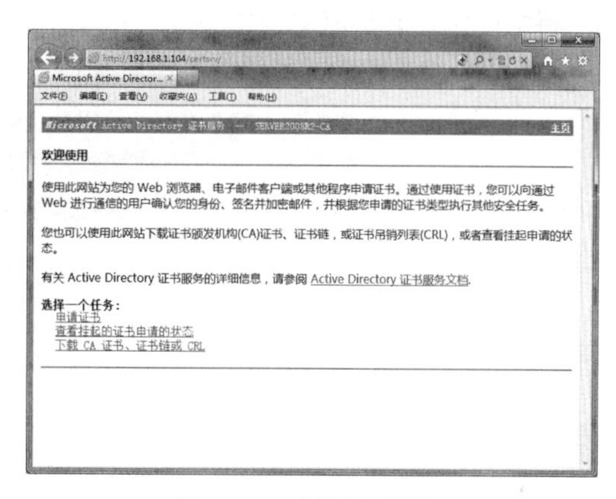

图6-66　申请证书服务

⑭ 单击“高级证书申请”，如图6-67所示。

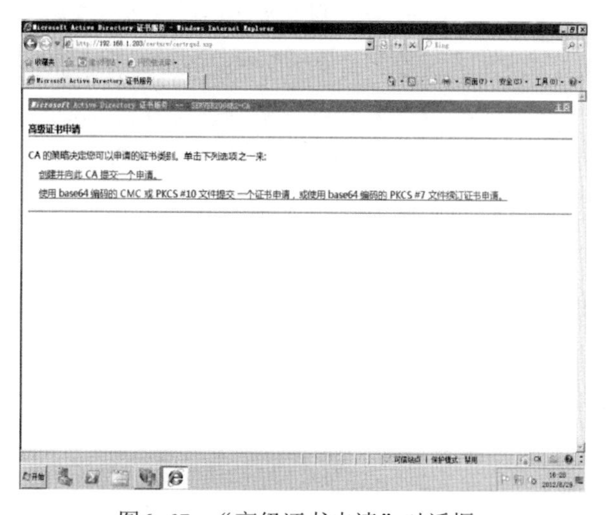

图6-67　“高级证书申请”对话框1

⑮ 单击“使用base64编码的CMC或PKCS#10文件提交一个证书申请，或使用Base64编码的PKCS#7文件续订证书申请”，如图6-68所示。

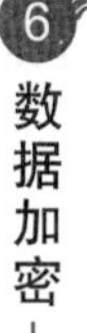

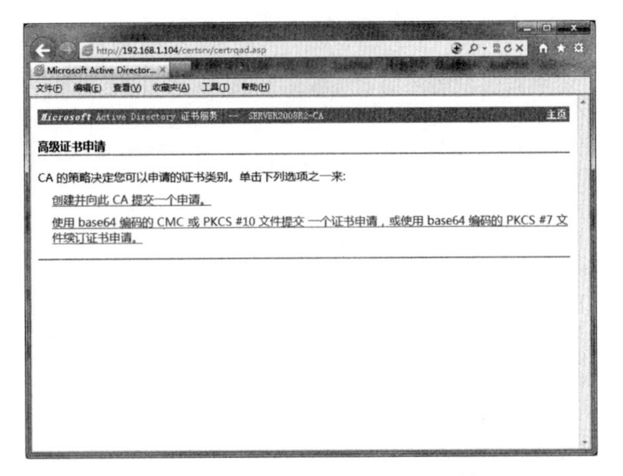

图6-68　“高级证书申请”对话框2

⑯ 将之前保存的密钥文档文件找到并打开，将里面的文本信息复制并粘贴到“Base-64编码的证书申请”文本框中；确定文本内容无误后，单击“提交”按钮，如图6-69所示。

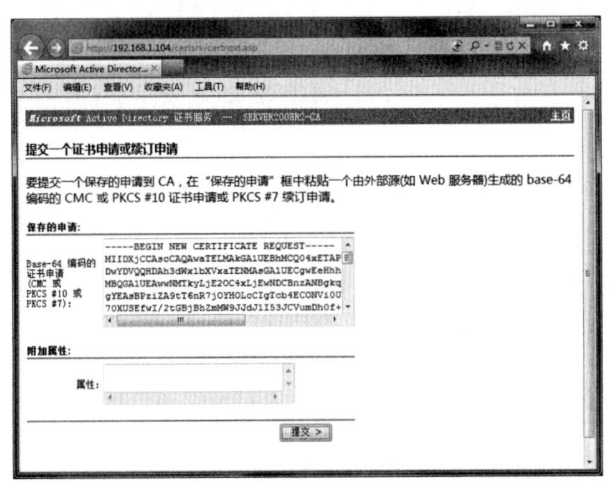

图6-69　提交证书申请

⑰ 此时可以看到提交信息，申请已经提交给证书服务器，关闭当前IE，如图6-70所示。

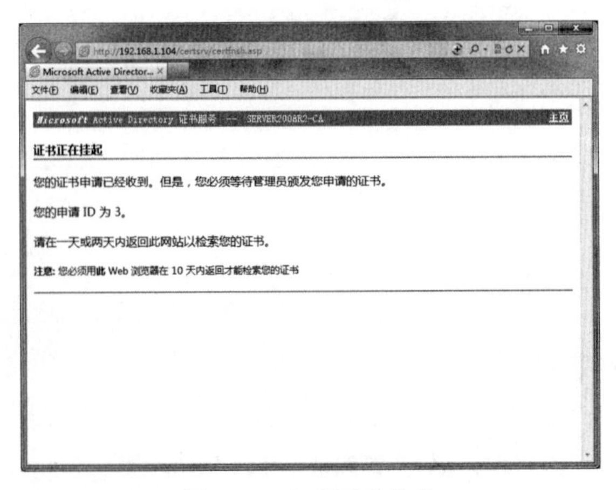

图6-70　查看证书信息

⑱ 打开证书服务器处理用户刚才提交的证书申请，回到Windows桌面，选择“开

始”|“运行”，在运行位置输入certsrv.msc，然后按【Enter】键就会打开证书服务功能界面，单击“挂起的申请”，就可以看到之前提交的证书申请，如图6-71所示。

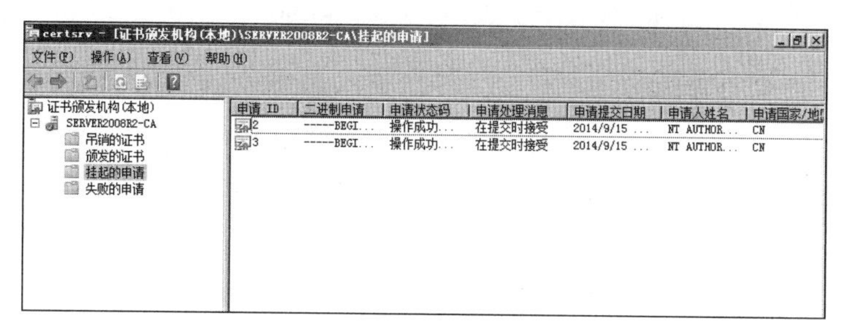

图6-71　证书颁发机构

⑲ 右击证书申请会出现“所有任务”，选择“所有任务”|“颁发”将挂起的证书申请审批通过，此时挂起的证书会从当前界面消失，即代表已完成操作，如图6-72所示。

⑳ 单击“颁发的证书”（见图6-73），可以看到新老已审批通过的证书；其他操作（吊销的证书、失败的申请）在此略掉，大家可以自己试用。

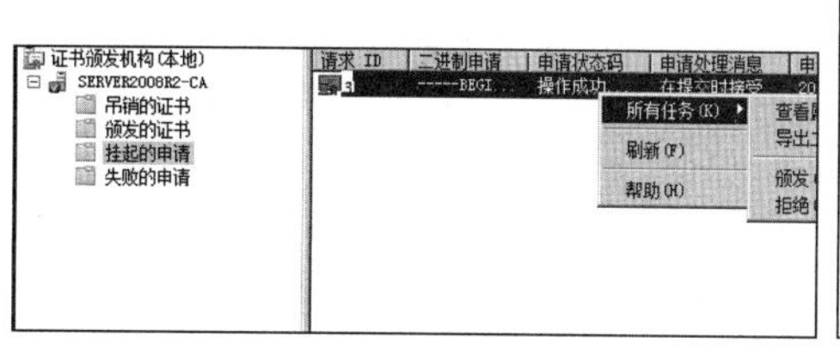

图6-72　挂起的申请

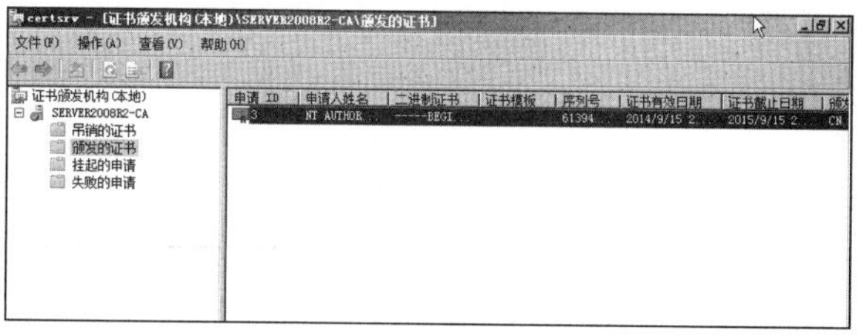

图6-73　颁发的证书

㉑ 重新打开IE，输入之前的网址http://192.168.1.104/certsrv/。打开页面后，可单击“查看挂起的证书申请的状态”，之后会进入“查看挂起的证书申请的状态”页面，单击“保存的申请证书”，如图6-74所示。

㉒ 进入新页面后，勾选Base 64编码，然后点击“下载证书”，将已申请成功的证书保存到指定位置，后续待用，如图6-75所示。

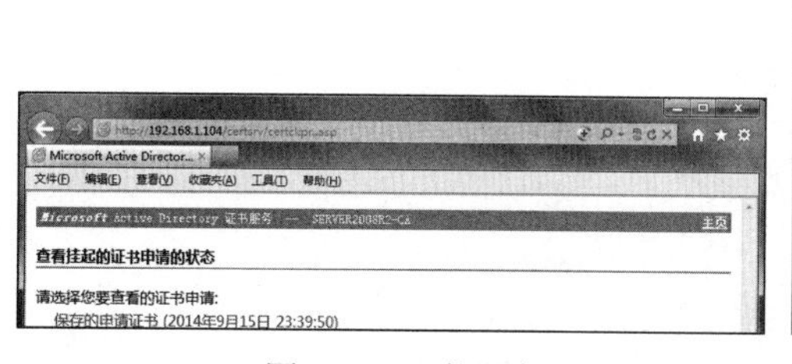

图6-74 证书服务

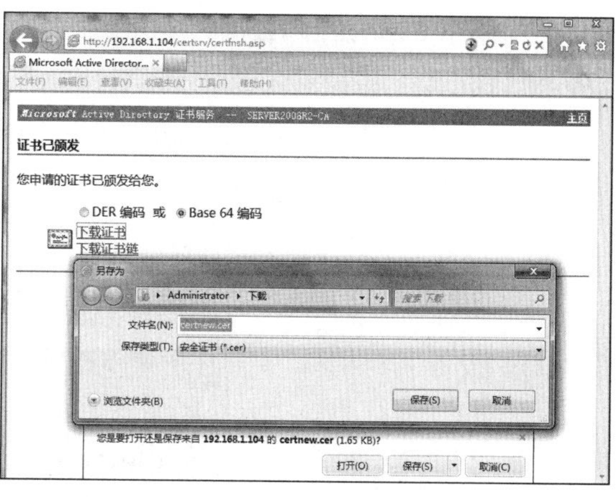

图6-75　下载证书

㉓ 打开IIS服务器，单击“服务器证书”|“完成证书申请”，选择刚保存的证书，然后在“好记名称”文本框中输入自定义的名称，单击“确定”按钮，如图6-76所示。

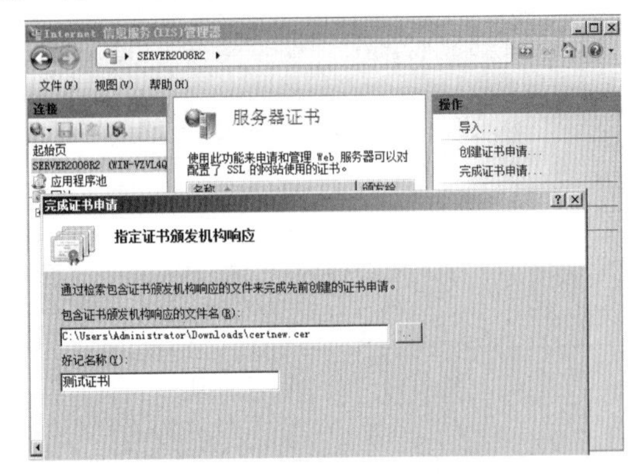

图6-76　输入自定义证书名称

㉔ 上述操作完后，可在“服务器证书”界面下看到“测试证书”证书，如图6-77所示。

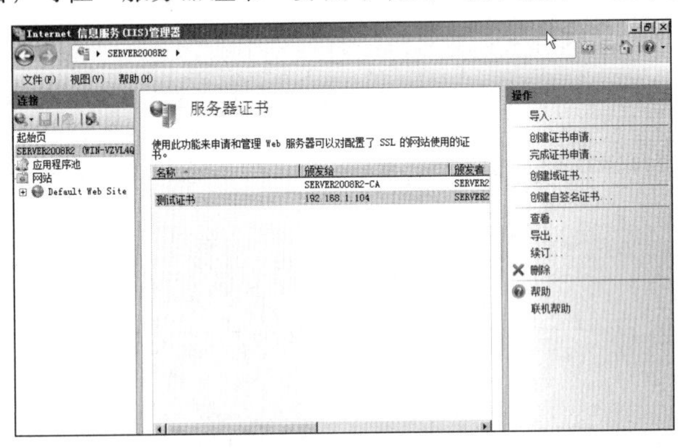

图6-77　服务器证书

㉕ 单击左边的Default Web Site选项，然后单击“绑定”功能，会弹出“网站绑定”对话框，默认会出现一个类型为http，端口为80的主机服务，单击“添加”按钮，弹出“添加网站绑定”对话框，选择“类型：https”“SSL证书：JZT_TEST1”，然后单击“确定”按钮。此时，会看到“网站绑定”子界面中有刚配的HTTPS服务，单击“关闭”按钮子界面消失，如图6-78所示。

图6-78　网站绑定

㉖ 单击左侧的CertSrv证书服务网站，然后单击“SSL设置”，如图6-79所示。

㉗ 进入SSL设置页面，勾选“要求SSL”即启用SSL功能，然后单击“应用”按钮，保存设置，如图6-80所示。

图6-79　SSL设置

图6-80　保存SSL设置

㉘ 此时一个基于SSL应用的Web服务器站点已配置完成，下面用IE试一下SSL的应用。

首先，将之前为了申请证书而开放的“可信站点”的设置还原；在IE的“可信站点”的“自定义级别”选项中“对未标记为可安全执行脚本的ActiveX控件初始化并执行脚本”选项，由“启用”改为“禁用”即可。然后关闭IE，再重新打开并输入https://192.168.1.104，此时会出现：“IIS7”字样的页面，如图6-81所示。如果出现此页面，说明SSL已配置成功。反之则有问题，需要从上到下把操作说明和自己的操作过程比对检查看是否正确。

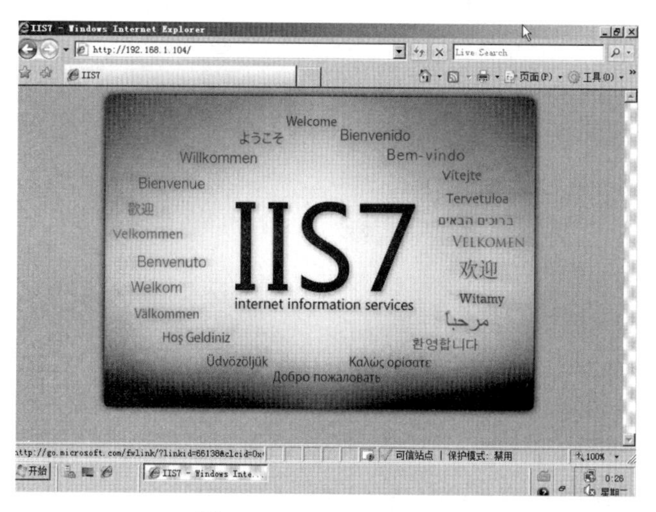

图6-81　SSL配置已成功

习　　题

一、填空题

1. 密码按密钥方式划分，可分为（　　）式密码和（　　）式密码。
2. DES加密算法主要采用（　　）和（　　）的方法加密。

3. 非对称密码技术也称为（　　）密码技术。

4. DES算法的密钥为（　　）位，实际加密时仅用到其中的（　　）位。

5. 数字签名技术实现的基础是（　　）技术。

二、选择题

1. 所谓加密是指将一个信息经过（　　）及加密函数转换，变成无意义的密文，而接受方则将此密文经过解密函数及（　　）还原成明文。

A. 加密钥匙、解密钥匙　　B. 解密钥匙、解密钥匙

C. 加密钥匙、加密钥匙　　D. 解密钥匙、加密钥匙

2. 以下关于对称密钥加密说法正确的是（　　）。

A. 加密方和解密方可以使用不同的算法

B. 加密密钥和解密密钥可以是不同的

C. 加密密钥和解密密钥必须是相同的

D. 密钥的管理非常简单

3. 以下关于非对称密钥加密说法正确的是（　　）。

A. 加密方和解密方使用的是不同的算法

B. 加密密钥和解密密钥是不同的

C. 加密密钥和解密密钥匙相同的

D. 加密密钥和解密密钥没有任何关系

4. 以下算法中属于非对称算法的是（　　）。

A. DES　　B. RSA算法　　C. IDEA　　D. 三重DES

5. CA指的是（　　）。

A. 证书授权　　B. 加密认证　　C. 虚拟专用网　　D. 安全套接层

6. 以下关于数字签名说法正确的是（　　）。

A. 数字签名是在所传输的数据后附加上一段和传输数据毫无关系的数字信息

B. 数字签名能够解决数据的加密传输，即安全传输问题

C. 数字签名一般采用对称加密机制

D. 数字签名能够解决篡改、伪造等安全性问题

7. 以下关于CA认证中心说法正确的是（　　）。

A. CA认证是使用对称密钥机制的认证方法

B. CA认证中心只负责签名，不负责证书的产生

C. CA认证中心负责证书的颁发和管理、并依靠证书证明一个用户的身份

D. CA认证中心不用保持中立，可以随便找一个用户来作为CA认证中心

8. 关于CA和数字证书的关系，以下说法不正确的是（　　）。

A. 数字证书是保证双方之间的通信安全的电子信任关系，由CA签发

B. 数字证书一般依靠CA中心的对称密钥机制来实现

C. 在电子交易中，数字证书可以用于表明参与方的身份

D. 数字证书能以一种不能被假冒的方式证明证书持有人身份

三、简答题

1. 什么是密码体制的五元组？

2. 简述口令和密码的区别。

3. 密码学的分类标准是什么？

4. “恺撒密码”据传是古罗马恺撒大帝用来保护重要军情的加密系统。它是一种替代密码，通过将字母按顺序推后3位（k=3）而起到加密作用，如将字母A换作字母D，将字母B换作字母E。据说恺撒是率先使用加密函的古代将领之一，因此这种加密方法被称为恺撒密码。设待加密的消息为UNIVERSITY，密钥 k为5，试给出加密后的密文。

5. 给定素数p=11，q=13，试生成一对RSA密钥。

项目7

防火墙技术

7.1 项目导入

防火墙是一种隔离控制技术，由软件和硬件设备组合而成，它在某个机构的网络和不安全的网络之间设置屏障，阻止对信息资源的非法访问，也可以使用防火墙阻止重要信息从企业的网络上被非法输出。

作为Internet的安全性保护软件，防火墙已经得到广泛的应用。通常企业为了维护内部的信息系统安全，在企业网和Internet间设立防火墙。企业信息系统对于来自Internet的访问，采取有选择的接收方式。它可以允许或禁止一类具体的IP地址访问，也可以接收或拒绝TCP/IP上的某一类具体的应用。如果在某一台IP主机上有需要禁止的信息或危险的用户，则可以通过设置使用防火墙过滤掉从该主机发出的包。如果一个企业只是使用Internet的电子邮件和WWW服务器向外部提供信息，就可以在防火墙上设置只有这两类应用的数据包可以通过。这对于路由器来说，就要不仅分析IP层的信息，而且还要进一步了解TCP传输层甚至应用层的信息以进行取舍。防火墙一般安装在路由器上以保护一个子网，也可以安装在一台主机上，保护这台主机不受侵犯。

7.2 职业能力目标和要求

防火墙技术是设置在被保护网络和外部网络之间的一道屏障，实现网络的安全保护，以防止发生不可预测的、潜在破坏性的侵入。防火墙本身具有较强的抗攻击能力，它是提供信息安全服务、实现网络和信息安全的基础设施。

学习完本项目，读者要达到的职业能力目标和要求如下：

① 通过项目理解防火墙的功能和工作原理。

② 掌握操作系统内置互联网连接防火墙的配置。

③ 掌握天网防火墙个人版的配置和使用。

④ 灵活运用防火墙的配置，保证系统的安全。

7.3 相关知识

7.3.1 防火墙简介

1. 设置防火墙的目的和功能

① 防火墙是网络安全的屏障 。

② 防火墙可以强化网络安全策略。

③ 对网络存取和访问进行监控审计。

④ 防止内部信息的外泄。

2. 防火墙的局限性

① 防火墙防外不防内。

② 防火墙难于管理和配置，易造成安全漏洞。

③ 很难为用户在防火墙内外提供一致的安全策略。

④ 防火墙只实现了粗粒度的访问控制。

7.3.2 防火墙的实现技术

1. 包过滤技术

包过滤是防火墙的最基本过滤技术，它对内外网之间传输的数据包按照某些特征事先设置一系列的安全规则进行过滤或筛选。包过滤防火墙检查每一条规则，直至发现数据包中的信息与某些规则能符合，则允许或拒绝这个数据包穿过防火墙进行传输。如果没有一条规则能符合，则防火墙使用默认规则，一般情况下要求丢包。

包过滤防火墙可视为一种IP封包过滤器，运作在底层的TCP/IP协议栈上，可以以枚举的方式，只允许符合特定规则的封包通过，其余的一概禁止穿越防火墙。这些规则通常可以经由管理员定义或修改，不过某些防火墙设备只能套用内置的规则。此外，也能以另一种较宽松的角度来制定防火墙规则，只要封包不符合任何一项“否定规则”就予以放行。较新的防火墙能利用封包的多样属性来进行过滤，例如：源IP地址、源端口号、目的IP地址、目的端口号、服务类型、通信协议、TTL值、来源的网络或网段等属性。包过滤技术防火墙原理如图7-1所示。

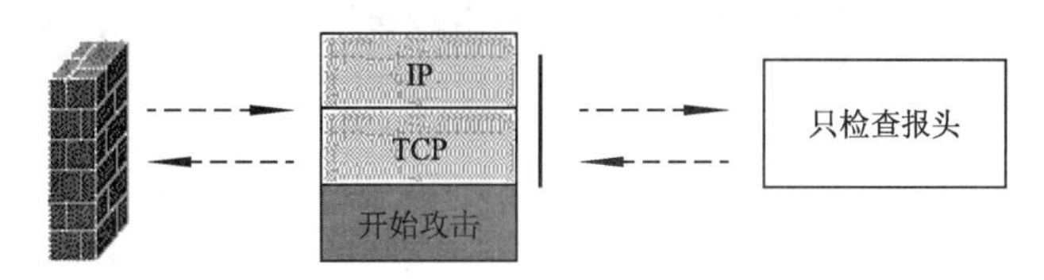

图7-1　包过滤防火墙原理示意图

2. 应用级网关

应用级网关即代理服务器，代理服务器通常运行在两个网络之间，它为内部网的客户提供HTTP、FTP等某些特定的因特网服务。代理服务器相对于内部网的客户来说是一台服务器，对于外部网的服务器来说，它又相当于客户机。当代理服务器接收到内部网的客户对某些因特网站点的访问请求后，首先会检查该请求是否符合事先制定的安全规则，如果允许，代理服务器会将此请求发送给因特网站点，从因特网站点反馈回的响应信息再由代理服务器转发给内部网的客户。代理服务器会将内部网的客户和因特网隔离。

对于内外网转发的数据包，代理服务器在应用层对这些数据进行安全过滤，而包过滤技术与NAT技术主要在网络层和传输层进行过滤。由于代理服务器在应用层对不同的应用服务进行过滤，所以可以对常用的高层协议做更细的控制。

由于安全级网关不允许用户直接访问网络，因而使效率降低，且安全级网关需要对每一个特定的因特网服务安装相应的代理服务软件，内部网的客户要安装此软件的客户端软件。此外，并非所有的因特网应用服务都可以使用代理服务器。应用级网关技术防火墙原理如图7-2所示。

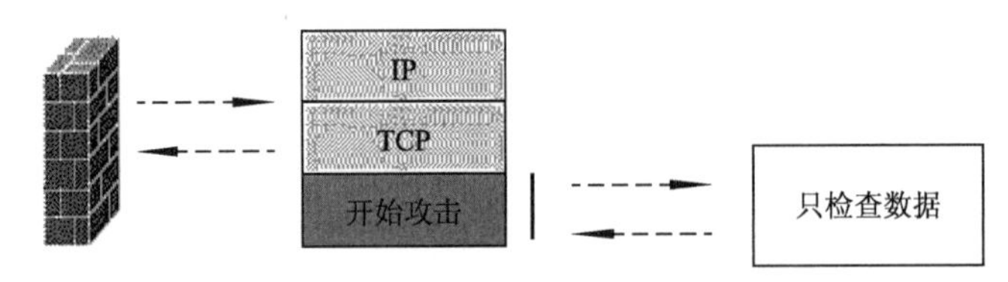

图7-2　应用级网关防火墙原理示意图

3. 状态检测技术

状态检测防火墙不仅仅像包过滤防火墙仅考查数据包的IP地址等几个孤立的信息，而是增加了对数据包连接状态变化的额外考虑。它在防火墙的核心部分建立数据的连接状态表，将在内外网间传输的数据包以会话角度进行检测，利用状态表跟踪每一个会话状态。

例如，某个内网主机访问外网的连接请求，防火墙会在连接状态表中加以标注，当此连接请求的外网响应数据包返回时，防火墙会将数据包的各层信息和连接状态表中记录的从内网到外网的信息相匹配，如果从外网进入内网的这个数据包和连接状态表中的某个记录在各层状态信息一一对应，防火墙则判断此数据包是外网正常返回的响应数据包，会允许这个数据包通过防火墙进入内网。按照这个原则，防火墙将允许从外部响应此请求的数据包以及随后两台主机间传输的数据包通过，直到连接中断，而对由外部发起的企图连接内部主机的数据包全部丢弃，因此状态检测防火墙提供了完整的对传输层的控制能力。

状态检测防火墙对每一个会话的记录、分析工作可能会造成网络连接的迟滞，当存在大量安全规则时尤为明显，采用硬件实现方式可有效改善这方面的缺陷。状态检测防火墙原理如图7-3所示。

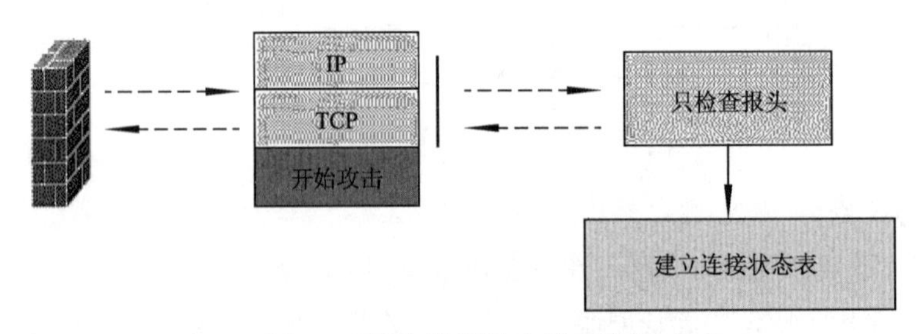

图7-3　状态检测防火墙示意图

7.3.3　天网防火墙

根据防火墙保护的对象不同，防火墙可分为网络防火墙和主机防火墙。主机防火墙也称为个人防火墙或单机防火墙，它主要对主机系统进行全面的防护。

天网防火墙个人版是主机防火墙，是一款软件防火墙。它根据系统管理者设定的安全规则，可以提供访问控制、应用选通、信息过滤等功能，可以防范网络入侵和攻击，防止信息泄露。

天网防火墙提供的主要功能包括：

① 对访问请求的实时监控功能。

② 可灵活设置IP安全规则。

③ 提供应用程序访问网络权限设置功能，对应用程序数据包进行底层分析拦截。

④ 全面的日志记录功能。

⑤ 完善的声音报警功能。

7.4 项目实施

7.4.1 简易防火墙配置

本项目使用IPSec来完成，下面介绍Windows 7中使用IPSec来实现简易防火墙。

1. 创建IPSec 筛选器列表

① 单击“开始”|“运行”，输入mmc，打开“控制台1”，如图7-4所示。

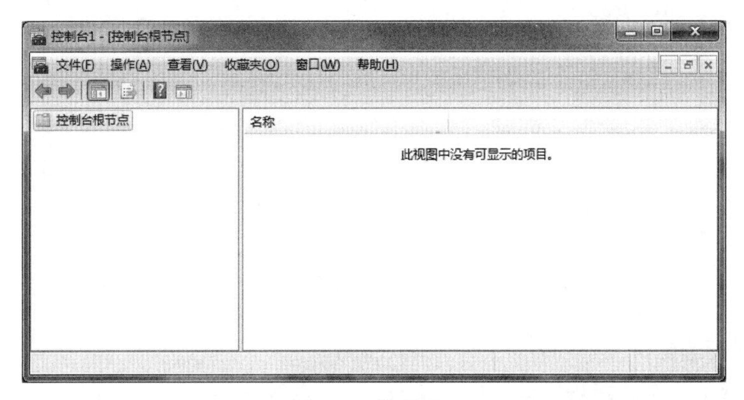

图7-4　控制台1

② 在“控制台1”中，单击“文件”|“添加/删除管理单元”命令，如图7-5所示。

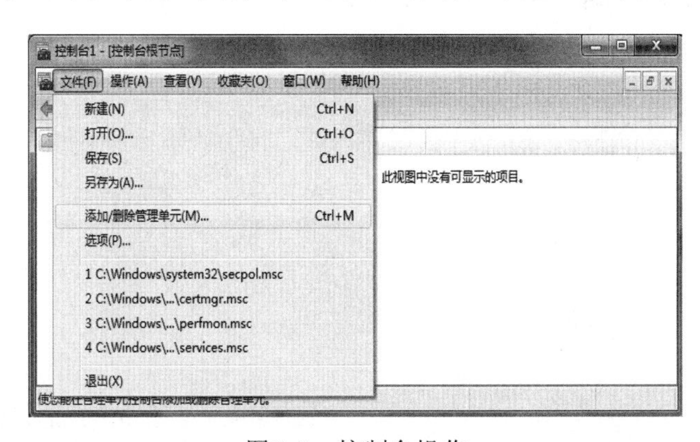

图7-5　控制台操作

③ 在图7-6所示的“添加/删除管理单元”对话框的“管理单元”列表中选择“IP安全策略管理”选项，单击“添加”按钮。在弹出的对话框中选择计算机或域，单击“完成”按钮，如图7-7所示。

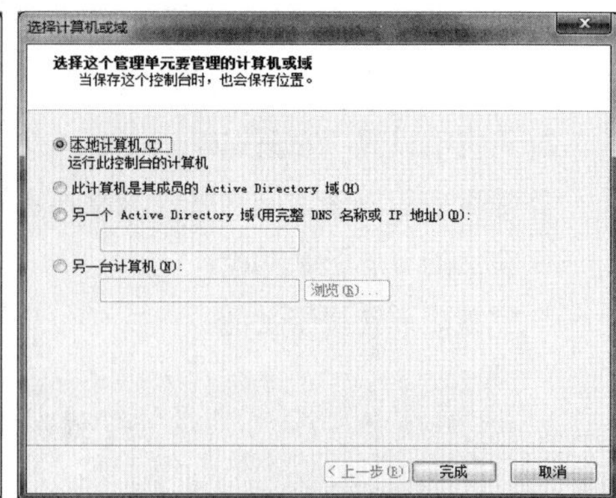

图7-6 添加/删除管理单元　　　图7-7 选择计算机或域

④ 返回“控制台1”，完成“IP 安全策略，在本地计算机”的设置，如图7-8所示。

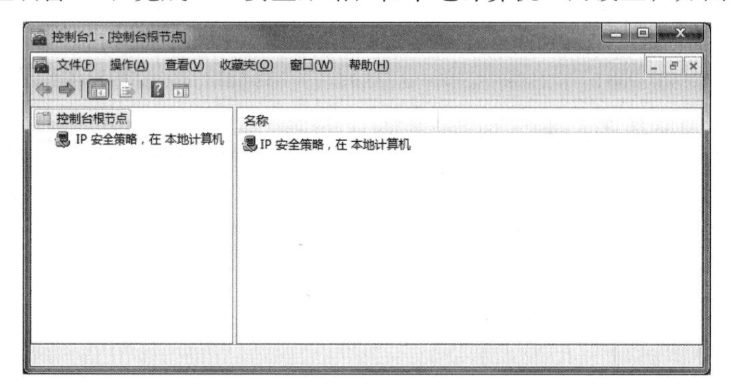

图7-8 完成安全策略设置

2. 添加IP筛选器表

在本机中添加一个能对指定IP（192.168.1.112）进行筛选的筛选器表。

① 右击“控制台1”左窗格中的“IP 安全策略，在本地计算机”，在弹出的快捷菜单中选择“管理IP筛选器列表和筛选器操作”命令（见图7-9），弹出“管理 IP 筛选器列表和筛选器操作”对话框。

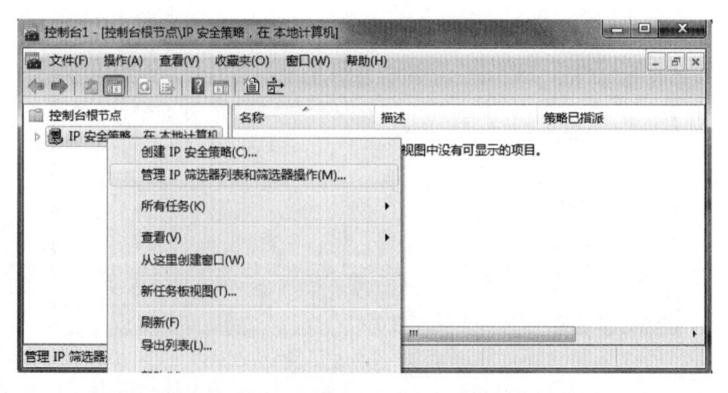

图7-9 选择“管理IP筛选器列表和筛选器操作”命令

② 单击“管理 IP 筛选器列表和筛选器操作”对话框中的“管理 IP 筛选器列表”选项卡（见图7-10），然后单击“添加”按钮，弹出“IP筛选器列表”对话框。

③ 在弹出的“IP筛选器列表”对话框输入IP筛选器的名称和描述，如“名称”为“屏蔽特定IP”，“描述”为“屏蔽192.168.1.112”，并且不选择“使用添加向导”复选框，如图7-11所示。单击“添加”按钮，弹出“IP筛选器属性”对话框，可对“屏蔽特定IP”进行设置。

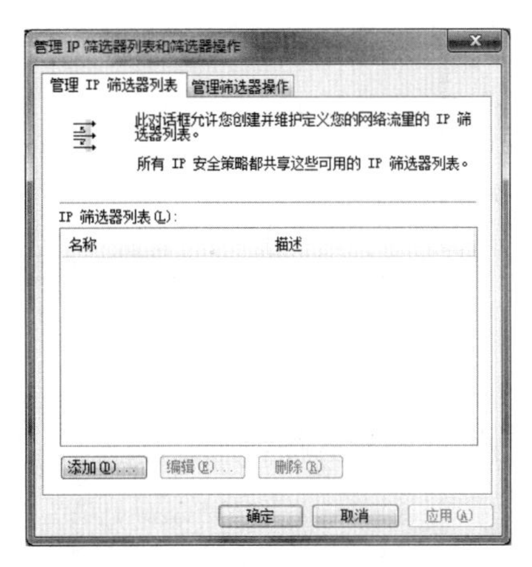

图7-10　管理 IP 筛选器列表和筛选器操作

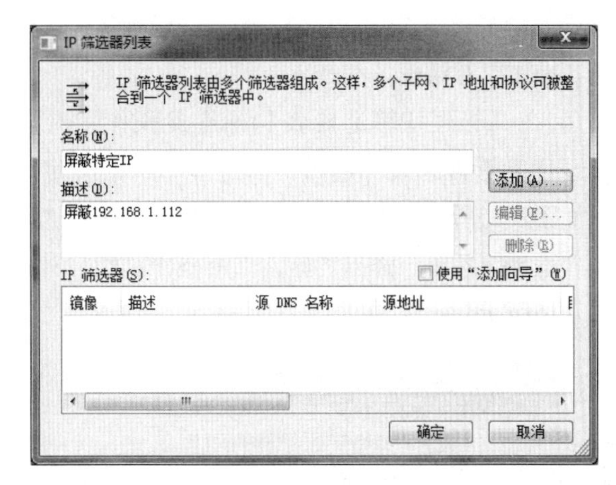

图7-11　IP 筛选器列表

④ 在“IP筛选器属性”对话框中，选择“地址”选项卡，在“源地址”和“目标地址”下拉列表框中，分别选择“我的IP地址”和“一个特定的IP地址或子网”选项。当选择“一个特定的IP地址或子网”时，会出现“IP地址或子网”文本框，可输入要屏蔽的IP地址，如“192.168.1.112”，如图7-12所示。

⑤ 在“IP筛选器属性” 对话框的“协议”标签中，选择协议类型及设置IP协议端口，如图7-13所示。

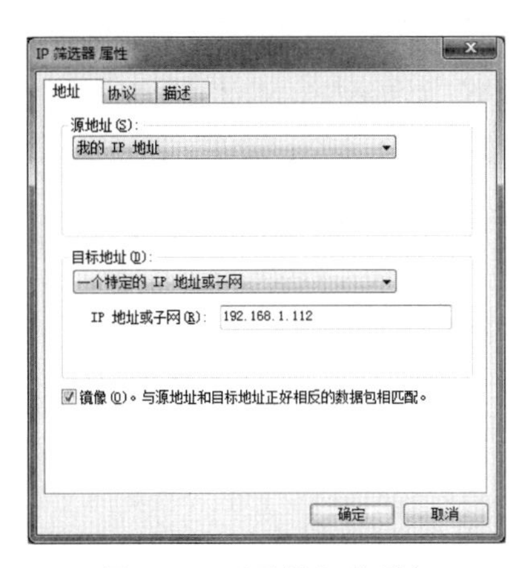

图7-12　“寻址”选项卡

图7-13　“协议”选项卡

⑥ 在“IP筛选器属性” 对话框的“描述”选项卡的“描述”文本框中，输入描述文字，作为筛选器的详细描述，如图7-14所示。单击“确定”按钮，返回到“IP筛选器列表”对话框，“屏蔽特定IP”被填入了筛选器列表。

3. 添加IP筛选器动作

在添加IP筛选器表中，只添加了一个表，它没有防火墙功能，只有再加入动作后，才能

发挥作用。下面将建立一个“阻止”动作，通过动作与刚才建立的列表相结合，就可以屏蔽指定的IP地址。

① 在“控制台1”窗口的“控制台根结点”中，选择“IP安全策略，在本地机器”选项并右击，选择“管理IP筛选器表和筛选器操作”命令，弹出“管理IP筛选器表和筛选器操作”对话框。

图7-14 “描述”选项卡

② 在“管理IP筛选器表和筛选器操作”对话框的“管理IP筛选器列表”选项卡中选择“屏蔽特定IP”选项，如图7-15所示。然后在“管理筛选器操作”选项卡中单击“添加”按钮，弹出“新筛选器操作属性”对话框，如图7-16所示。

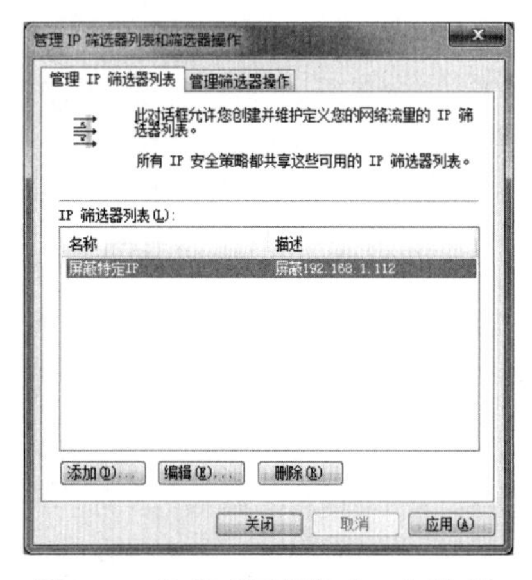

图7-15 选择“屏蔽特定IP”选项

图7-16 “管理筛选器操作”选项卡

③ 在“新筛选器操作属性”对话框的“安全方法”选项卡中，选择“阻止”单选按钮，如图7-17所示。在“常规”选项卡的“名称”文本框输入“阻止”，如图7-18所示。

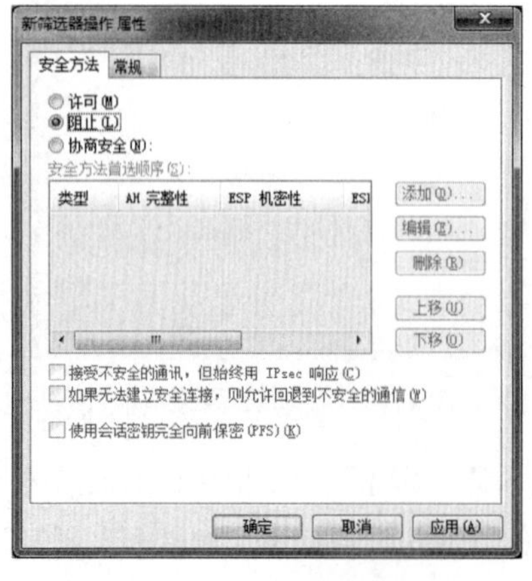

图7-17 “安全方法”选项卡

图7-18 “常规”选项卡

④ 单击“确定”按钮，“阻止”加入到操作列表中，如图7-19所示。

4. 创建IP安全策略

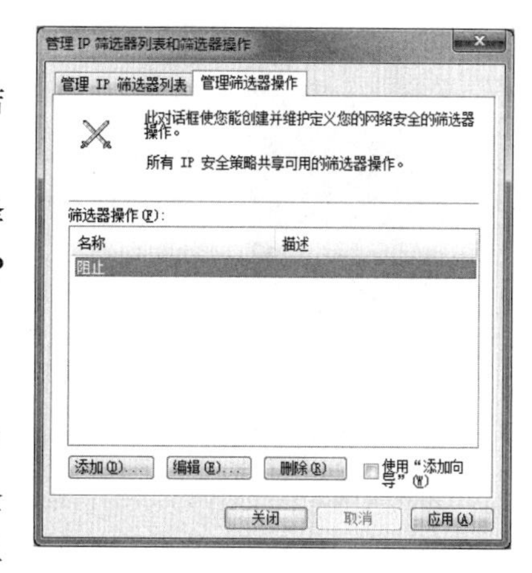

图7-19　筛选器操作完成

筛选器表和筛选器动作已建立完成，下面将它们结合起来发挥防火墙的作用。

① 在“控制台1”窗口的“控制台根结点”中，选择“IP安全策略，在本地机器”选项并右击，选择“创建IP安全策略”命令（见图7-20），弹出“IP安全策略名称”对话框。

② 在“IP安全策略向导”对话框的“名称”文本框中输入“我的安全策略”，在“描述”文本框中输入对安全策略设置的描述（见图7-21），单击“下一步”按钮，弹出“安全通讯请求”对话框。

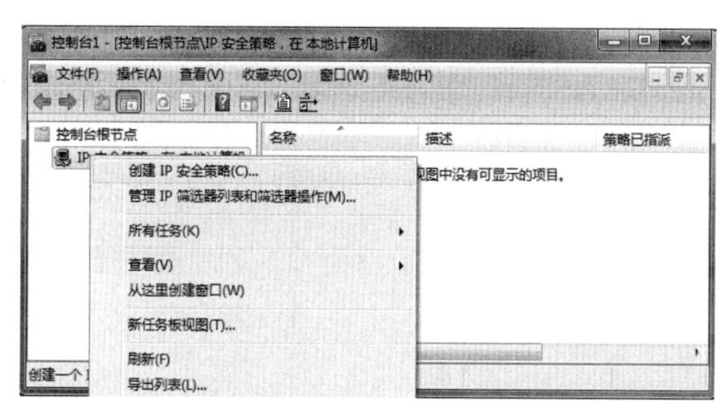

图7-20　创建IP安全策略

③ 在“安全通讯请求”对话框中，取消选择“激活默认响应规则”复选框（见图7-22），单击“下一步”按钮。

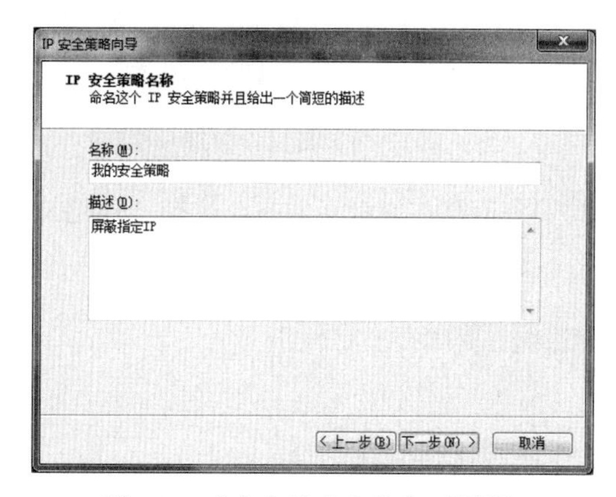

图7-21　“安全策略名称”对话框

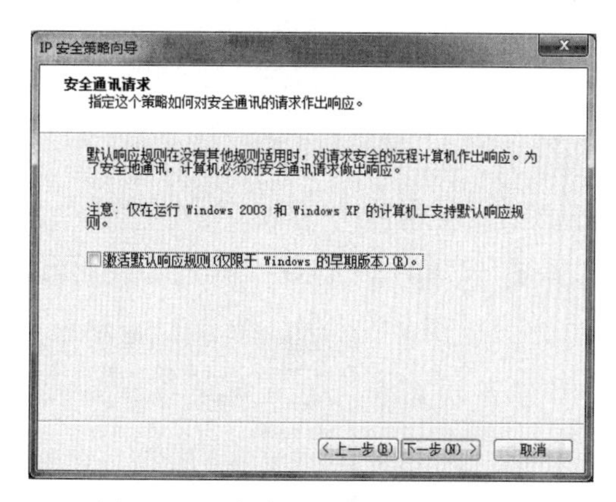

图7-22　“安全通讯请求”对话框

④ 在弹出的完成安全策略向导对话框中，选择“编辑属性”复选框，单击“完成”按钮，如图7-23所示。

⑤ 在“我的安全策略属性”对话框的“规则”选项卡中，单击“添加”按钮，如图7-24所示。

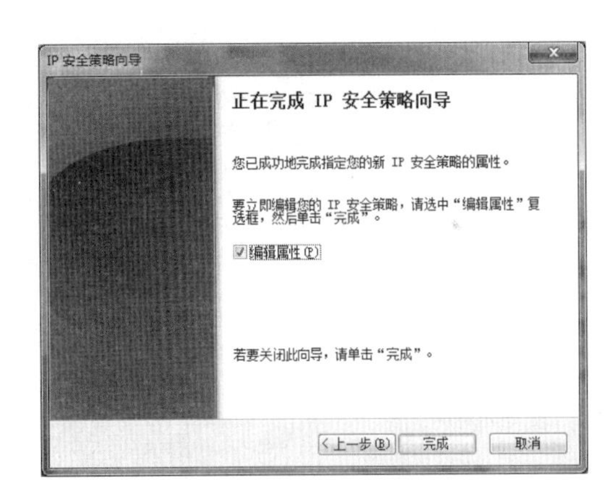

图7-23 完成安全策略向导

图7-24 “我的安全策略属性”对话框

⑥ 在弹出的“新规则属性”对话框的“IP筛选器列表”选项卡中，选择“屏蔽特定IP”单选按钮，如图7-25所示。在“筛选器操作”选项卡中，选择“阻止”单选按钮（见图7-26），单击“确定”按钮，返回“我的安全策略属性”，新规则已建立。

图7-25 “IP筛选器列表”选项卡

图7-26 “筛选器操作”选项卡

⑦ 在“控制台1”窗口中，在刚建立的“我的安全策略”规则上右击，选择“分配”命令，如图7-27所示。屏蔽特定IP地址的操作已完成。

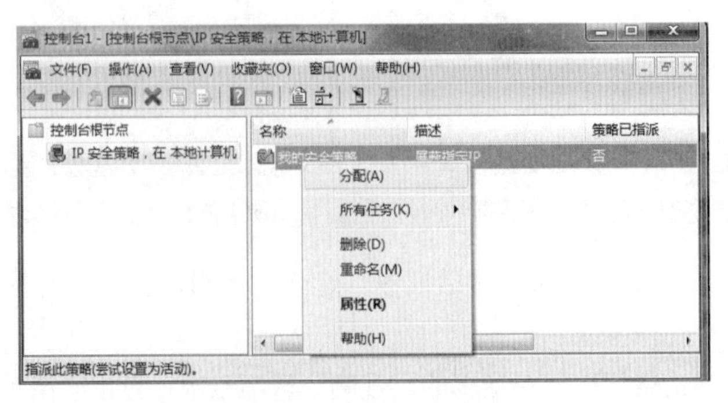

图7-27 指派策略

最后，可以通过ping 192.168.1.112主机来验证防火墙。

7.4.2　天网防火墙的使用

1. 天网防火墙个人版的安装

① 运行安装程序开始安装天网防火墙个人版，如图7-28所示。

② 下拉列表框中显示的是安装软件必须遵守的协议，选择“我接受此协议”复选框。如果不选择“我接此协议”，则无法进行下一步安装。单击“下一步”按钮，进入继续安装界面，如图7-29所示。

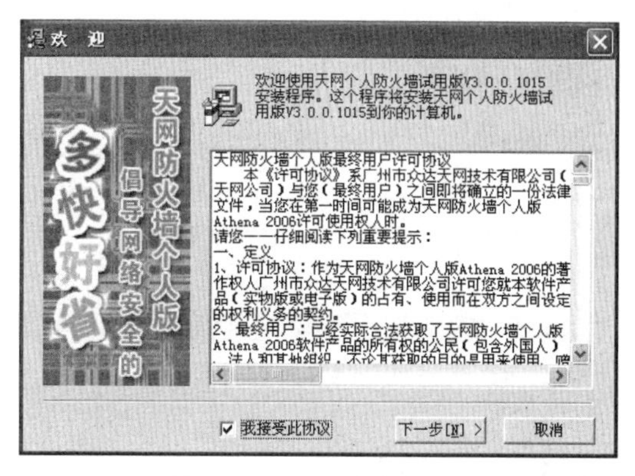

图7-28　天网防火墙协议

图7-29　继续安装界面

③ 单击“浏览”按钮，在弹出的对话框中选择安装的路径（也可以使用其默认路径C:\Program files\SkyNet\FireWall），单击“下一步”按钮，如图7-30所示。单击“下一步”按钮，开始安装，如图7-31所示。最后单击“完成”按钮，完成安装。

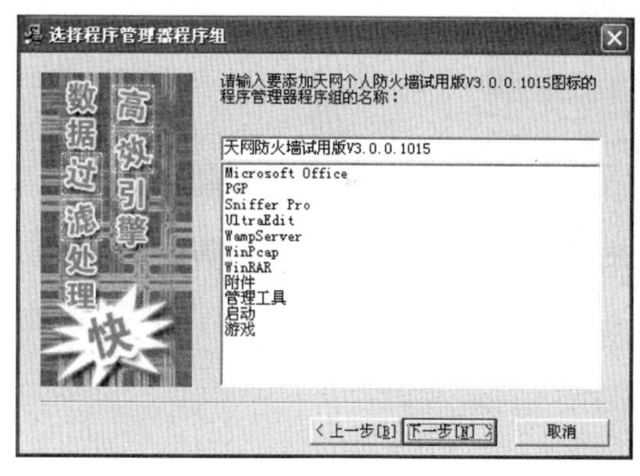

图7-30　选择程序管理器程序组

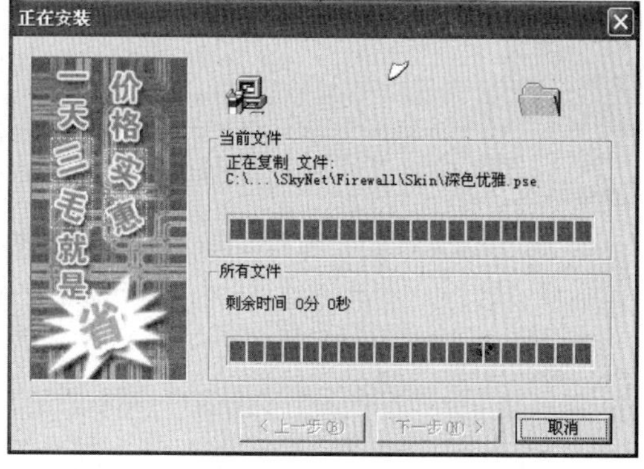

图7-31　开始安装

④ 天网防火墙个人版安装完成后，系统会自动弹出天网防火墙个人设置向导，如图7-32所示。单击“下一步”按钮，根据自己的需要，进行防火墙安全级别设置（默认为中级），如图7-33所示。

⑤ 单击“下一步”按钮，进行局域网信息设置。如果本机不在局域网中，可以直接跳过，若要在局域网中使用本机，则需正确设置本机在局域网中的IP地址，如图7-34所示。单击“下一步”按钮，进行常用应用程序设置，一般可以默认其选择，如图7-35所示。

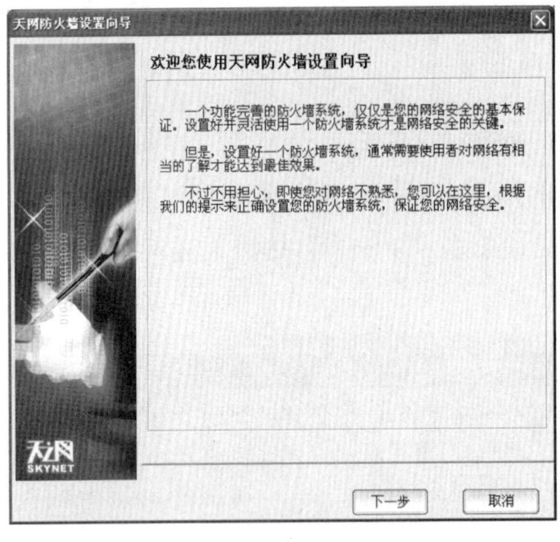

图7-32　天网防火墙个人设置向导

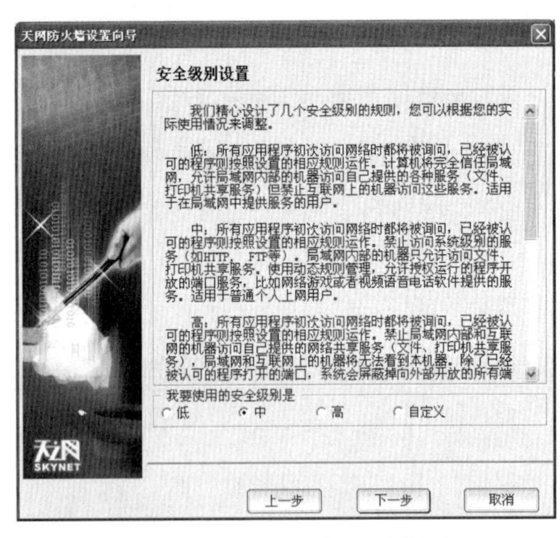

图7-33　防火墙安全级别设置

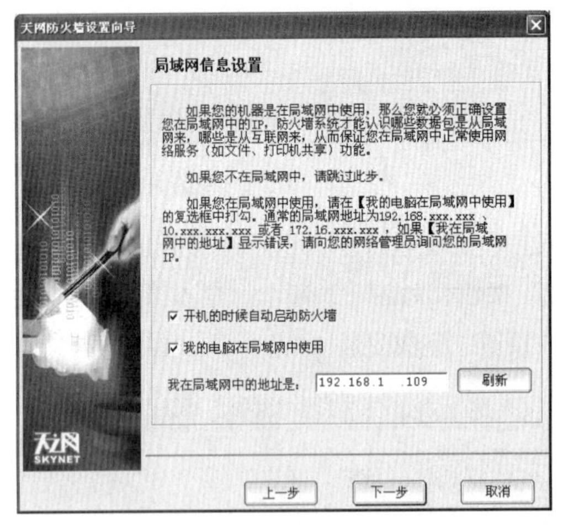

图7-34　局域网信息设置

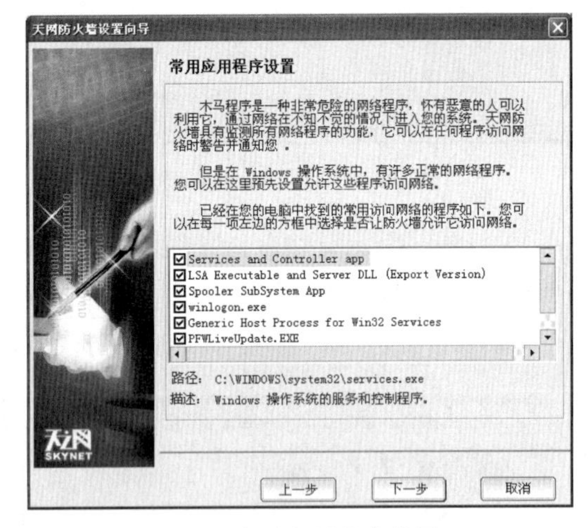

图7-35　常用应用程序设置

⑥ 单击结束按钮，完成向导设置，如图7-36所示。完成天网防火墙个人版设置后，系统会自动弹出重启计算机提示，如图7-37所示，单击“确定”按钮重启计算机。

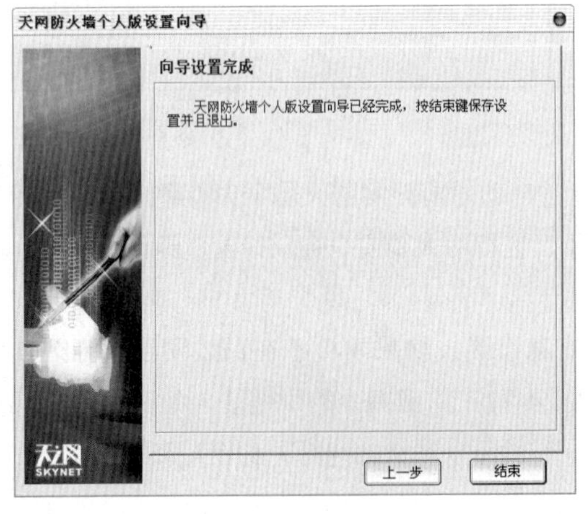

图7-36　完成向导设置

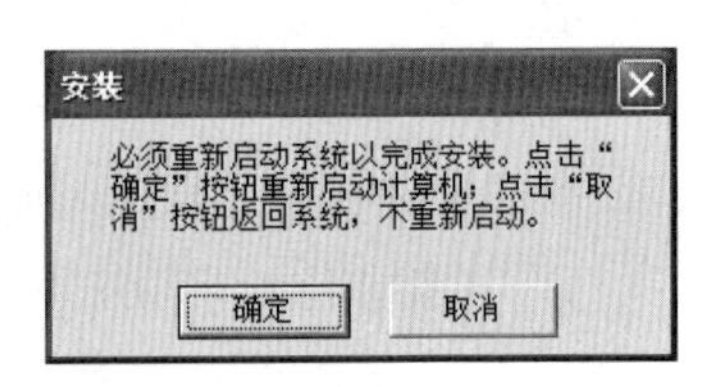

图7-37　重启计算机提示

2. 天网防火墙个人版的使用设置

使用防火墙的关键是用户是否了解配置规则，进行合理地配置。以下介绍天网防火墙的设置技巧。

(1) 系统设置

系统设置有启动、规则设定、局域网地址设定、其他设置几方面，如图7-38所示。

①“启动”项是设定开机后自动启动防火墙。在默认情况下不启动，一般选择自动启动，这也是安装防火墙的目的。

②“规则设定”是设置向导，可以分别设置安全级别、局域网信息设置、常用应用程序设置。

③“局域网地址设定”和其他设置用户可以根据网络环境和爱好自由设置。

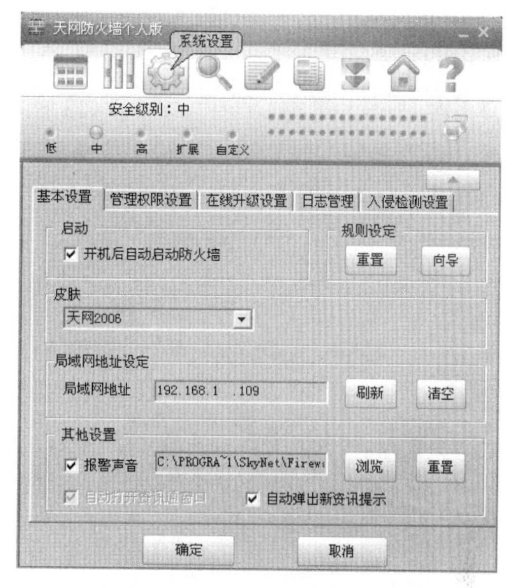

图7-38 天网防火墙系统设置

(2) 安全级别设置

天网防火墙的安全级别分为高、中、低、自定义4类，如图7-39所示。把鼠标置于某个级别上时，可从注释对话框中查看详细说明。

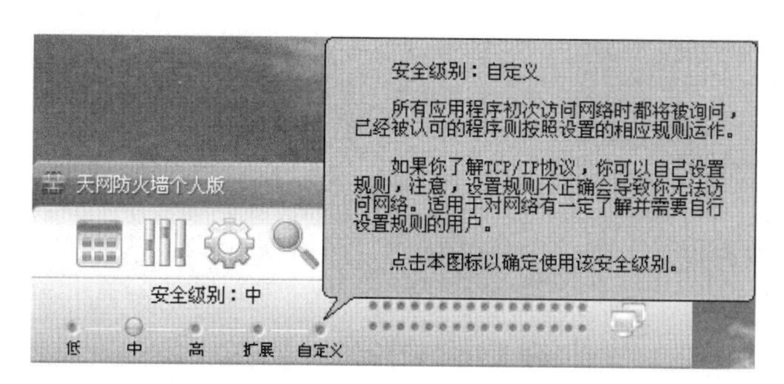

图7-39 天网防火墙安全级别

① 低安全级别情况下，完全信任局域网，允许局域网中的机器访问自己提供的各种服务，但禁止互联网上的机器访问这些服务。

② 中安全级别下，局域网中的机器只可以访问共享服务，但不允许访问其他服务，也不允许互联网中的机器访问这些服务，同时运行动态规则管理。

③ 高安全级别下系统屏蔽掉所有向外的端口，局域网和互联网中的机器都不能访问自己提供的网络共享服务，网络中的任何机器都不能查找到该机器的存在。

④ 自定义级别适合了解TCP/IP协议的用户，可以设置IP规则，而如果规则设置不正确，可能会导致不能访问网络。

对一般个人用户，推荐将安全级别设置为中级。这样可以在已经存在一定规则的情况下，对网络进行动态的管理。

(3) 应用程序访问网络权限设置

当有新的应用程序访问网络时，防火墙会弹出警告对话框，询问是否允许访问网络，如图7-40所示。

对用户不熟悉的程序，都可以设为禁止访问网络。在“应用程序规则”选项中（见图7-41）还可以设置该应用程序是通过TCP还是UDP协议访问网络，以及TCP协议可以访问的端口。当不符合条件时，程序将询问用户或禁止操作。对已经允许访问网络的程序，下一次访问网络时，按默认规则管理。

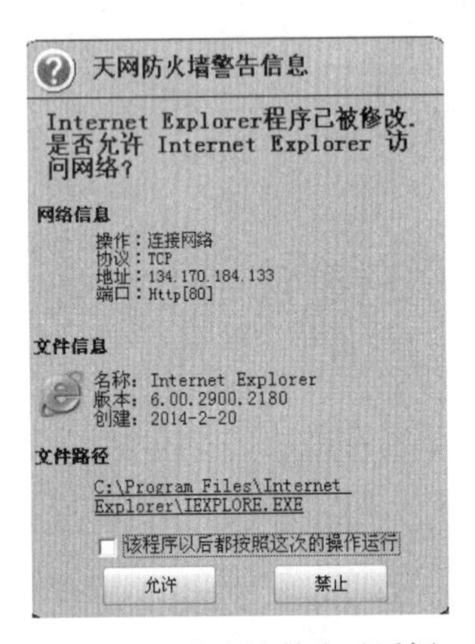

图7-40　防火墙警告对话框

图7-41　应用程序规则

(4) 自定义IP规则设置

在选中“中级”安全级别时，进行自定义IP规则的设置是很必要的。在这一项设置中（见图7-42），可以自行添加、编辑、删除IP规则，对防御入侵可以起到很好的效果。

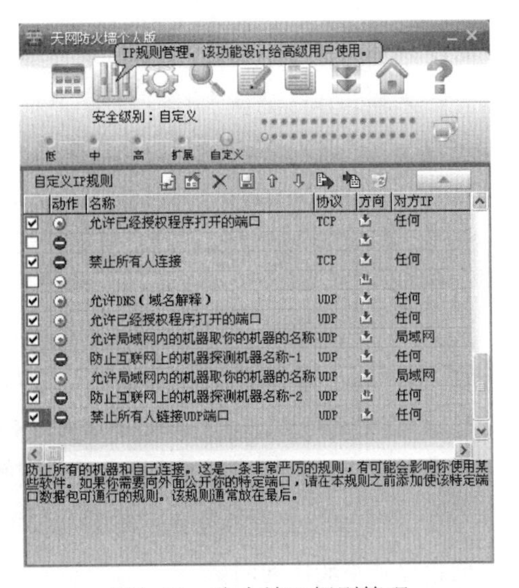

图7-42　防火墙IP规则管理

7.4.3　天网防火墙规则的设置

1. 规则导入

对于对IP规则不甚精通，并且也不想去了解这方面内容的用户，可以通过下载天网或其他网友提供的安全规则库（见图7-43），通过“导入”工具按钮将其导入到程序中。

2. IP规则

IP规则的设置分为规则名称的设定、规则的说明、数据包方向、对方IP地址，如图7-44所示，对于该规则IP、TCP、UDP、ICMP、IGMP协议需要做出的设置，当满足上述条件时，对数据包的处理方式，对数据包是否进行记录等。

如果IP规则设置不当，天网防火墙的警告标志就会不停地闪烁；而如果正确地设置了IP规则，则既可以起到保护计算机安全的作用，又可以不必时时去关注警告信息。

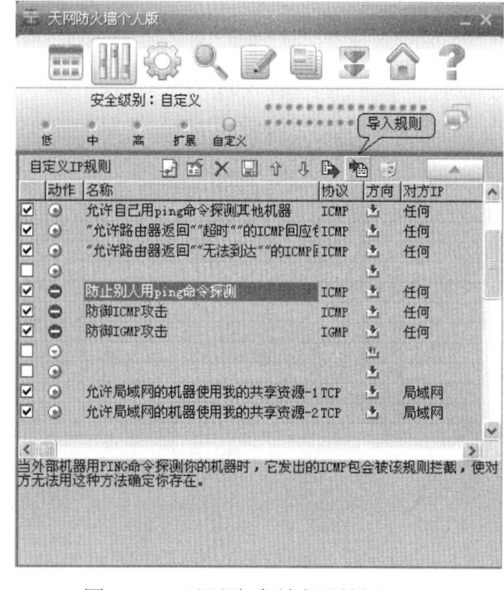

图7-43　天网防火墙规则导入

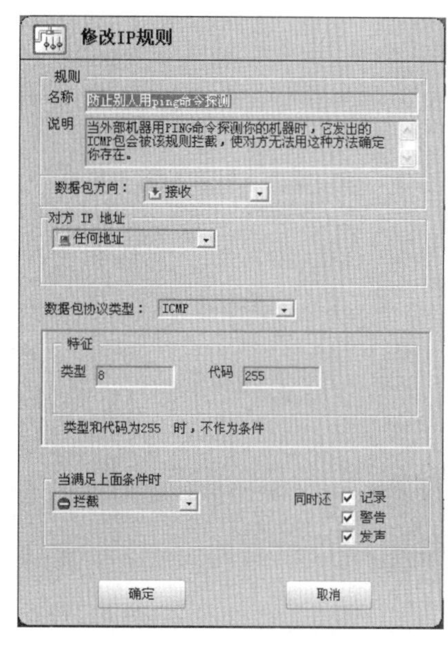

图7-44　IP规则

3. 禁止ping命令探测计算机

用ping命令探测计算机是否在线是黑客经常使用的方式，因此要防止别人用ping命令探测。下面对规则的设置方法进行详细介绍。

① 添加规则前，通过另一台计算机来ping本机，结果记录下来，如图7-45所示。

② 单击“IP规则管理器”，进入“自定义IP规则”列表，如图7-46所示。

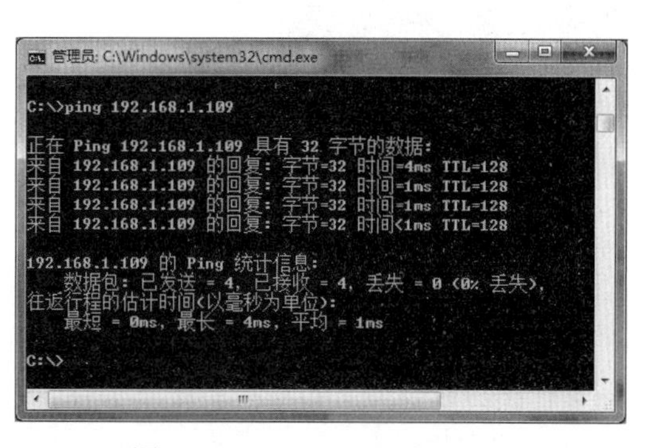

图7-45　ping 192.168.1.109

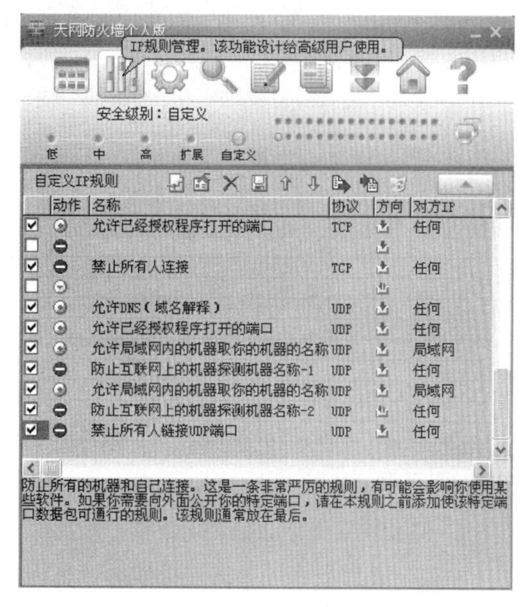

图7-46　IP规则管理窗口

③ 在自定义规则工具栏中，单击“增加规则”按钮（见图7-47），弹出“增加IP规则”对话框，填写对数据包的处理条件，如图7-48所示。单击“确定”按钮规则添加完成。

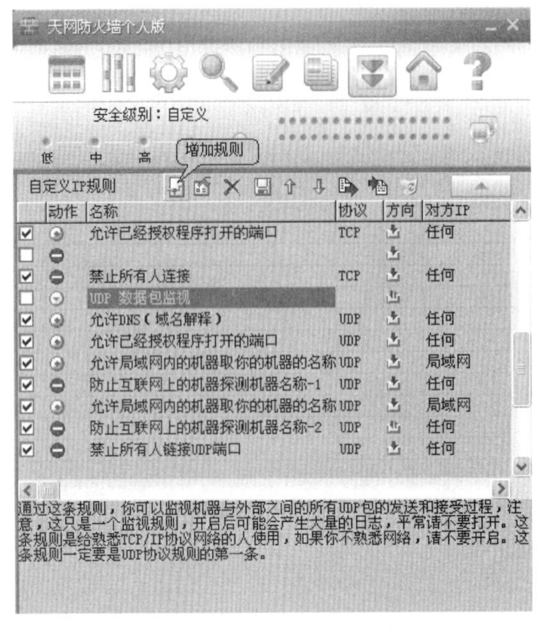

图7-47　自定义规则工具栏

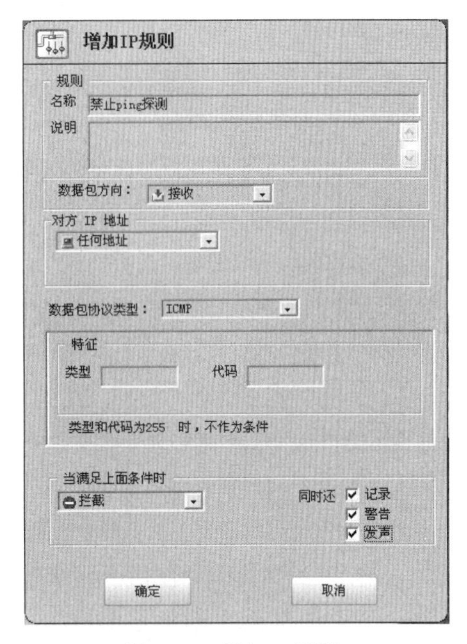

图7-48　增加IP规则

④ 通过另台计算机再次ping本机，防火墙将会屏蔽这个请求，如图7-49所示。

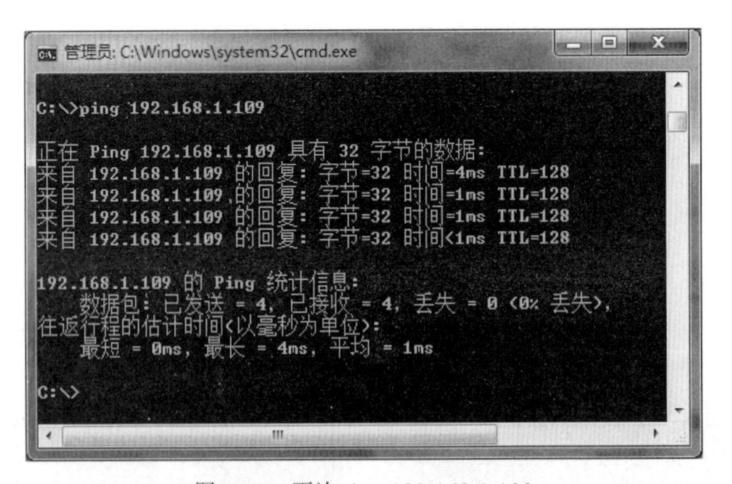

图7-49　再次ping 192.168.1.109

⑤ 打开“日志”，查看日志记录来验证结果，如图7-50所示。请仔细观察防火墙日志，了解记录的格式和含义。

4. 禁止特定IP地址的FTP连接

添加一条禁止邻居主机连接本地计算机FTP服务器的安全规则，如图7-51所示。自己完成ping邻居发起FTP请求连接，观察结果。

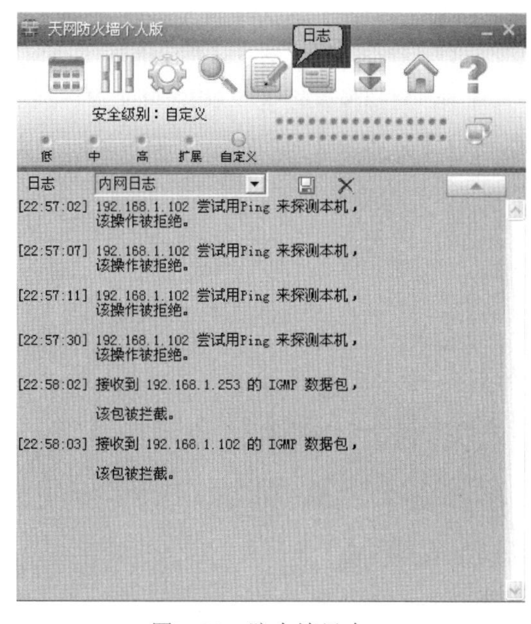

图7-50　防火墙日志

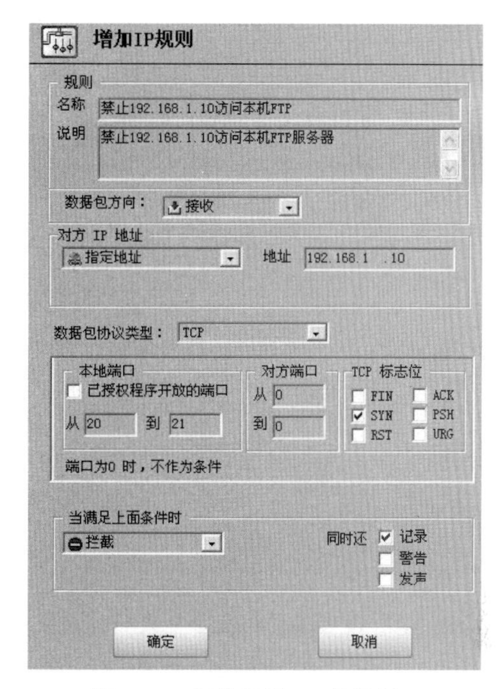

图7-51　拒绝邻居FTP的规则

习　　题

一、填空题

1. IPSec的中文译名是（　　）。

2. （　　）是一种网络安全保障技术，它用于增强内部网络安全性，决定外界的哪些用户可以访问内部的哪些服务，以及哪些外部站点可以被内部人员访问。

3. 常见的防火墙有3种类型：（　　）、应用代理防火墙和状态检测防火墙。

4. 防火墙按组成组件分为（　　）和（　　）。

5. 包过滤防火墙的过滤规则基于（　　）。

二、选择题

1. 防火墙技术可以分为（①）等3大类型，防火墙系统通常由（②）组成，防止不希望的、未经授权的信息进入被保护的内部网络，是一种（③）网络安全措施。

① A. 包过滤、入侵检测和数据加密　　B. 包过滤、入侵检测和应用代理
　C. 包过滤、应用代理和入侵检测　　D. 包过滤、状态监测和应用代理

② A. 杀病毒卡和杀病毒软件　　B. 代理服务器和入侵检测系统
　C. 过滤路由器和入侵检测系统　　D. 过滤路由器和代理服务器

③ A. 被动的　　B. 主动的
　C. 能够防止内部犯罪的　　D. 能够解决所有问题的

2. 防火墙是建立在内外网络边界上的一类安全保护机制，其安全构架基于（①）。一般作为代理服务器的堡垒主机上装有（②），其上运行的是（③）。

① A. 流量控制技术　B. 加密技术　C. 信息流填充技术　D. 访问控制技术

② A. 一块钱网卡且有一个IP地址　B. 两个网卡且有两个不同的IP地址

C. 两个网卡且有相同的IP地址　D. 多个网卡且动态获得IP地址

③ A. 代理服务器软件　B. 网络操作系统

C. 数据库管理系统　D. 应用软件

3. 以下不属于Windows Server 2012中的IPSec过滤行为的是（　　）。

A. 允许　B. 阻塞　C. 协商　D. 证书

4. 以下关于防火墙的设计原则说法正确的是（　　）。

A. 保持设计的简单性

B. 不单单要提供防火墙的功能，还要尽量使用较大的组件

C. 保留尽可能多的服务和守护进程，从而能提供更多的网络服务

D. 一套防火墙就可以保护全部的网络

5. 下列关于防火墙的说法正确的是（　　）。

A. 防火墙的安全性能是根据系统安全的要求而设置的

B. 防火墙的安全性能是一致的，一般没有级别之分

C. 防火墙不能把内部网络隔离为可信任网络

D. 一个防火墙只能用来对两个网络之间的互相访问实行强制性管理

6. 为确保企业局域网的信息安全，防止来自Internet的黑客入侵，采用（　　）可以实现一定的防范作用。

A. 网络管理软件　B. 邮件列表　C. 防火墙　D. 防病毒软件

7. （　　）不是防火墙的功能。

A. 过滤进出网络的数据包　B. 保护存储数据安全

C. 封堵某些禁止的访问行为　D. 记录通过防火墙的信息内容和活动

三、简答题

1. 什么是防火墙？简述防火墙的必要性。
2. 防火墙的主要作用是什么？它有哪些局限性？
3. 简述包过滤防火墙的工作原理。
4. 防火墙按照技术划分，分成几类？
5. 什么是IPSec？IPSec提供了哪几种保护数据传输的形式？

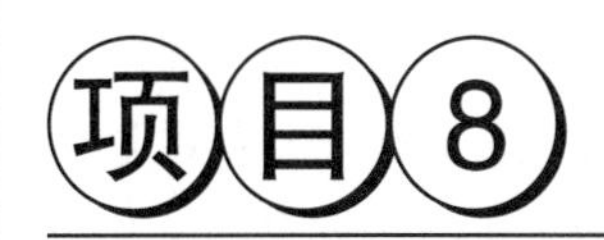

无线局域网安全

8.1 项目导入

随着无线技术运用的日益广泛，无线网络的安全问题越来越受到人们的关注。通常网络的安全性主要体现在访问控制和数据加密两方面：访问控制保证敏感数据只能由授权用户进行访问；数据加密则保证发射的数据只能被所期望的用户接收和理解。对于有线网络来说，访问控制往往以物理端口接入方式进行监控，它的数据输出通过电缆传输到特定的目的地。一般情况下，只有在物理链路遭到破坏的情况下，数据才有可能被泄露，而无线网络的数据传输则是利用微波在空气中进行辐射传播，因此只要在Access Point覆盖的范围内，所有的无线终端都可以接收到无线信号，AP无法将无线信号定向到一个特定的接收设备，因此无线的安全保密问题就显得尤为突出。

无线局域网在带来巨大应用便利的同时，也存在许多安全上的问题。由于局域网通过开放性的无线传输线路传输高速数据，很多有线网络中的安全策略在无线方式下不再适用，在无线发射装置功率覆盖的范围内任何接入用户均可接收到数据信息，而将发射功率对准某一特定用户在实际中难以实现。这种开放性的数据传输方式在带来灵便的同时也带来了安全性方面的新的挑战。

8.2 职业能力目标和要求

无线局域网（Wireless Local Area Network，WLAN）是指以无线信道作传输媒介的计算机局域网。它是无线通信、计算机网络技术相结合的产物，是有线联网方式的重要补充和延伸，并逐渐成为计算机网络中一个至关重要的组成部分。

学习完本项目，读者要达到的职业能力目标和要求如下：

① 掌握无线网络安全防范。

② 掌握无线局域网常见的攻击。

③ 掌握WEP协议的威胁。

④ 掌握无线安全机制

8.3 相关知识

8.3.1 无线局域网标准

无线局域网利用电磁波在空气中发送和接收数据，而无须线缆介质。一般情况下，

WLAN指利用微波扩频通信技术进行联网，是在各主机和设备之间采用无线连接和通信的局域网络。它不受电缆束缚，可移动，能解决因布线困难、电缆接插件松动、短路等带来的问题，省却了一般局域网中布线和变更线路费时、费力的麻烦，大幅度地降低了网络的造价。WLAN既可满足各类便携机的入网要求，也可实现计算机局域联网、远端接入、图文传真、电子邮件等多种功能，为用户提供了方便。

目前，支持无线网络的技术标准主要有IEEE 802.11x系列标准、家庭网络技术、蓝牙技术等。

1. IEEE 802.11x系列标准

IEEE802.11是第一代无线局域网标准之一。该标准定义了物理层和介质访问控制（MAC）协议规范，物理层定义了数据传输的信号特征和调制方法，定义了两个射频（RF）传输方法和一个红外线传输方法。 802.11标准速率最高只能达到2 Mbit/s。此后这一标准逐渐完善，形成IEEE 8.2.11x系列标准。

802.11标准规定了在物理层上允许3种传输技术：红外线、跳频扩频和直接序列扩频。红外无线数据传输技术主要有3种：定向光束红外传输、全方位红外传输和漫反射红外传输。

目前，最普遍的无线局域网技术是扩展频谱（简称扩频）技术。扩频通信是将数据基带信号频谱扩展几倍到几十倍，以牺牲通信带宽为代价来提高无线通信系统的抗干扰性和安全性。扩频的第一种方法是跳频（Frequency Hopping），第二种方法是直接序列（Direct Sequence）扩频。这两种方法都被无线局域网所采用。

（1）跳频通信

在跳频方案中，发送信号频率按固定的间隔从一个频谱跳到另一个频谱。接收器与发送器同步跳动，从而正确地接收信息。而那些可能的入侵者只能得到一些无法理解的标记。发送器以固定的间隔一次变换一个发送频率。IEEE 802.11标准规定每300 ms的间隔变换一次发送频率。发送频率变换的顺序由一个伪随机码决定，发送器和接收器使用相同变换的顺序序列。数据传输可以选用频移键控（FSK）或二进制相位键控（PSK）方法。

（2）直接序列扩频

在直接序列扩频方案中，输入数据信号进入一个通道编码器（Channel Encoded）并产生一个接近某中央频谱的较窄带宽的模拟信号。这个信号将用一系列看似随机的数字（伪随机序列）来进行调制，调制的结果大大地拓宽了要传输信号的带宽，因此称为扩频通信。在接收端，使用同样的数字序列来恢复原信号，信号再进入通道解码器还原传送的数据。

802.11b即Wi-Fi（Wireless Fidelity，无线相容认证），它利用2.4 GHz的频段。2.4 GHz的ISM(Industrial Scientific Medical)频段为世界上绝大多数国家通用，因此802.11b得到了广泛的应用。802.11b的最大数据传输速率为11 Mbit/s，无须直线传播。在动态速率转换时，如果无线信号变差，可将数据传输速率降低为5.5 Mbit/s、2 Mbit/s和1 Mbit/s。支持的范围是在室外为300 m，在办公环境中最长为100 m。802.11b是所有WLAN标准演进的基石，未来许多系统都需要与802.11b向后兼容。

802.11a（Wi-Fi5）标准是802.11b标准的后续标准。它工作在5 GHz频段，传输速率可达

54 Mbit/s。由于802.11a工作在5 GHz频段，因此它与802.11、802.11b标准不兼容。

802.11g是为了提高传输速率而制定的标准，它采用2.4 GHz频段，使用CCK（补码键控）技术与802.11b（Wi-Fi）向后兼容，同时它又通过采用OFDM（正交频分复用）技术支持高达54 Mbit/s的数据流。

802.11n可以将WLAN的传输速率由目前802.11a及802.11g提供的54 Mbit/s提高到300 Mbit/s，甚至高达600 Mbit/s。得益于将MIMO（多入多出）与OFDM技术相结合而应用的MIMO OFDM技术，提高了无线传输质量，也使传输速率得到极大提升。和以往的802.11标准不同，802.11n协议为双频工作模式（包含2.4 GHz和5 GHz两个工作频段），这样802.11n保障了与以往的802.11b、802.11a、802.11g 标准兼容。

2. 家庭网络（Home RF）技术

Home RF（Home Radio Frequency）是一种专门为家庭用户设计的小型无线局域网技术。

它是IEEE 802.11与Dect（数字无绳电话）标准的结合，旨在降低语音数据成本。Home RF在进行数据通信时，采用IEEE 802.11标准中的TCP/IP传输协议；进行语音通信时，则采用数字增强型无绳通信标准。

Home RF的工作频率为2.4 GHz。原来最大数据传输速率为2 Mbit/s，2000年8月，美国联邦通信委员会（FCC）批准了Home RF的传输速率可以提高到8～11 Mbit/s。Home RF可以实现最多5个设备之间的互连。

3. 蓝牙技术

蓝牙（Bluetooth）技术实际上是一种短距离无线数字通信的技术标准，工作在2.4 GHz频段，最高数据传输速率为1 Mbit/s（有效传输速率为721 kbit/s），传输距离为10 cm～10 m，通过增加发射功率可达到100 m。

蓝牙技术主要应用于手机、笔记本式计算机等数字终端设备之间的通信和这些设备与Internet的连接。

8.3.2 无线网络接入设备

1. 无线网卡

提供与有线网卡一样丰富的系统接口，包括PCMCIA、Cardbus、PCI和USB等，如图8-1～图8-4所示。在有线局域网中，网卡是网络操作系统与网线之间的接口。在无线局域网中，它们是操作系统与天线之间的接口，用来创建透明的网络连接。

图8-1　PCI接口无线网卡（台式机）

图8-2　PCMCIA接口无线网卡（笔记本）

图8-3　USB接口无线网卡（台式机和笔记本）

图8-4　MINI-PCI接口无线网卡（笔记本）

2. 接入点

接入点的作用相当于局域网集线器。它在无线局域网和有线网络之间接收、缓冲存储和传输数据，以支持一组无线用户设备。接入点通常是通过标准以太网线连接到有线网络上，并通过天线与无线设备进行通信。在有多个接入点时，用户可以在接入点之间漫游切换。接入点的有效范围是20～500 m。根据技术、配置和使用情况，一个接入点可以支持15～250个用户，通过添加更多的接入点，可以比较轻松地扩充无线局域网，从而减少网络拥塞并扩大网络的覆盖范围。

室内无线AP如图8-5所示，室外无线AP如图8-6所示。

图8-5　室内无线AP

图8-6　室外无线AP

3. 无线路由器

无线路由器（Wireless Router）集成了无线AP和宽带路由器的功能，它不仅具备AP的无线接入功能，通常还支持DHCP、防火墙、WEP加密等功能，而且还包括了网络地址转换（NAT）功能，可支持局域网用户的网络连接共享。

绝大多数的无线宽带路由器（见图8-7）都拥有1个WAN口和4个LAN口，可作为有线宽带路由器使用。

4. 天线

在无线网络中，天线可以起到增强无线信号的目的，可以把它理解为无线信号的放大器。天线对空间的不同方向具有不同的辐射或接收能力，根据方向性的不同，可将天线分为全向天线和定向天线两种。

（1）全向天线

全向天线，即在水平方向图上表现为360°都均匀辐射，也就是平常所说的无方向性。一般情况下波瓣宽度越小，增益越大。全向天线在通信系统中一般应用距离近，覆盖范围大，价格便宜。增益一般在9 dB以下 。图8-8所示为全向天线图。

(2) 定向天线

定向天线（Directional antenna）是指在某一个或某几个特定方向发射及接收电磁波特别强，而在其他方向发射及接收电磁波则为零或极小的一种天线。如图8-9所示为定向天线图。采用定向发射天线的目的是增加辐射功率的有效利用率，增加保密性；采用定向接收天线的主要目的是增加抗干扰能力。

图8-7 无线路由器

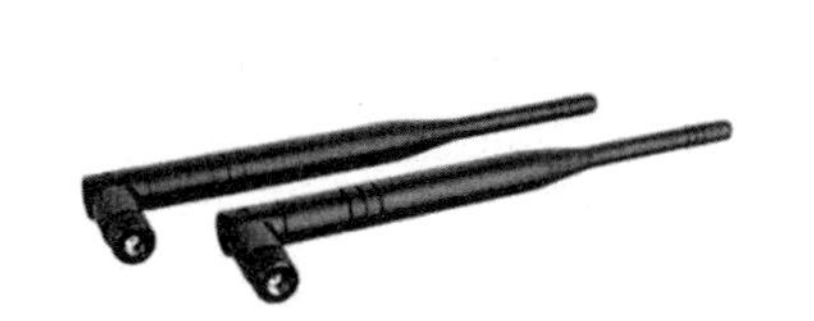

图8-8 全向天线

图8-9 定向天线

8.3.3 无线局域网的配置方式

1. Ad-Hoc模式（无线对等模式）

这种应用包含多个无线终端和一个服务器，均配有无线网卡，但不连接到接入点和有线网络，而是通过无线网卡进行相互通信。它主要用来在没有基础设施的地方快速而轻松地建立无线局域网，如图8-10所示。

2. Infrastructure模式（基础结构模式）

该模式是目前最常见的一种架构，这种架构包含一个接入点和多个无线终端，接入点通过电缆连线与有线网络连接，通过无线电波与无线终端连接，可以实现无线终端之间的通信，以及无线终端与有线网络之间的通信。通过对这种模式进行复制，可以实现多个接入点相连接的更大的无线网络，如图8-11所示。

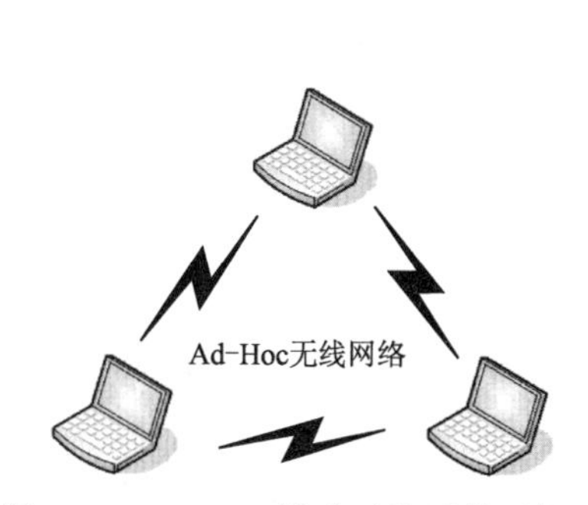

图8-10 Ad-Hoc模式无线对等网络

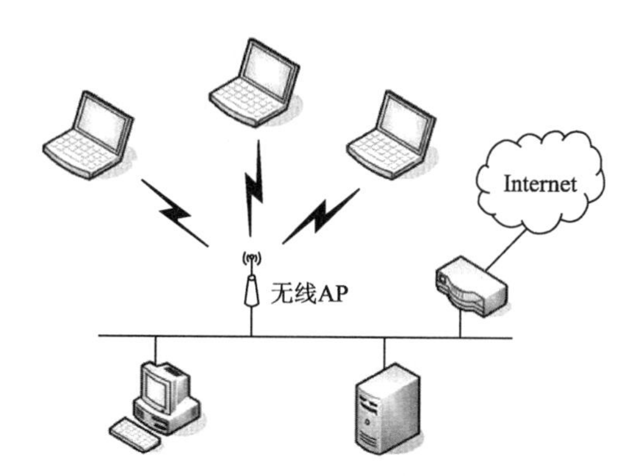

图8-11 Infrastructure基础结构模式的WLAN

8.3.4 无线局域网常见的攻击

无线网络的许多攻击在本质上与有线网络类似，一般来说入侵者入侵一个无线网络的过程大体采用以下步骤：

① 发现目标。

② 查找漏洞。

③ 破坏网络。

WLAN所面临的安全威胁主要有以下几类：

1. 发现目标

针对无线网络制定的成千上万现有的识别与攻击的技术和实用程序，黑客也相应地拥有许多攻击无线网络的方法，例如Network Stumbler和Kismet。

NetStumbler是基于Windows的工具，可以非常容易地发现一定范围内广播出来的无线信号，还可以判断哪些信号或噪声信息可以用来作为站点测量，但是它无法显示那些没有广播SSID的无线网络。

对于无线安全而言，关注AP常规性的广播信息是非常重要的。Kismet会发现并显示没有被广播的那些SSID，而这些信息对于发现无线网络是非常关键的。

2. 查找漏洞

攻击者发现目标无线网络后，就开始分析目标网络中存在的弱点。如果目标网络关闭了加密功能，这是最简单的情况，攻击者可以非常容易地对任何无线网络连接的资源进行访问。如果目标网络启动了WEP加密功能，攻击者就需要识别出一些基本的信息。例如，利用NetStumbler或者其他的网络发现工具，识别出SSID、MAC地址、网络名称以及其他任何可能以明文形式传送的分组。如果搜索结果中含有厂商的信息，黑客甚至可以破坏无线通信网络上使用的默认密钥。

3. 破坏网络

发现了目标网络的弱点以后，黑客就开始想尽办法去破坏网络。

一般对无线网络的攻击主要包含窃听、欺骗、接管等，具体包括以下四方面：

（1）窃听

攻击者通过对传输介质的监听非法地获取传输的信息。窃听是对无线网络最常见的攻击方法。它主要来源于无线链路的开放性，监听的人甚至不需要连接到无线网络，即可进行窃听活动。

有许多监控目标网络工具，例如Sniffer、Ethereal和AiorPeek，这些工具都可以窃听无线网络和有线网络。

（2）欺骗和非授权访问

①“欺骗”是指攻击者装扮成一个合法用户非法地访问受害者的资源，以获取某种利益或达到破坏目的。

②“非授权访问”是指攻击者违反安全策略，利用安全系统的缺陷非法地占有系统资源或者访问本应受保护的信息。例如，攻击者最简单的方式就是重新定义无线网络或者网卡的MAC地址，通过这些方法可以使AP认为是合法的用户。

（3）网络接管与篡改

“网络接管”是指接管无线网络或者会话过程。常用的接管方法有两种：

① 一种是将合法用户的IP与攻击者的MAC绑定。

② 另一种方法是攻击者部署一个发射强度足够高的AP，可以导致终端用户无法区别出哪一个是真正使用的AP。

（4）拒绝服务攻击

① 在无线网络中，DoS威胁包括攻击者阻止合法用户建立连接，以及攻击者通过向网络或指定网络单元发送大量数据来破坏合法用户的正常通信。

② 在无线网络中，最简单的办法是通过让不同的设备使用相同的频率，从而造成无线频谱内的冲突。

③ 现在许多电话使用了和IEEE 802.11网络相同的频率，所以一个简单的通话就可以造成用户无法访问网络。

④ 另一个方法就是攻击者发送大量的非法或合法的身份验证请求，消耗掉正常的带宽。

8.3.5 WEP协议

1. WEP协议标准

在IEEE 802.11标准中，WEP（Wired Equivalent Privacy，有线等效保密）是一种保密协议，主要用于无线局域网（WLAN）中两台无线设备间对无线传输数据进行加密。它是经过Wi-Fi认证的无线局域网产品所支持的一种安全标准。

WEP使用了RSA数据安全性公司开发的rc4算法。目前，大部分无线网络设备都采用该加密技术，一般支持64/128位WEP加密，有的可高达256位WEP加密。

2. WEP工作流程

相对于有线网络来说，通过无线网络发送和接收数据更容易被窃听。在IEEE 802.11标准中采用了WEP协议来设置专门的安全机制，WEP是建立在RC4流密码机制上的协议，并使用CRC-32算法进行数据校验和校正，从而确保数据在无线网络中的传输完整性。RC4流密码机制其目的在于对无线环境中的数据进行加密，从而达到数据在传递过程中不被窃听和破解。它采用对称加密机理，即数据的加密和解密采用相同的密钥和加密算法，WEP使用的加密密钥（也称为WEP密钥），如图8-12所示。

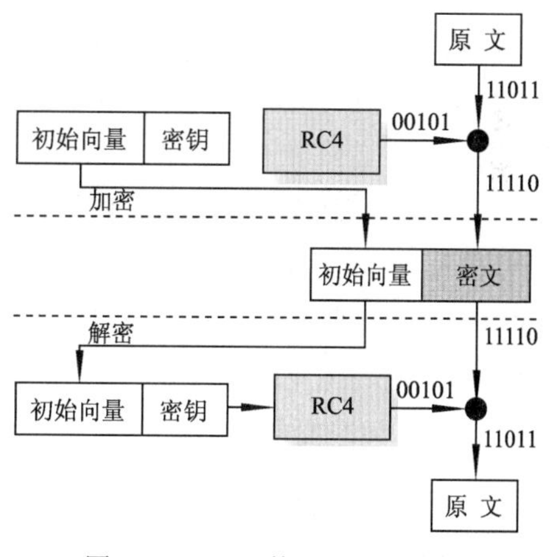

图8-12　WEP使用的加密密钥

8.3.6 WEP缺陷

WEP密钥缺陷主要源于三方面：

1. WEP 帧的数据负载

WEP加密算法实际上是利用RC4流密码算法作为伪随机数产生器，并由初始向量和WEP密钥组合而生成WEP密钥流，再将该密钥流与WEP帧的数据负载进行异或运算来实现加密运算。RC4 流密码算法是将输入密钥进行某种置换和组合运算来生成WEP 密钥流。由于WEP帧的数据负载的第一个字节是逻辑链路控制的802.2 头信息，这个头信息对于每个WEP帧的数据都是相同的，攻击者很容易猜测，利用猜的第一个明文字节和WEP帧的数据负载密文即可通过异或运算得到伪随机数发生器生成的密钥流中的第一个字节。

2. CRC-32算法在WEP中的缺陷

在802.11b协议中是允许初始向量被重复多次使用，这就构成了恶意攻击者充分利用CRC-32算法在WEP中的缺陷进行数据窃听和攻击。

对于WEP而言，CRC-32算法的作用在于对数据进行完整性校验。但是，CRC-32其校验和并不是WEP中的加密函数，它只是负责检查原文是否完整。也就是说，在整个过程中，恶意的攻击者可以截获CRC-32数据明文，并可重构自己的加密数据并结合初始向量一起发给接收者。

3. 在WEP过程中，无身份验证机制

恶意攻击者通过简单的手段就可以实现与无线局网客户端的伪链接，即可获取相应的异或文件，并通过CRC-32进行完整性校验，从而攻击者能用异或文件伪造ARP包，然后依靠这个包去捕获无线局网中的大量有效数据。

8.3.7 基于WEP密钥缺陷引发的攻击

目前针对WEP密钥缺陷引发的攻击，引发出的攻击可大致分为两类：

1. 被动无线网络窃听，破解WEP密码

这种攻击模式的主要特征在于，在无线网络中进行大量的数据窃听，收集到足够多的有效数据帧，并利用这些信息对WEP密码进行还原。从这个数据帧里攻击者可以提取初始向量值和密文。对应明文的第一个字节是是逻辑链路控制的802.2 头信息。通过这一个字节的明文和密文，攻击者做异或运算就能得到一个字节的WEP密钥流，由于RC4流密码产生算法只是把原来的密码打乱次序，攻击者获得的这一字节的密码仅是初始向量和密码的一部分。但由于RC4的打乱，攻击者并不知道这一个字节具体的位置和排列次序。但当攻击者收集到足够多的初始向量值和密码之后，就可以进行统计分析运算。利用上面的密码碎片重新排序，最终利用得到密码碎片正确的顺序排列，从而分析出WEP的密码。

2. ARP请求攻击模式

ARP请求攻击模式：攻击者抓取合法无线局网客户端的数据请求包。如果截获到合法客户端发给无线访问接入点的ARP请求包，攻击者便会向无线访问接入点重发ARP包。由于802.11b 允许初始向量值重复使用，所以无线访问接入点接到这样的ARP请求后就会自动回复到攻击者的客户端。这样攻击者就能搜集到更多的初始向量值。如果捕捉到足够多的初始向量值，就可以进行被动无线网络窃听并进行WEP密码破解。但当攻击者没办法获取ARP请求时，其通常采用的模式即使用ARP数据包欺骗，让合法的客户端和无线访问接入点断线，然后在其重新连接的过程中截获ARP请求包，从而完成WEP密码破解。

8.3.8 无线安全机制

无线网络安全机制实现技术有如下几种：

① 服务集标识符（Service Set ID，SSID）。

② MAC地址过滤。

③ WEP安全机制（Wired Equivalent Protection，WEP）。

④ WPA安全机制。

⑤ WAPI安全机制。

1. 服务集标识符（Service Set ID，SSID）

SSID被称为第一代无线安全，它会输入到AP和客户端中，只有客户端的SSID与AP一致时才能接入到AP中。尤其当网络中存在多个无线接入点AP时，可以设置不同的SSID，并要求无线工作站出示正确的SSID才能访问AP，这样就可以允许不同群组的用户接入，并对资源访问的权限进行区别限制。

2. MAC地址过滤

MAC地址过滤属于硬件认证，而不是用户认证。它针对每个无线工作站的网卡都有唯一的物理地址，在AP中手工维护一组允许访问的MAC地址列表，实现物理地址过滤。

3. WEP安全机制

有线对等保密（WEP）在链路层采用RC4对称加密技术，用户的密钥只有与AP的密钥相同时才能获准存取网络的资源，从而防止非授权用户的监听以及非法用户的访问。WEP安全机制通常会和设备里的开放系统认证或共享密钥认证这两种用户认证机制结合起来使用。

4. WPA安全机制

为了克服WEP的不足，IEEE 802.11i工作小组制定了新一代安全标准，即过渡安全网络（TSN）和强健安全网络（RSN）。在TSN中规定了在其网络中可以兼容现有的WEP方式的设备，使现有的无线局域网可以向802.11i平稳过渡。WPA就是在这种情况下由Wi－Fi联盟提出的一种新的安全机制。它使用两种验证方式。

（1）802.1X及RADIUS进行身份验证（WPA-EAP），该方式设置比较复杂，不便于SOHO用户的使用。

（2）预共享密钥（WPA-PSK），在AP和客户端输入主密钥（Master Key）用来作为开始的认证和编码使用，然后动态交换自动生成更新密钥，从而提高安全性。由于其设置简单，所以非常适合于SOHO用户的使用。

当WPA使用802.1x进行身份验证时，利用ASE加密算法加密保护，称这种机制为WPA2。

5. WAPI

WAPI是我国自主制定的无线安全标准，它采用椭圆曲线密码算法和对称密码体制，分别用于WLAN设备的数字证书、证书鉴别、密钥协商和传输数据的加密，从而实现设备的身份鉴别、链路验证、访问控制和用户信息在无线传输状态下的加密保护。

与其他无线局域网安全体制相比，WAPI的优越性主要体系在以下四方面：

① 使用数字证书进行身份验证。

② 真正实现双向鉴别，确保了客户端和AP之间的双向验证。

③ 采取集中式密钥管理，局域网内的证书由统一的AS负责管理。

④ 完善的鉴别协议，由于采取了椭圆曲线密码算法保障了信息的完整性，安全强度高。

8.3.9 无线VPN

虚拟专用网（VPN）是专用网络的延伸，它包含了类似于Internet的共享或公共网络连接。通过VPN可以以模拟点对点专用连接的方式通过共享或公共网络在两台计算机之间发送数据。虚拟专用连网是创建和配置虚拟专用网的行为。

通过无线网络构建VPN，具体实现方法有两种：

① 把AP放在Windows服务的接口上，使用Windows内置的虚拟专用网软件增加无线通信的覆盖范围。

② 包括使用一个包含内置虚拟专用网网关服务的无线AP。

8.4 项目实施

8.4.1 组建Ad-Hoc模式无线对等网

组建Ad-Hoc模式无线对等网的拓扑图，如图8-13所示。

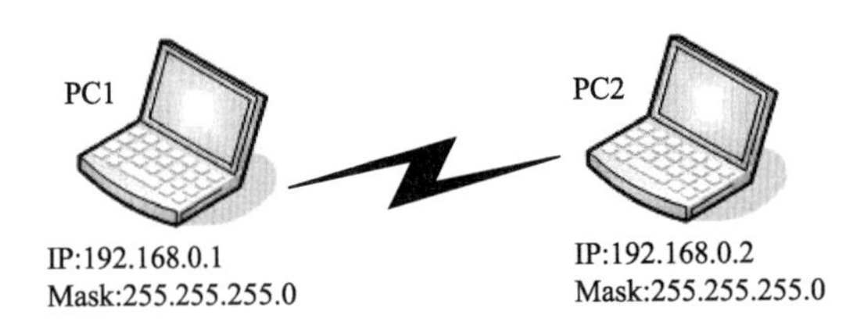

图8-13 Ad-Hoc模式无线对等网络拓扑图

组建Ad-Hoc模式无线对等网的操作步骤如下。

1. 安装无线网卡及其驱动程序

① 安装无线网卡硬件。把USB接口的无线网卡插入PC1计算机的USB接口中。

② 安装无线网卡驱动程序。安装好无线网卡硬件后，Windows 7操作系统会自动识别到新硬件，提示开始安装驱动程序。安装无线网卡驱动程序的方法和安装有线网卡驱动程序的方法类似，在这里不再赘述。

③ 无线网卡安装成功后，在桌面任务栏上会出现无线网络连接图标。

④ 同理，在PC2上安装无线网卡及其驱动程序。

2. 配置PC1计算机的无线网络

① 在第1台计算机上，将原来的无线网络连接TP-Link断开。单击右下角的无线连接图标，在弹出的快捷菜单中选择TP-Link连接，展开该连接，然后单击该连接下的“断开”按钮，如图8-14所示。

② 选择“开始”|“控制面板”|“网络和Internet”|“网络和共享中心”，打开“网络和共享中心”窗口，如图8-15所示。

③ 单击“设置新的连接网络”，弹出“设置连接或网络”对话框，如图8-16所示。

④ 单击“设置无线临时（计算机到计算机）网络……”，弹出“设置临时网络”对话框，如图8-17所示。

图8-14　断开TP-LINK连接

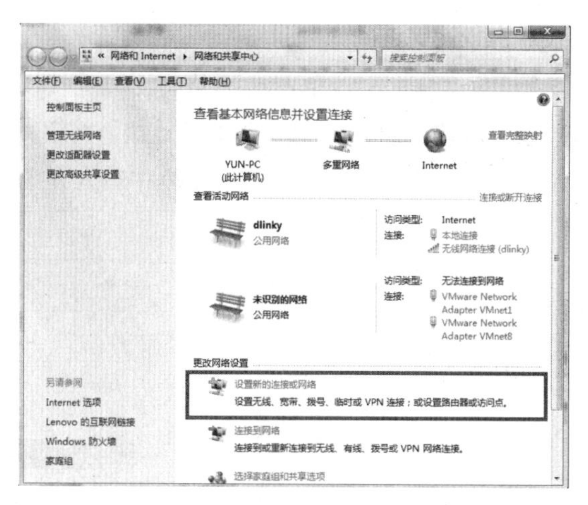

图8-15　网络和共享中心

图8-16　设置连接或网络

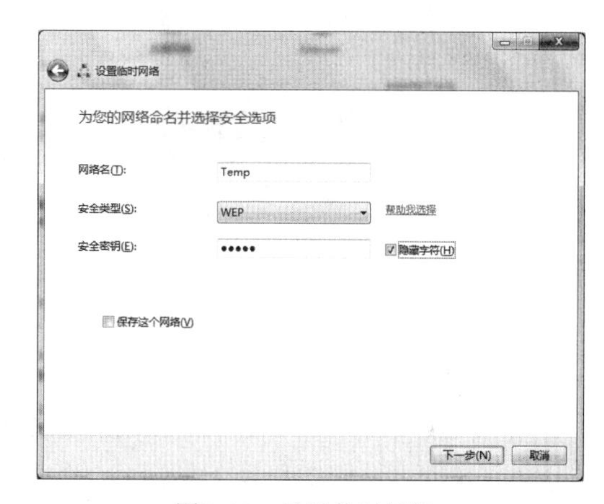

图8-17　设置临时网络

⑤ 设置完成，单击“下一步”按钮，弹出设置完成对话框，显示设置的无线网络名称和密码（不显示），如图8-18所示。

⑥ 单击“关闭”按钮，完成第1台笔记本式计算机的无线临时网络的设置。单击右下角刚刚设置完成的无线连接temp，会发现该连接处于”断开“状态，如图8-19所示。

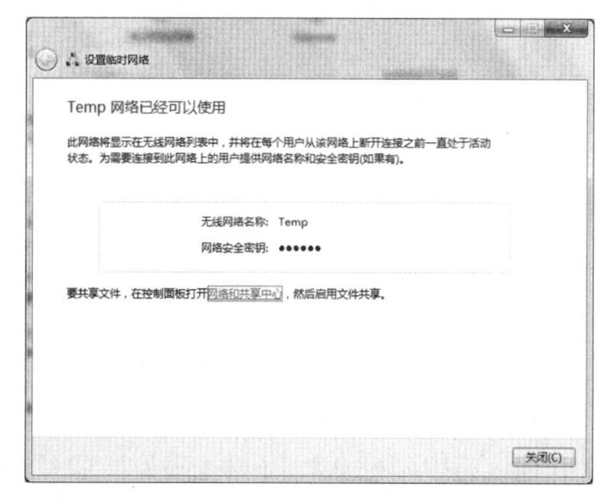

图8-18　设置完成临时网络

图8-19　temp连接等待用户加入

3. 配置PC2计算机的无线网络

① 在第2台计算机上，单击右下角的无线连接图标，在弹出的快捷菜单中选择temp连接，展开该连接，然后单击该连接下的“连接”按钮，如图8-20所示。

② 显示输入密码对话框，在该对话框中输入在第1台计算机上设置的temp无线连接的密码，如图8-21所示。

图8-20　等待连接temp网络

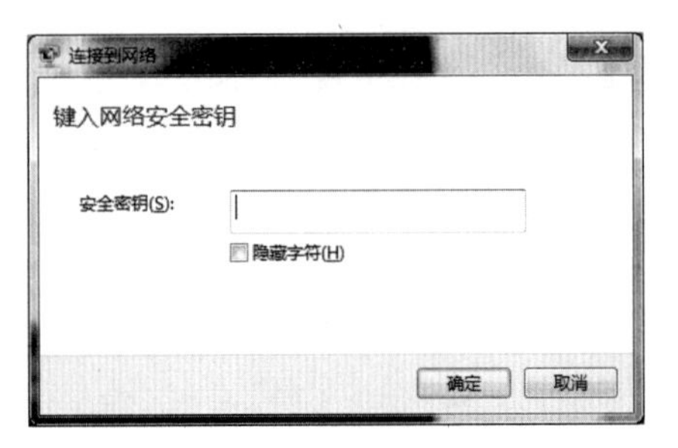

图8-21　输入temp无线连接的密码

③ 单击“确定”按钮，完成PC1和PC2的无线对等网络的连接。

④ 这时查看PC2计算机的无线连接，发现前面的“等待用户”，已经变成了“已连接”，如图8-22所示。

4. 配置PC1和PC2计算机的无线网络的TCP/IP协议

① 在PC1的“网络和共享中心”，单击“更改适配器设置”按钮，弹出“网络连接”对话框，右击无线网络适配器Wireless Network Connection，如图8-23所示。

图8-22　“等待用户”已经变成了“已连接”

图8-23　“网络连接”对话框

② 在弹出的快捷菜单中，选择“属性”命令，弹出“无线网络连接”的属性对话框。在此配置无线网卡的IP地址为192.168.0.1，子网掩码为255.255.255.0。

③ 同理配置PC2计算机上的无线网卡的IP地址为192.168.0.2，子网掩码为255.255.255.0。

5. 连通性测试

① 测试与PC2计算机的连通性。在PC1计算机中，运行ping 192.168.0.2命令，如图8-24所示，表明与PC2计算机连通良好。

② 测试与PC1计算机的连通性。在PC2计算机中，运行ping 192.168.0.1命令，测试与PC1计算机的连通性。

至此，无线对等网络配置完成。

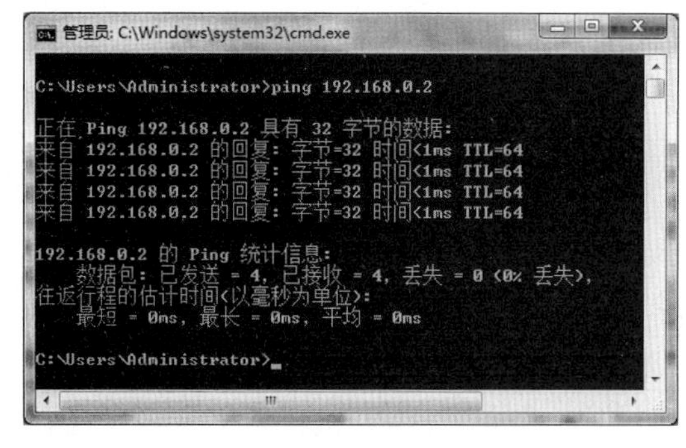

图8-24 在PC1上测试与PC2的连通性

说明：

① PC2计算机中的无线网络名（SSID）和网络密钥必须要与PC1一样。

② 如果无线网络连接不通，尝试关闭防火墙。

③ 如果PC1计算机通过有线接入互联网，PC2计算机想通过PC1计算机无线共享上网，需设置PC2计算机无线网卡的“默认网关”和“首选DNS服务器”为PC1计算机无线网卡的IP地址（192.168.0.1），并在PC1计算机的有线网络连接属性的“共享”选项卡中，设置已接入互联网的有线网卡为“允许其他网络用户通过此计算机的Internet连接来连接”。

8.4.2 组建Infrastructure模式无线局域网

1. 目的

① 掌握无线AP和网卡的基本安装与使用。

② 掌握WEP的机制原理。

③ 掌握VPN的安全设置。

2. 设备

① 装有Windows 7操作系统的PC三台。

② 无线网卡3块（USB接口，TP-LINK TL-WN322G+）。

③ 无线路由器1台（TP-LINK TL-WR541G+）。

④ 直通网线2根。

3. 步骤

组建Infrastructure模式无线局域网的拓扑图如图8-25所示。组建Infrastructure模式无线局域网的操作步骤如下：

① 把连接外网（如Internet）的直通网线接入无线路由器的WAN端口，把另一直通网线的一端接入无线路由器的LAN端口，另一端口接入PC1计算机的有线网卡端口，如图8-25所示。

②设置PC1计算机有线网卡的IP地址为192.168.1.10，子网掩码为255.255.255.0，默认网关为192.168.1.1。再在IE地址栏中输入192.168.1.1，打开无线路由器登录界面，输入用户名为admin，密码为admin，如图8-26所示。

图8-25 Infrastructure模式无线局域网络拓扑图

图8-26 无线路由器登录界面

③ 进入设置界面以后，通常都会弹出一个设置向导的小页面，如图8-27所示。对于有一定经验的用户，可选中“下次登录不再自动弹出向导”复选框，以便进行各项参数的细致设置。单击“退出向导”按钮。

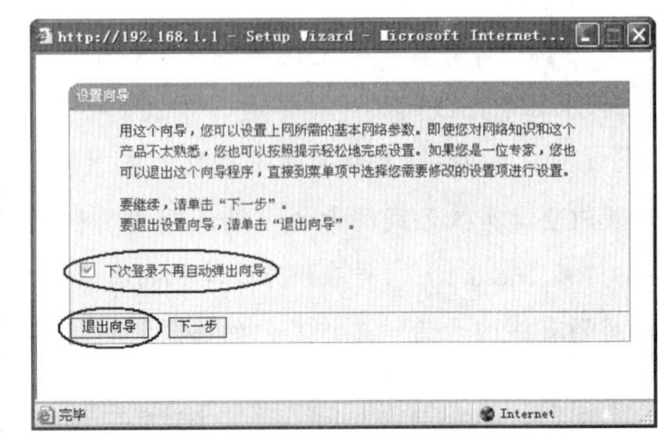

图8-27 设置向导

④ 在设置界面中，选择左侧向导菜单“网络参数”→“LAN口设置”链接后，在右侧对话框中可设置LAN口的IP地址，一般默认为192.168.1.1，如图8-28所示。

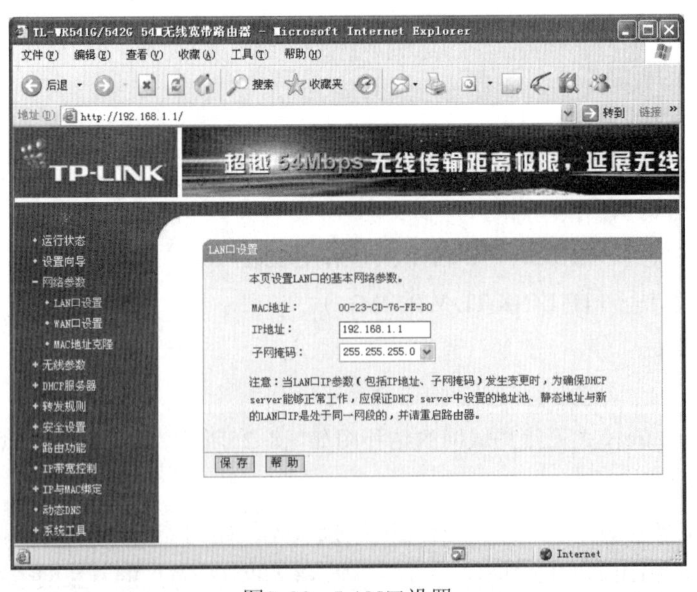

图8-28 LAN口设置

⑤ 设置WAN口的连接类型，如图8-29所示。对于家庭用户而言，若通过ADSL拨号接入互联网，需选择PPPoE连接类型。输入服务商提供的上网账号和上网密码，最后单击“保存”按钮。

⑥ 单击左侧向导菜单中的“DHCP服务器”→“DHCP服务器”链接，选中“启用”单选按钮，设置IP地址池的开始地址为192.168.1.100，结束的地址为192.168.1.199，网关为

192.168.1.1。还可设置主DNS服务器和备用DNS服务器的IP地址。例如，中国电信的DNS服务器为60.191.134.196或60.191.134.206，如图8-30所示。特别注意，是否设置DNS服务器请以向ISP咨询，有时DNS不需要自行设置。

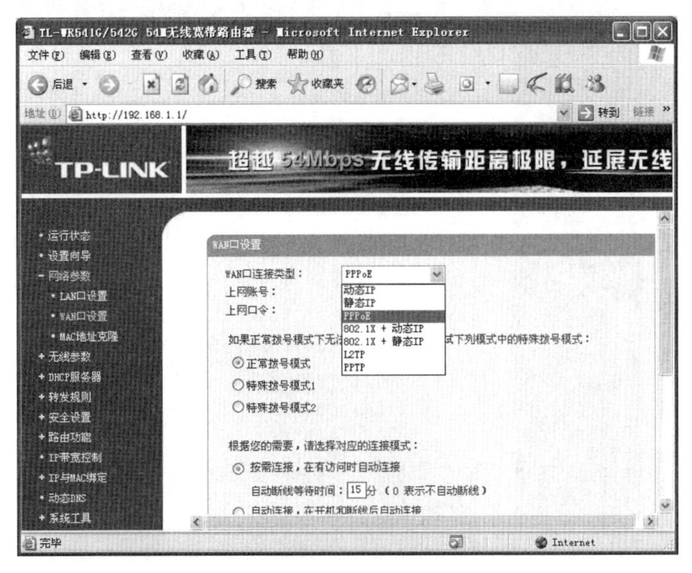

图8-29　WAN口设置

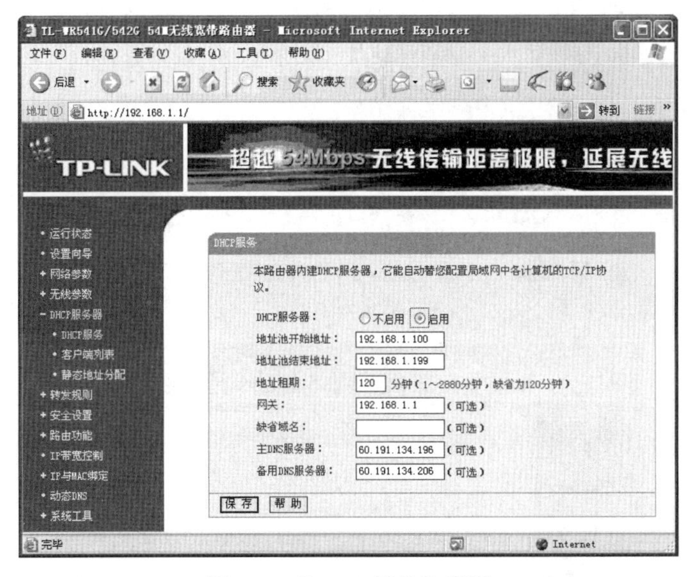

图8-30　“DHCP服务”设置

⑦ 单击左侧向导菜单中的“无线参数”→“基本设置”链接，设置无线网络的SSID号为TP_Link、频段为13、模式为54 bit/s（802.11g）。选中“开启无线功能”“允许SSID 广播”和“开启安全设置”复选框，选择安全类型为WEP，安全选项为“自动选择”，密钥格式为“16进制”，密钥1的密钥类型为“64位”，密钥1的内容为2013102911，单击“保存”按钮，如图8-31所示。

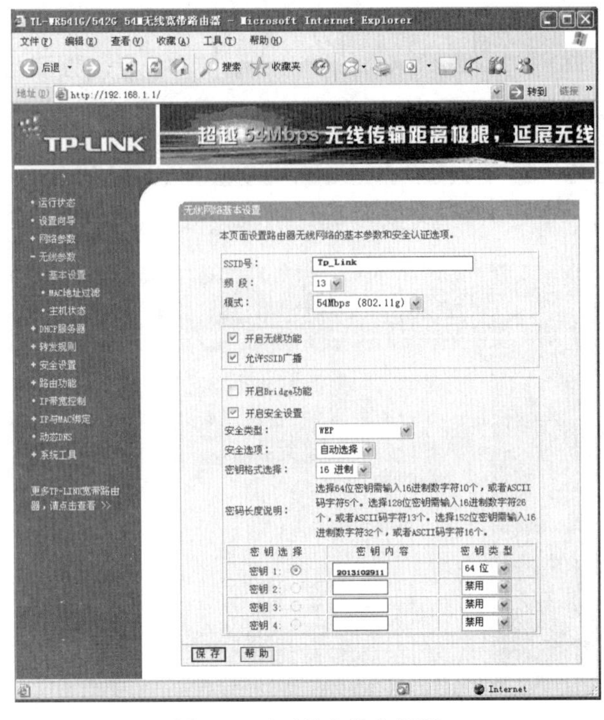

图8-31 “无线参数”设置

说明：选择密钥类型时，选择64位密钥时需输入十六进制字符10个，或者ASCII字符5个。选择128位密钥时需输入十六进制字符26个，或者ASCII码字符13个。选择152位密钥时需输入十六进制字符32个，或者ASCII码字符16个。

⑧ 单击左侧向导菜单“运行状态”，可查看无线路由器的当前状态（包括版本信息、LAN口状态、WAN口状态、无线状态、WAN口流量统计等状态信息），如图8-32所示。

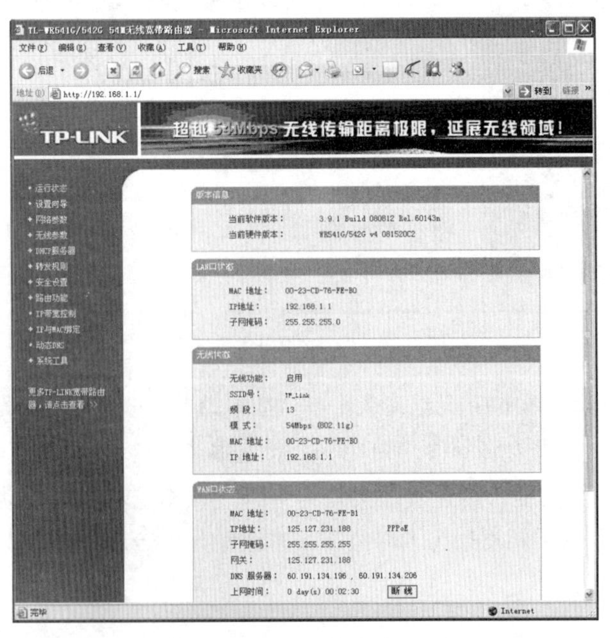

图8-32 运行状态

⑨ 至此，无线路由器的设置基本完成，重新启动路由器，使以上设置生效，然后拔除PC1到无线路由器之间的直通线。

下面设置PC1、PC2、PC3的无线网络。

4. 配置PC1计算机的无线网络

说明： 在Windows 7的计算机中，能够自动搜索到当前可用的无线网络。通常情况下，单击Windows 7右下角的无线连接图标，在弹出的快捷菜单中单击TP-Link连接，展开该连接，然后单击该连接下的“连接”按钮，按要求输入密钥。但对于隐藏的无线连接可采用如下步骤。

① 在PC1上安装无线网卡和相应的驱动程序后，设置该无线网卡自动获得IP地址。

② 选择“开始”→“控制面板”→“网络和Internet” →“网络和共享中心”，打开“网络和共享中心”窗口，如图8-33所示。

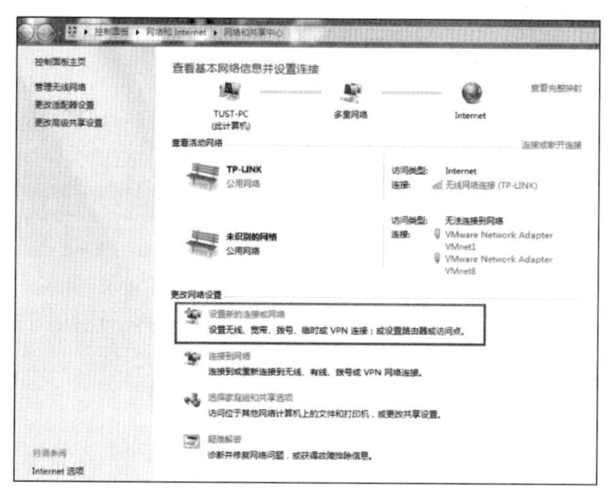

图8-33　网络和共享中心

③ 单击“设置新的连接网络”，弹出“设置连接或网络”对话框，如图8-34所示。

④ 单击“手动连接到无线网络”，弹出“手动连接到无线网络”对话框。如图8-35所示。设置网络名（SSID）为TP_Link，并选中“即使网络未进行广播也连接”复选框。选择数据加密方式为WEP，在“安全密钥”文本框中输入密钥，如2013102911。

图8-34　设置连接或网络

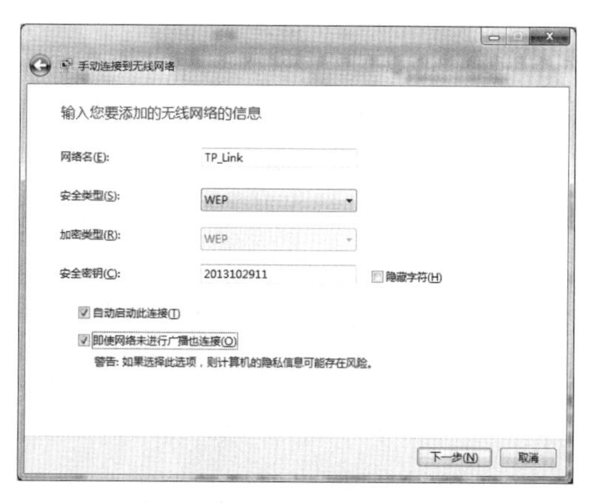

图8-35　手动连接到无线网络

说明：网络名（SSID）和安全密钥的设置必须与无线路由器中的设置一致。

⑤ 设置完成，单击“下一步”按钮，弹出设置完成对话框，显示成功添加了TP_Link。单击“更改连接设置”，弹出“TP_Link无线网络属性”对话框，单击“连接”或“安全”选项卡，可以查看设置的详细信息，如图8-36所示。

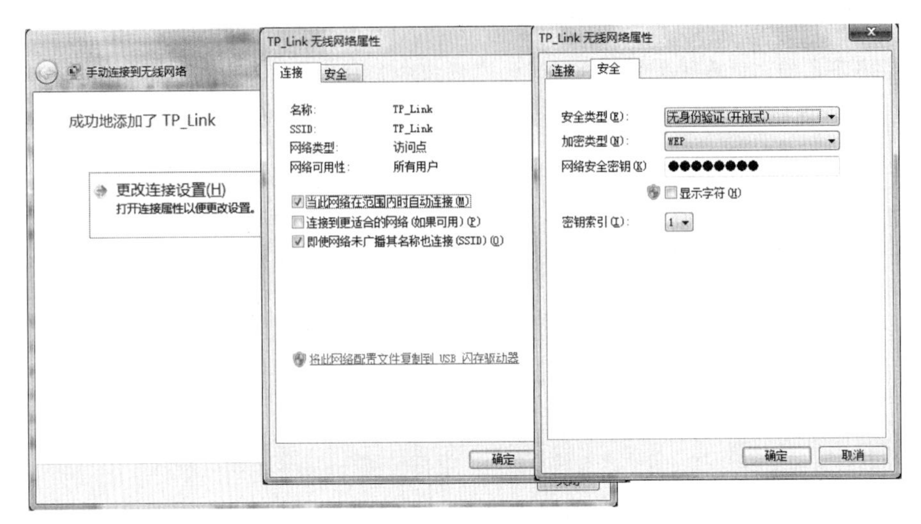

图8-36　TP_Link网络属性

⑥ 单击“确定”按钮。等一会儿，桌面任务栏上的无线网络连接图标由变为，表示该计算机已接入无线网络。

5. 配置PC2、PC3计算机的无线网络

① 在PC2上，重复上述步骤①～步骤⑥，完成PC2无线网络的设置。

② 在PC3上，重复上述步骤①～步骤⑥，完成PC3无线网络的设置。

6. 连通性测试

① 在PC1、PC2和PC3上运行ipconfig命令，查看并记录PC1、PC2和PC3计算机无线网卡的IP地址。

PC1计算机无线网卡的IP地址：______________。

PC2计算机无线网卡的IP地址：______________。

PC3计算机无线网卡的IP地址：______________。

② 在PC1上，依次运行“ping PC2无线网卡的IP地址”和“ping PC3无线网卡的IP地址”命令，测试与PC2和PC3计算机的连通性。

③ 在PC2上，依次运行“ping PC1无线网卡的IP地址”和“ping PC3无线网卡的IP地址”命令，测试与PC1和PC3计算机的连通性。

④ 在PC3上，依次运行“ping PC1无线网卡的IP地址”和“ping PC2计算机无线网卡的IP地址”命令，测试与PC1和PC2的连通性。

习　题

一、填空题

1. 在无线局域网中，（　　）是最早发布的基本标准，（　　）和（　　）标准的传输速率都达到了54 Mbit/s，（　　）和（　　）标准是工作在免费频段上的。

2. 在无线网络中，除了WLAN外，其他的还有（　　）和（　　）等几种无线网络技术。

3. 无线局域网（Wireless Local Area Network，WLAN）是计算机网络与（　　）相结合的产物。

4. 无线局域网的配置方式有两种：（　　）和（　　）。

二、选择题

1. IEEE 802.11标准定义了（　　）。

A. 无线局域网技术规范　　B. 电缆调制解调器技术规范

C. 光纤局域网技术规范　　D. 宽带网络技术规范

2. IEEE 802.11使用的传输技术为（　　）。

A. 红外、跳频扩频与蓝牙　　B. 跳频扩频、直接序列扩频与蓝牙

C. 红外、直接序列扩频与蓝牙　　D. 红外、跳频扩频与直接序列扩频

3. IEEE 802.11b定义了使用跳频扩频技术的无线局域网标准，传输速率为1 Mbit/s、2 Mbit/s、5.5 Mbit/s与（　　）。

A. 10 Mbit/s　　B. 11 Mbit/s　　C. 20 Mbit/s　　D. 54 Mbit/s

4. 红外局域网的数据传输有3种基本的技术：定向光束传输、全反射传输与（　　）。

A. 直接序列扩频传输　　B. 跳频传输

C. 漫反射传输　　D. 码分多路复用传输

5. 无线局域网需要实现移动结点的（　　）功能。

A. 物理层和数据链路层　　B. 物理层、数据链路层和网络层

C. 物理层和网络层　　D. 数据链路层和网络层

6. 关于Ad-Hoc网络的描述中，错误的是（　　）。

A. 没有固定的路由器　　B. 需要基站

C. 具有动态搜索能力　　D. 适用于紧急救援等场合

7. IEEE 802.11技术和蓝牙技术可以共同使用的无线通信频点是（　　）。

A. 800 Hz　　B. 2.4 GHz　　C. 5 GHz　　D. 10 GHz

8. 下面关于无线局域网的描述中，错误的是（　　）。

A. 采用无线电波作为传输介质　　B. 可以作为传统局域网的补充

C. 可以支持1 Gbit/s的传输速率　　D. 协议标准是IEEE 802.11

9. 无线局域网中使用的SSID是（　　）。

A. 无线局域网的设备名称　　B. 无线局域网的标识符号

C. 无线局域网的入网密码　　D. 无线局域网的加密符号

三、简答题

1. 简述无线局域网的物理层有哪些标准。
2. 无线局域网的网络结构有哪些？
3. 常用的无线局域网络有哪些？它们分别有什么功能？
4. 在无线局域网和有线局域网的连接中，无线AP提供什么样的功能？
5. 无线局域网常见的攻击有哪些？
6. 简述WEP协议标准、缺陷及可能的攻击。
7. 无线网络安全机制实现技术有哪些？

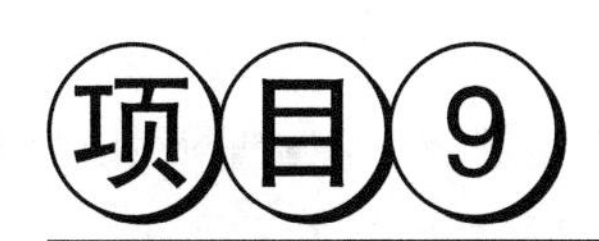

Internet安全与应用

9.1 项 目 导 入

Internet是全球最大的、开放的、由众多网络互联而成的计算机网络，现在无论做什么，都会涉及Internet。网络的开放性和共享性在方便了人们使用的同时也使得网络很容易遭受攻击，如数据被人窃取，服务器不能正常提供服务等，所以用户应该加强网络安全意识。

9.2 职业能力目标和要求

TQ公司早已应用计算机作为生产管理的工具，因为公司经营有道，目前已经建立了30多个分公司（办事处），各分支机构内部也全部采用计算机作为业务工具，并建立自己的局域网络，所有的子公司都需要接入Internet，需要互相发邮件，访问网站等。但是对于整个公司来说，分公司仍然是信息孤岛，若想通过Internet访问，有时速度是很慢的，TQ公司的信息网络建设已经滞后于业务发展的步伐。新的ERP系统的使用也迫切地需要将各分公司与总公司的局域网连接在一起形成一个大的内部Intranet广域网络。为了解决上面的问题，需要致力于研究Internet安全与应用来解决TQ公司所面临的问题。

学习完本项目，读者要达到的职业能力目标和要求如下：

① 了解电子邮件安全。

② 了解Internet电子欺骗防范。

③ 了解VPN概念。

④ 掌握电子邮件的安全应用。

⑤ 掌握Internet电子欺骗的防范方法。

⑥ 了解IE的安全应用。

9.3 相 关 知 识

9.3.1 电子邮件安全

电子邮件已经成为现代商业及日常生活通信中的重要部分，快客邮件统计资料显示在全球范围内，平均每秒就有300万封以上的电子邮件被发送出去，由于中国的网民位居世界之首，其电邮通信量是相当多的。由于许多用户对电子邮件的安全风险漏洞认识不够透彻，甚至有更多的人根本没有防范意识，以致各种威胁乘虚而入。

1. 电子邮件的安全漏洞

传统的邮件系统在传输、保存、管理上均无安全性控制，存在着泄密、易被监听和破解等严重安全隐患，电子邮件已经成为近年来从国家机密到个人隐私泄密事件的主要通道。

（1）电子邮件协议

常见的电子邮件协议有SMTP和POP3，它们都属于TCP/IP协议簇。默认状态下，分别通过TCP端口25和110建立连接。其中，SMTP是一组用于从源地址到目的地址传输邮件的规范，用来控制邮件的中转方式。POP协议负责从邮件服务器中检索电子邮件。

（2）电子邮件的安全漏洞

① 缓存漏洞。

② Web信箱漏洞。

③ 历史记录漏洞。

④ 密码漏洞。

⑤ 攻击性代码漏洞。

2. 电子邮件安全技术与策略

（1）电子邮件安全技术

① 端到端的安全电子邮件技术：可保证邮件从被发出到被接收的整个过程中，内容保密，无法修改，并且不可否认。目前，成熟的端到端安全电子邮件标准有PGP和S/MIME。

② 传输层的安全电子邮件技术目前主要有两种方式实现电子邮件在传输过程中的安全：一种是利用SSL SMTP和SSL POP；另一种是利用VPN或者其他的IP通道技术，将所有的TCP/IP传输（包括电子邮件）封装起来。

（2）电子邮件安全策略

① 选择安全的客户端软件。

② 利用防火墙技术。

③ 对邮件进行加密。

④ 利用病毒杀软件。

⑤ 对邮件客户端进行安全配置。

9.3.2 Internet电子欺骗防范

如今，Internet的普及使用几乎时时刻刻都遭受着各种各样的有意或无意的攻击，时有Internet服务器被攻击的报告，使Internet的安全性受到了严重威胁，干扰了人们正常使用Internet。因此，如何有效地防范电子攻击、增强网络安全性是一个不容忽视的研究课题。由于电子欺骗是一种非常专业化的攻击，而一般网民对其攻击机制并不了解，由此造成了防范此类攻击的困难。电子欺骗可以概括为：通过伪造源于一个可信任地址的数据可以使一台机器认证另一台机器的电子攻击手段。它可分为ARP电子欺骗、DNS电子欺骗和IP电子欺骗3种类型。下面对这3种电子欺骗分别进行介绍。

1. ARP电子欺骗

（1）ARP协议

ARP是负责将IP地址转化成对应的MAC地址的协议。为了得到目的主机的MAC地址，源主机就要查找其ARP缓存，若没有找到，源主机就会发送一个ARP广播请求数据包。此ARP请求数据包包含源主机的IP地址、MAC地址和目的主机的IP地址。它向以太网上的每一台主机询问“如果你是这个IP地址，请回复你的MAC地址”。只有具有此IP地址的主机收到这份广播报文后，才向源主机回送一个包含其MAC地址的ARP应答。

（2）ARP欺骗攻击原理

ARP请求是以广播方式进行的，主机在没有接到请求的情况下也可以随意发送ARP响应数据包，且任何ARP响应都是合法的，无须认证，自动更新ARP缓存，这些都为ARP欺骗提供了条件。

当LAN中的某台主机B向主机A发送一个自己伪造的ARP应答时，如果这个应答是B冒充C伪造的，即IP地址为C的IP地址，而MAC地址是B的。当A接收到B伪造的ARP应答后，就会更新本地的ARP缓存，建立新的IP地址和MAC地址的映射关系，从而B取得了A的信任。这样，以后A要发送给C的数据包就会直接发送到B的手里。

举一个简单的例子：一个入侵者想非法进入某台主机，他知道这台主机的防火墙只对于192.168.1.1开放23号端口（Telnet），而他必须要使用Telnet来进入这台主机，所以他要进行如下操作：

① 研究192.168.1.1主机，发现如果他发送一个洪泛（Flood）包给192.168.1.1的139端口，该机器就会应包而死。

② 主机发到192.168.1.1的IP包将无法被机器应答，系统开始更新自己的ARP对应表将192.168.1.1的项目删去。

③ 入侵者把自己的IP改成192.168.1.1，再发一个ping命令给主机，要求主机更新ARP转换表。

④ 主机找到该IP，然后在ARP表中加入新的IP地址与MAC地址的映射关系。

⑤ 这样，防火墙就失效了，入侵者的MAC地址变成合法，可以使用Telnet进入主机。

如果该主机不只提供Telnet，还提供r命令（如rsh、rcopy、rlogin），那么所有的安全约定都将无效，入侵者可放心地使用该主机的资源而不用担心被记录什么。

（3）ARP欺骗攻击的防御

采用如下措施可有效地防御ARP攻击：

① 不要把网络的安全信任关系仅建立在IP地址或MAC地址的基础上，而是应该建立在IP+MAC基础上（即将IP和MAC两个地址绑定在一起）。

② 设置静态的MAC地址到IP地址的对应表，不要让主机刷新设定好的转换表。

③ 除非很有必要，否则停止使用ARP，将ARP作为永久条目保存在对应表中。

④ 使用ARP服务器，通过该服务器查找自己的ARP转换表来响应其他机器的ARP广播，确保这台ARP服务器不被攻击。

⑤ 定期清除计算机中的ARP缓存信息，达到防范ARP欺骗攻击的目的。

⑥ 使用ARP监控服务器。当进行数据传输时，客户端把ARP数据包捕获发送给服务器

端，由服务器端进行处理。

⑦ 划分多个范围较小的VLAN，一个VLAN内发生的ARP欺骗不会影响到其他VLAN内的主机通信，缩小了ARP欺骗攻击影响的范围。

⑧ 使用交换机的端口绑定功能。

⑨ 使用防火墙连续监控网络。

2. DNS电子欺骗

（1）DNS欺骗

DNS欺骗是攻击者冒充域名服务器的一种欺骗行为。DNS欺骗攻击是危害性较大、攻击难度较小的一种攻击技术。当攻击者危害DNS服务器并明确地更改主机名与IP地址映射表时，DNS欺骗就会发生。

（2）DNS欺骗攻击原理

在域名解析过程中，客户端首先以特定的标识（ID）向DNS服务器发送域名查询数据报，在DNS服务器查询之后以相同的ID号给客户端发送域名响应数据报。这里，客户端会将收到的DNS响应数据报的ID和自己发送的查询数据报的ID相比较，如果两者相匹配，则表明接收到的正是自己等待的数据报；如果不匹配，则丢弃之。

攻击者的欺骗条件只有一个，那就是发送的与ID匹配的DNS响应数据报在DNS服务器发送响应数据报之前到达客户端。

在主要由交换机搭建的网络环境下，要想实现DNS欺骗，攻击者首先要向攻击目标实施ARP欺骗。

假设用户、攻击者和DNS服务器在同一个LAN内，则其攻击过程如下：

① 攻击者通过向攻击目标以一定的频率发送伪造ARP应答包改写目标机的ARP缓存中的内容，并通过IP续传方式使数据通过攻击者的主机再流向目的地；攻击者配合嗅探器软件监听DNS请求包，取得ID和端口号。

② 取得ID和端口号后，攻击者立即向攻击目标发送伪造的DNS应答包。用户收到后确认ID和端口号无误，以为收到了正确的DNS应答包。而其实际的地址很可能是被导向攻击者想让用户访问的恶意网站，用户的信息安全受威胁。

③ 当用户再次收到DNS服务器发来的DNS应答包时，由于晚于伪造的DNS应答包，因此被用户抛弃；用户的访问的是被导向攻击者设计的地址，一次完整的DNS欺骗完成。

（3）DNS欺骗攻击的防范

① 直接使用IP地址访问。对少数信息安全级别要求高的网站应直接使用（输入）IP地址进行访问，这样可以避开DNS对域名的解析过程，也就避开了DNS欺骗攻击。

② DNS服务器冗余。借助于“冗余”思想，可在网络上配置两台或多台DNS服务器，并将其放置在网络的不同地点。

③ MAC与IP地址绑定。DNS欺骗是攻击者通过改变或冒充DNS服务器的IP地址实现的，所以将DNS服务器的MAC地址与IP地址绑定，保存在主机内。这样，每次主机向DNS发出请求后，都要检查DNS服务器应答中的MAC地址是否与保存的MAC地址一致。

④ 加密数据。防止DNS欺骗攻击最根本的方法是加密传输的数据，对服务器来说应尽

量使用SSH等支持加密的协议，对一般用户则可使用PGP之类的软件加密所有发到网络上的数据。

有一些例外情况不存在DNS欺骗：如果IE中使用代理服务器，那么DNS欺骗就不能进行，因为此时客户端并不会在本地进行域名请求；如果访问的不是本地网站主页，而是相关子目录文件，这样在自定义的网站上不会找到相关的文件，DNS欺骗也会以失败告终。

3. IP电子欺骗

(1) IP电子欺骗原理

IP电子欺骗是建立在主机间的信任关系的。由于IP协议不是面向链接的，所以IP层不保持任何连接状态的信息。因此，可以在IP包的源地址和目标地址字段中放入任意的IP地址。假如某人冒充主机B的IP地址，就可以使用rlogin登录到主机A，而不需要任何密码认证。这就是IP电子欺骗的理论依据。

(2) IP电子欺骗过程

① 使被信任主机丧失工作能力。由于攻击者将要代替真正的被信任主机，他必须确保真正的被信任主机不能收到任何有效的网络数据，否则将会被揭穿。比如，使用SYN洪泛攻击使被信任主机失去工作能力。

② 序列号取样和推测。先与被攻击主机的一个端口（如25）建立起正常连接，并将目标主机最后所发送的初始序列号（ISN）存储起来；然后还需要估计他的主机与被信任主机之间的往返时间。

③ 对目标主机的攻击。攻击者可伪装成被信任主机的IP地址，然后向目标主机的513端口（rlogin的端口号）发送连接请求。目标主机立刻对连接请求做出反应，发送SYN/ACK确认数据包给被信任主机。此时，被信任主机处于瘫痪状态，无法收到该包。随后攻击者向目标主机发送ACK数据包，该包使用前面估计的序列号加1。如果攻击者估计正确，目标主机将会接收该ACK，连接就正式建立。

(3) IP电子欺骗的防范

① 抛弃基于IP地址的信任策略。

② 进行包过滤。

③ 使用加密方法。

④ 使用随机的初始序列号。

9.3.3 VPN概述

虚拟专用网络（Virtual Private Network，VPN）指的是在公用网络上建立专用网络的技术。之所以称为虚拟网主要是因为整个VPN网络的任意两个结点之间的连接并没有传统专网所需的端到端的物理链路，而是架构在公用网络服务商所提供的网络平台（如Internet、ATM、Frame Relay等）之上的逻辑网络，用户数据在逻辑链路中传输。

VPN类似于点到点直接拨号连接或租用线路连接，尽管它是以交换和路由的方式工作。VPN常用的连接方式有：通过Internet实现远程访问、通过Internet实现网络互连和连接企业内部网络计算机等。VPN允许远程通信方、销售人员或企业分支机构使用Internet等公用网络的路由基础设施以安全的方式与位于企业LAN端的企业服务器建立连接。通过VPN，网络对每个使用者都是“专用”的。

1. 应用

① 用于政府、企事业单位总部与分支机构内部联网（Intranet-VPN）。

② 适用于商业合作伙伴之间的网络互联（Extranet-VPN）VPN的功能。

2. 功能

① 通过隧道（Tunnel）或虚电路（Virtual Circuit）实现网络互联。

② 支持用户安全管理。

③ 能够进行网络监控、故障诊断。

3. 特点

① 建网快速方便。用户只需将各网络结点采用专线方式本地接入公用网络，并对网络进行相关配置即可

② 降低建网投资。由于VPN是利用公用网络为基础而建立的虚拟专网，因而可以避免建设传统专用网络所需的高额软硬件投资。

③ 节约使用成本。用户采用VPN组网，可以大大节约链路租用费及网络维护费用，从而减少企业的运营成本。

④ 网络安全可靠。实现VPN主要采用国际标准的网络安全技术，通过在公用网络上建立逻辑隧道及网络层的加密，避免网络数据被修改和盗用，保证了用户数据的安全性及完整性。

⑤ 简化用户对网络的维护及管理工作。大量的网络管理及维护工作由公用网络服务提供商来完成。

4. 服务

① 根据用户的需求提供VPN组网方案。包括设备选型和网络设计。

② 专线接入CHINANET，为用户提供VPN公用网络基础。

③ 安装调试，根据用户的具体需求，可以选择以下两种配置方案：建立IP Tunel(逻辑隧道）方式；IP Tunel (逻辑隧道)与数据加密相结合方式。

5. 业务优势

VPN不但是一种产品，更是一种服务。 VPN通过公众网络建立私有数据传输通道，将远程的分支办公室、商业伙伴、移动办公人员等连接起来，可减轻企业的远程访问费用负担，节省开支，并且可提供安全的端到端的数据通信方式。 VPN兼备了公众网和专用网的许多特点，将公众网可靠的性能、扩展性、丰富的功能与专用网的安全、灵活、高效结合在一起，可以为企业和服务提供商带来以下益处：

① 显著降低了用户在网络设备的接入及线路的投资。

② 采用远程访问的公司提前支付了购买和支持整个企业远程访问基础结构的全部费用。

③ 减小用户网络运维和人员管理的成本。

④ 网络使用简便，具有可管理性、可扩展性。

⑤ 公司能利用无处不在的Internet通过单一网络结构为分支机构提供无缝和安全的连接。

⑥ 能加强与用户、商业伙伴和供应商的联系；运营商、ISP和企业用户都可从中获益。

6. VPN安全技术

VPN可以采用多种安全技术来保证安全。这些安全技术主要有半隧道（Tunneling）技术、加密/解密（Encryption/Decryption）技术、密钥管理（Key Management）技术和身份认证（Authentication）技术等，它们都由隧道协议支持。

（1）隧道技术

隧道技术是VPN的基本技术，类似于点对点连接技术。它是在公司网络上建立一条数据通道（隧道），数据包通过这条隧道传输。使用隧道传递的数据可以是不同协议的数据帧或包。隧道协议将这些其他协议的数据帧或包重新封装在新的包头中发送。新的包头提供了路由信息，从而使封装的负载数据能够通过互联网络传递。被封装的数据包在隧道的两个端点之间通过公共网络进行路由。

（2）加密/解密技术

加密/解密技术是在VPN应用中将认证信息、通信数据等由明文转换为密文和由密文变为明文的相关技术，其可靠性主要取决于加密/解密的算法及强度。

（3）密钥管理技术

密钥管理技术的主要任务是如何在公用数据网上安全地传递密钥。现行密钥管理技术分为SKIP和ISAKMP/OAKLEY两种。SKIP协议主要是利用Diffie-Hellman算法法则，在网络中传输密钥；在Internet安全连接和密钥管理协议（ISAKMP）中，双方都有两个密钥，分别用于公用和私用。

（4）身份认证技术

在正式的隧道连接开始之前，VPN要运用身份认证技术确认使用者和设备的身份，以便系统进一步实施资源访问控制或用户授权。

7. VPN的安全性

① 密码与安全认证。

② 扩展安全策略。

③ 日志记录。

9.4 项目实施

9.4.1 电子邮件安全应用实例

1. Web邮箱安全应用实例

Web邮箱有很多种，用户根据个人习惯选择合适的邮箱，下面以163邮箱为例，介绍Web邮箱的安全配置。

（1）防密码嗅探

163邮箱在登录时采用了SSL加密技术，它对用户提交的所有数据先进行加密，然后再提交到网易邮箱，从而可以有效防止黑客盗取用户名、密码和邮件内容，保证了用户邮件的安全，用户在输入用户名和密码时，选择“SSL安全登录”即可实现该功能。当用户单击“登录”或按【Enter】键后，会发现地址栏中的http://瞬间变成https://，之后又恢复成http://，这就

是SSL加密登录。图9-1所示为邮箱登录界面。

（2）来信分类功能

邮箱的来信分类功能是根据用户设定的分类规则，将来信投入指定文件夹，或者拒收来信。这样，不仅能够防止垃圾邮件，还可以过滤掉一些带病毒的邮件，减少病毒感染的机会。

登录网易邮箱，单击“设置”进入“邮箱设置”界面。选择左侧的“来信分类”|“新建来信分类”，打开“编辑分类规则”界面，设置分类规则，如图9-2所示。

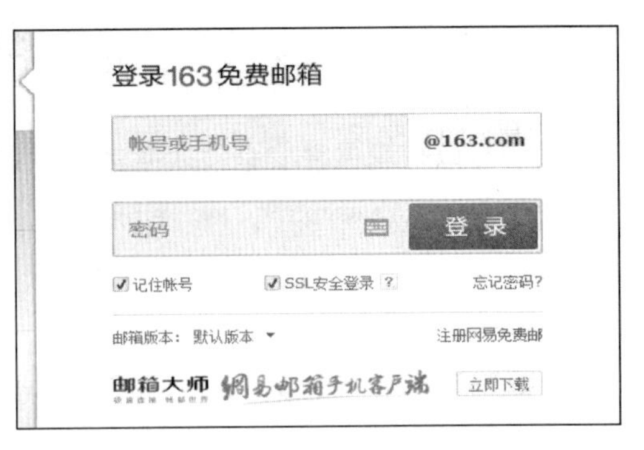

图9-1　163邮箱登录界面

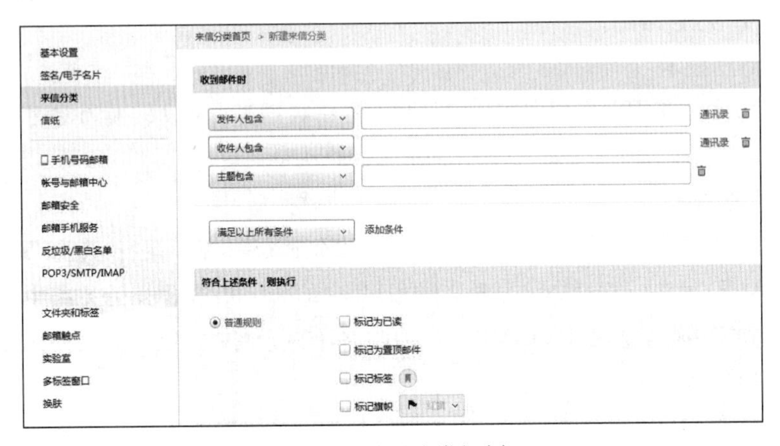

图9-2　设置分类规划

（3）反垃圾邮件处理

默认情况下，网易邮箱具有反垃圾邮件的功能，用户通过单击“设置”|“反垃圾/黑白名单”|“反垃圾规则”，打开“反垃圾级别”界面，如图9-3所示。

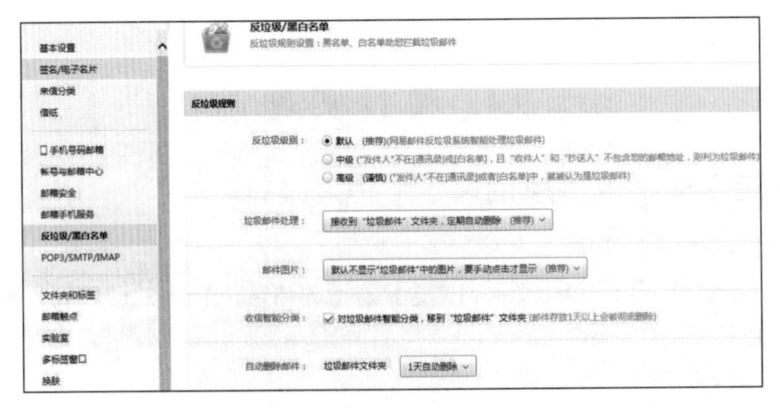

图9-3 “反垃圾级别”界面

（4）黑名单和白名单

用户通过单击“设置”|“反垃圾/黑白名单”|“黑白名单设置”，打开黑白名单设置界面，如图9-4所示。

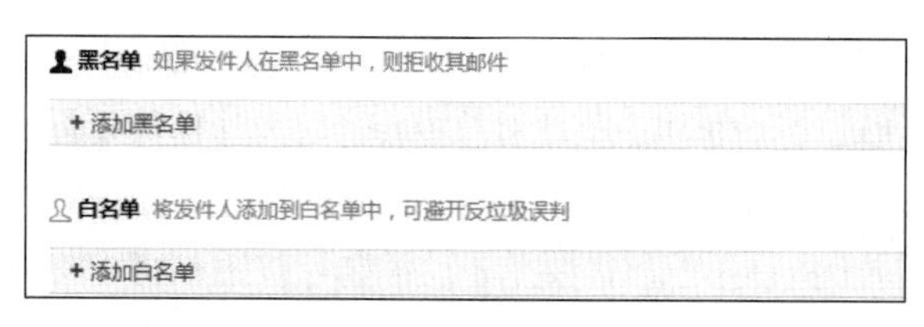

图9-4　黑白名单设置

2. Foxmail客户端软件的安全配置

（1）邮箱访总口令

由于邮件客户端软件将多个电子邮件账户实时登录在计算机上，因此为了防止当用户离开自己计算机时被别人非法查阅邮件信息，最好为邮箱设置账户访问口令。右击要添加密码的账户，选择“账号访问口令”，弹出“设置访问口令”对话框，设置口令，如图9-5所示。

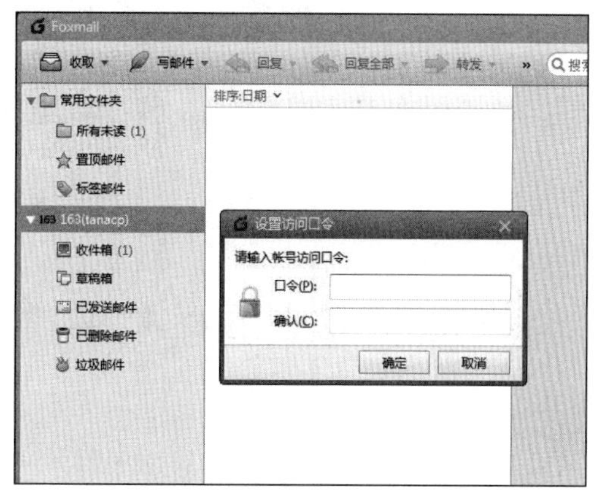

图9-5　给邮箱设置访问口令

设置完成后，在所加密账户上，显示了“黄色开锁”的状态，证明了该账户已经被加密了，当以后打开该账户的时候，便处在“蓝色锁住”状态，随后会弹出输入密码的窗口，只有输入正确的密码，才能够解密，此时小锁又变成“黄色开锁”状态，这时才可以查看此邮箱中的邮件信息。

（2）垃圾邮件设置

某种程度上，对垃圾邮件的定义可以是“那些人们没有意愿去接收到的电子邮件都是垃圾邮件。比如：商业广告、蠕虫病毒邮件、恶意邮件等。Foxmail最引以为豪的就是它的贝叶斯过滤和黑白名单的反垃圾邮件功能。用户通过单击“Foxmail的管理选项”|“设置…”，弹出“系统设置”对话框，选择“反垃圾”选项卡，其中包括邮件过滤、黑名单和白名单，如图9-6所示。

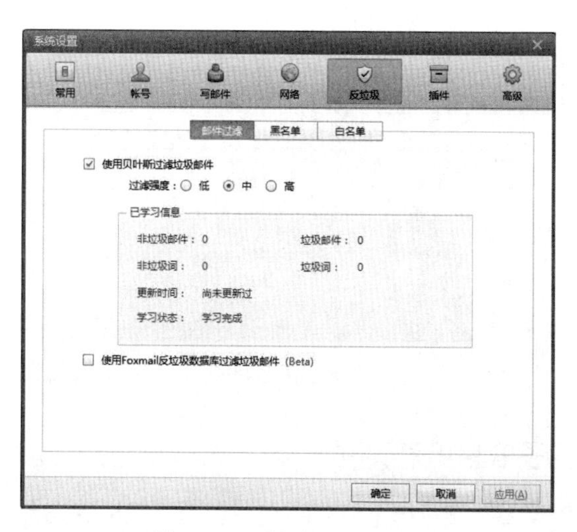

图9-6　“反垃圾”选项卡

在邮件过滤中，有两个选项：一个是“使用贝叶斯过滤垃圾邮件”，它是一种智能型的反垃圾邮件设计，它通过让Foxmail不断地对垃圾与非垃圾邮件的分析学习，来提高自身对垃圾邮件的识别准确率；另一个是“使用Foxmail反垃圾数据库过滤垃圾邮件”。

在“黑名单”选项卡中，用户只需要单击“添加”按钮，将一些确认的垃圾邮件地址输入黑名单中就可完成对该邮件地址发来的所有邮件的监控，如图9-7所示。

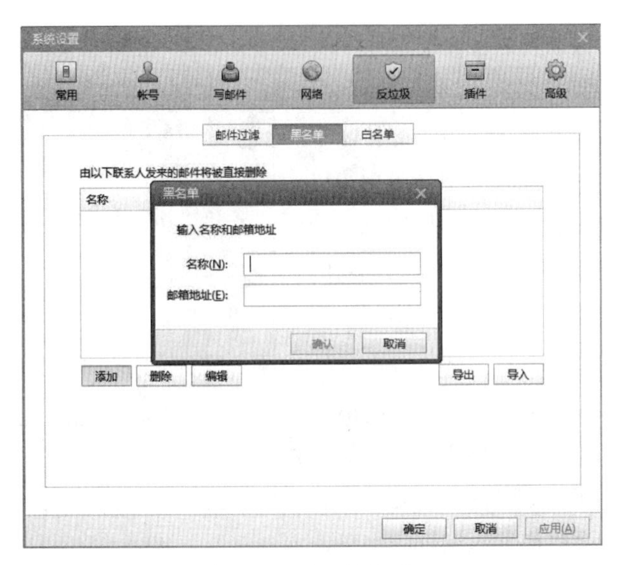

图9-7　黑名单设置

在“白名单”选项卡中，用户只需要单击“添加”按钮，将一些确认为不是垃圾邮件地址输入白名单中，就可完成对该邮件地址发来的所有邮件的监控，如图9-8所示。

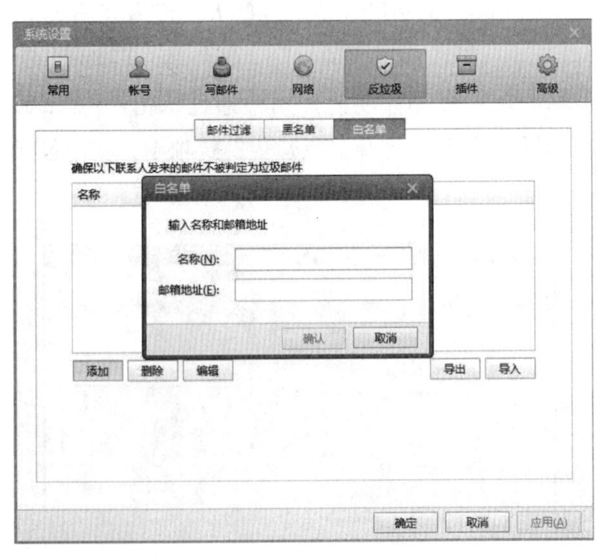

图9-8　白名单设置

9.4.2　Internet电子欺骗防范实例

对合法用户进行IP+MAC+端口绑定，可防止恶意用户通过更换自己地址上网的行为。

现以锐捷S2126G交换机为例介绍IP地址与MAC地址和端口的绑定设置，如图9-9所示。

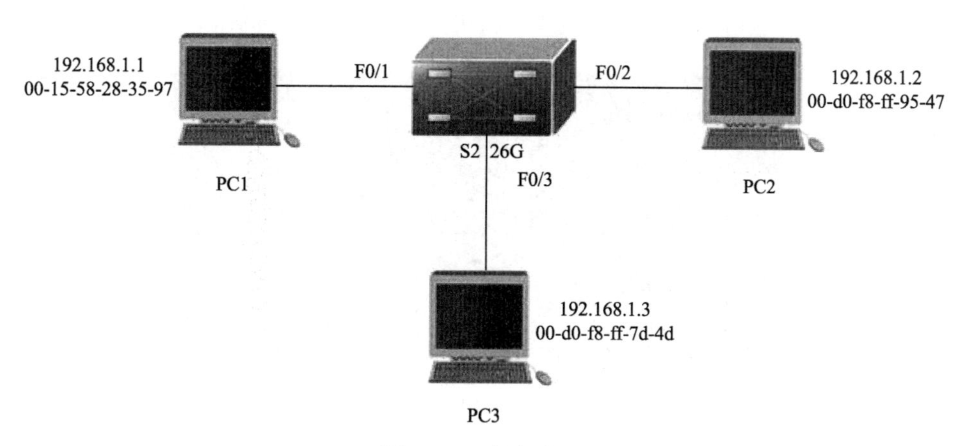

图9-9 网络拓扑图

1. 工作原理

交换机检查接收的IP包，不符合绑定的被交换机丢弃。

2. 配置命令

根据上面的网络拓扑图，进行PC的IP地址和交换机的配置，PC的IP地址很简单，这里不再一一赘述。交换机的配置命令如下：

（1）在端口F0/1上绑定

IP：192.168.1.1；MAC：00-15-58-28-35-97的主机

（2）进入全局配置模式

Switch#configure terminal

（3）进入端口1配置模式

Switch(config)#interface fastethernet 0/1

（4）把端口模式改为access

Switch(config-if)#switchport mode access

（5）启用端口安全

Switch(config-if)#switchport port-security

（6）设置最多允许的MAC地址数

Switch(config-if)#switchport port-security maximum 1

（7）端口+MAC地址+IP地址绑定

Switch(config-if)#switchport port-security mac-address 0015.5828.3597 ip-address 192.168.1.1

Switch(config-if)#end

（8）将配置保存写入交换机中

Switch#wr

3. 测试方法

在S2126G上启用端口安全，绑定端口、IP、MAC，PC1可以PING通PC2。

期望目标：修改PC1的端口、IP、MAC，PC1不能ping通PC2。

4. 测试结果

经过上面的配置之后，PC1开始ping PC2是可以ping通的，如图9-10所示。

```
C:\Documents and Settings\CZ>ping 192.168.1.2

Pinging 192.168.1.2 with 32 bytes of data:

Reply from 192.168.1.2: bytes=32 time=1ms TTL=64
Reply from 192.168.1.2: bytes=32 time<1ms TTL=64
Reply from 192.168.1.2: bytes=32 time<1ms TTL=64
Reply from 192.168.1.2: bytes=32 time<1ms TTL=64

Ping statistics for 192.168.1.2:
    Packets: Sent = 4, Received = 4, Lost = 0 (0% loss),
Approximate round trip times in milli-seconds:
    Minimum = 0ms, Maximum = 1ms, Average = 0ms
```

图9-10　PC1没改MAC之前ping的状态

修改PC1的端口、IP、MAC之后，PC1就不能ping通PC2了，如图9-11所示。

```
:\Documents and Settings\CZ>ping 192.168.1.2

inging 192.168.1.2 with 32 bytes of data:

equest timed out.
equest timed out.
equest timed out.
equest timed out.

ing statistics for 192.168.1.2:
   Packets: Sent = 4, Received = 0, Lost = 4 (100% loss),
```

图9-11　PC1改变之后ping状态

9.4.3　VPN的配置与应用实例

1. VPN服务器的安装

① 选择“开始”|“管理工具”|“服务器管理器”如图9-12所示。

图9-12　服务器管理器

② 在服务器管理器中添加角色“网络策略和访问服务”，并安装以下角色服务，如图9-13所示。

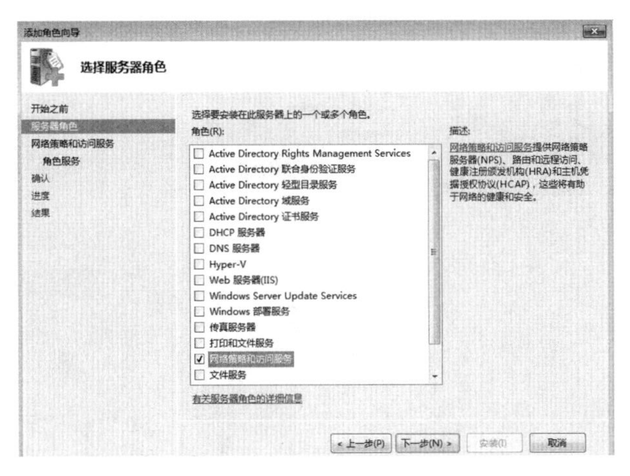

图9-13　添加“网络策略和访问服务”角色

③ 两次单击“下一步”按钮。选择“路由和远程访问服务”及相关组件，单击“下一步”按钮，如图9-14所示。

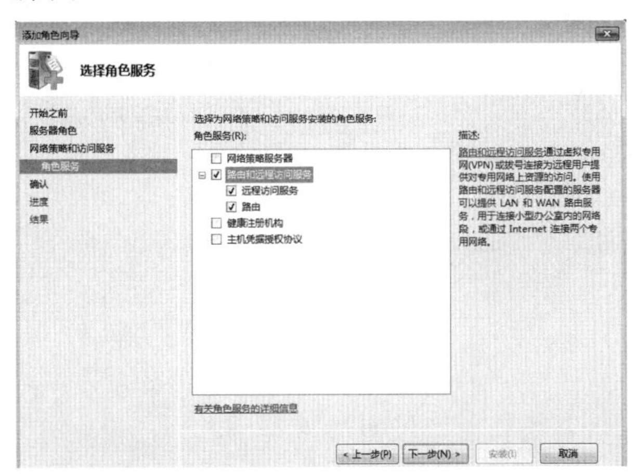

图9-14　添加“路由和远程访问服务”组件

④ 确认一下所选择的组件是否正确，确认后单击“安装”按钮，如图9-15所示。

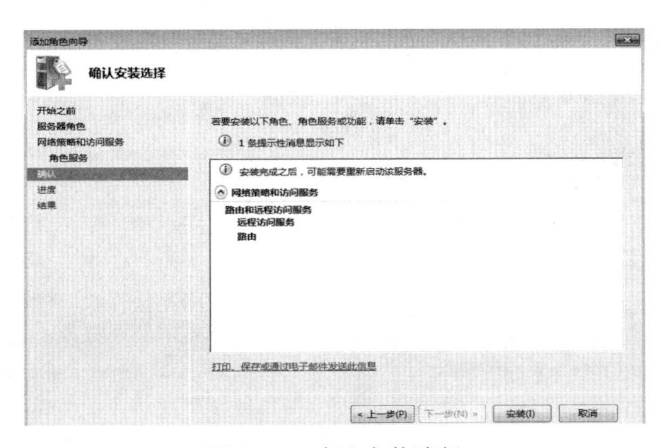

图9-15　确认安装选择

⑤ 开始安装路由和远程访问服务，如图9-16所示。

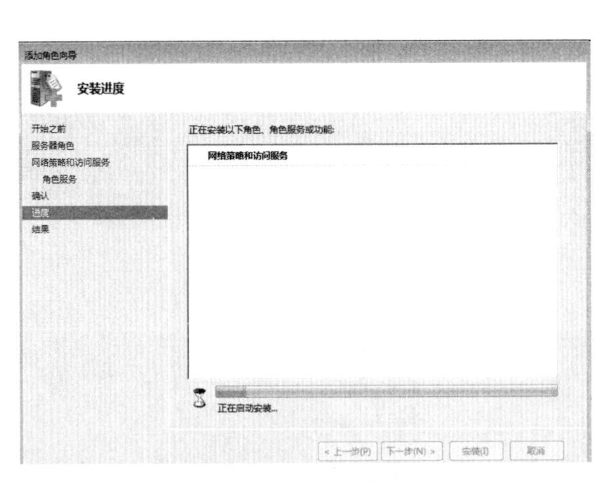

图9-16　安装进度

⑥ 服务安装成功，如图9-17所示。

图9-17　安装结果

⑦ 从图9-17可以看出，Windows 自动更新没有开启，只要启动就可以了。

选择“开始”|“管理工具”|“路由和远程访问”，如图9-18所示。

⑧ 在列出的本地服务器（WIN-NHI72D78E5S）上右击，选择“配置并启用路由和远程访问”打开向导，如图9-19所示。

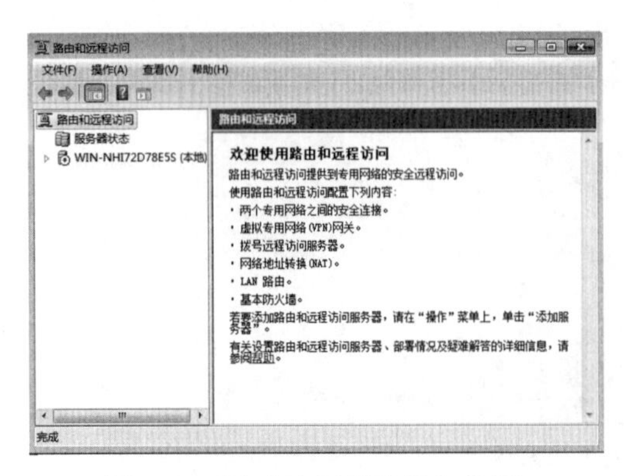

图9-18 “路由和远程访问”界面

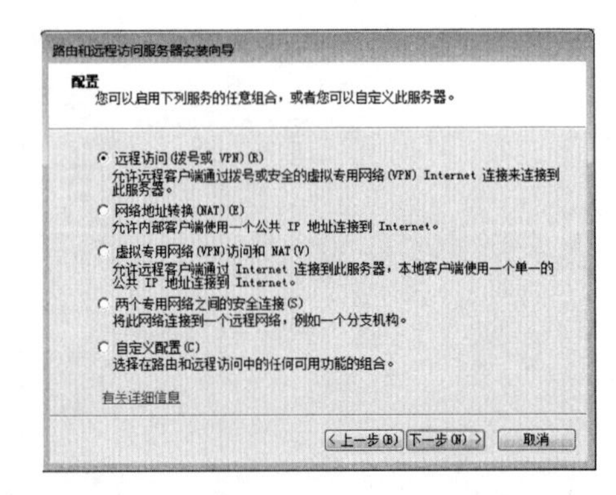

图9-19 “配置并启用路由和远程访问服务器安装向导”对话框

⑨ 如果服务器有两张网卡，选择“远程访问（拨号或VPN）”；如果只有一张网卡，则选择自定义配置，并在下一步中勾选“VPN访问”复选框，此台计算机只有一张网卡，故选择自定义配置，如图9-20所示。

⑩ 同时选择NAT（A），然后单击“完成”按钮，弹出如图9-21所示对话框。

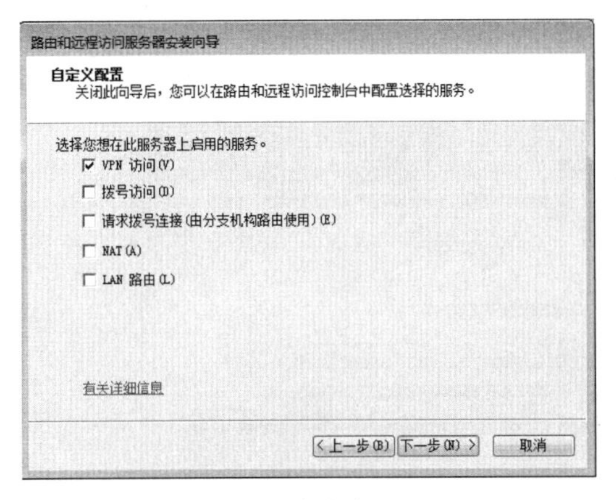

图9-20　自定义配置

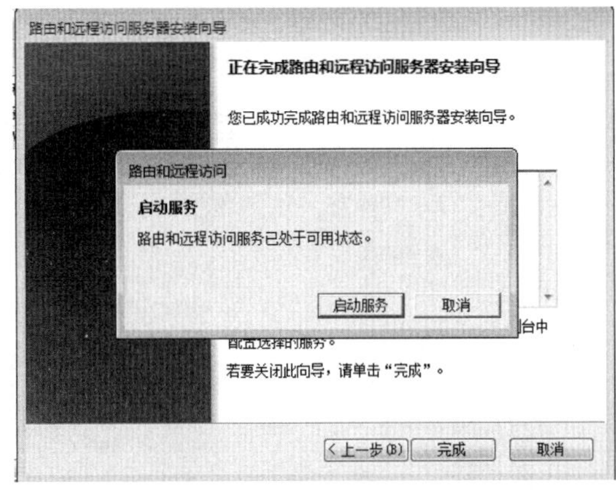

图9-21　完成后启动服务

⑪ 单击“启动服务”按钮，VPN服务器至此安装完毕。

2. VPN服务器的配置

① 配置VPN的IP地址分配方式：在“路由和远程访问”窗口中右击“WIN-NHI72D78E5S（本地）”，选择“属性”命令，转到IPv4选项卡，如图9-22所示。

② 可以选择DHCP或静态地址池。DHCP需要有DHCP服务器，因为涉及DHCP服务器的配置等。这里进行简单设置，选择“静态地址池”，添加一个地址段，如图9-23所示。

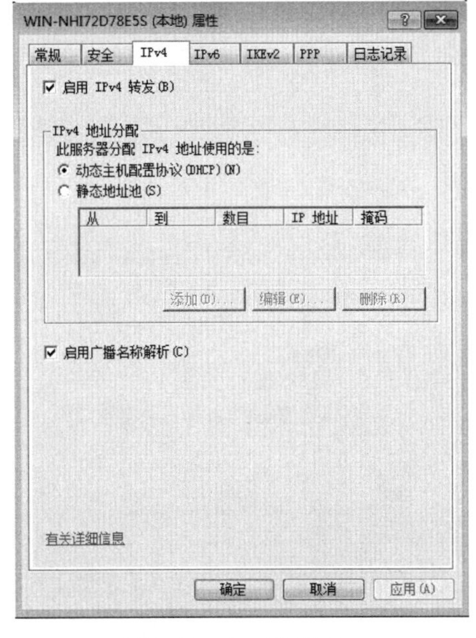

图9-22　IPv4选项卡

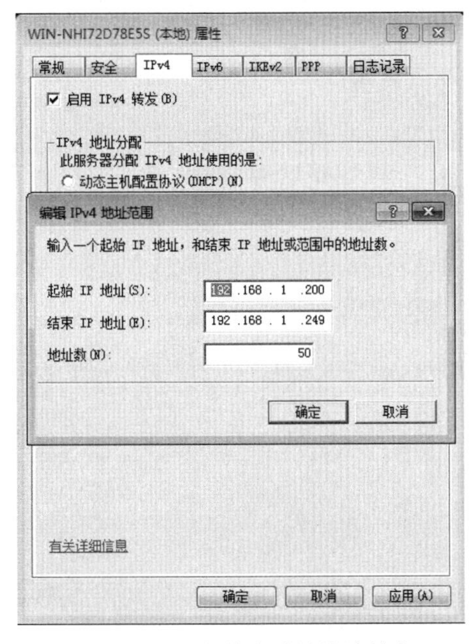

图9-23　添加静态地址池地址段

③ 这里选用的是192.168.1.200~192.168.1.249共50个地址，这时候主机一定是192.168.1.200，即地址池的第一个地址。此时RRAS的配置已经完成，可以转到NPS。

④ 选择“开始”|“管理工具”|“网络策略服务器”，打开NPS，NPS内置了一个用于拨号或VPN连接的RADIUS服务器配置。直接选择这项，打开向导，如图9-24所示。

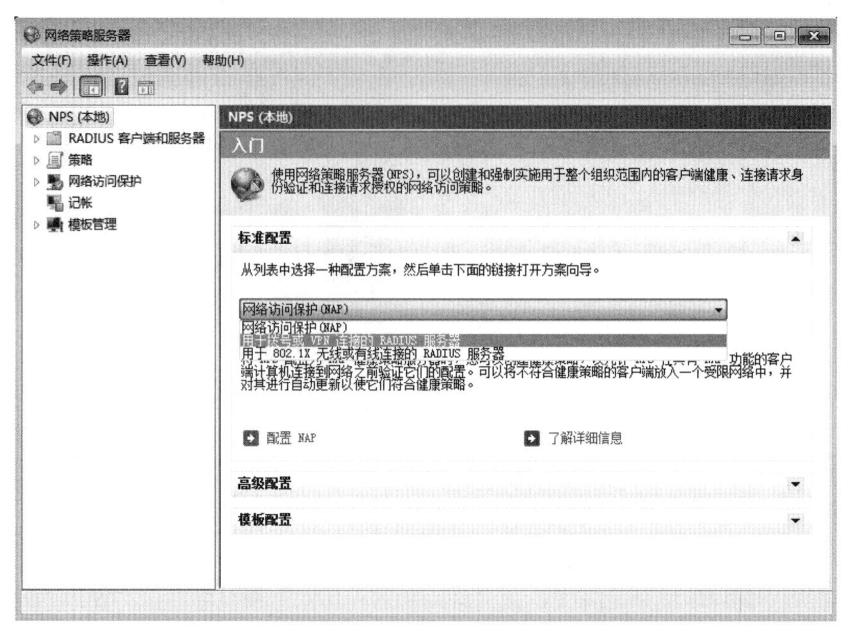

图9-24 网络策略服务器

⑤ 单击“配置NAP”，出现选择拨号或虚拟专用网络连接类型，如图9-25所示。

⑥ 选择“虚拟专用网络（VPN）连接（V），然后单击“下一步”按钮。

⑦ 添加一个RADIUS客户端，取个友好名称，地址选本地IP，然后生成一个共享机密，如图9-26所示。

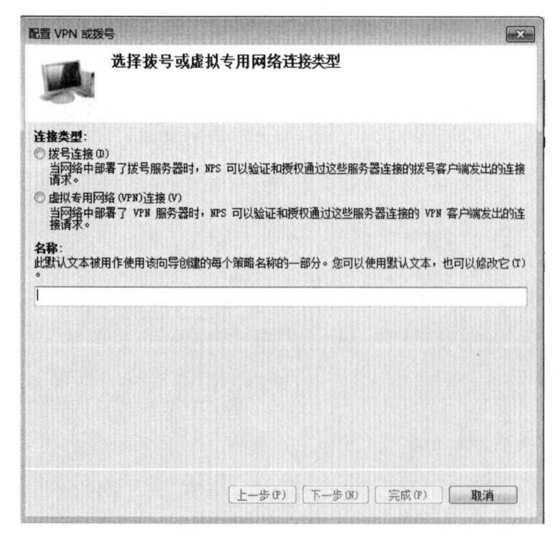

图9-25 选择拨号或虚拟网络连接类型

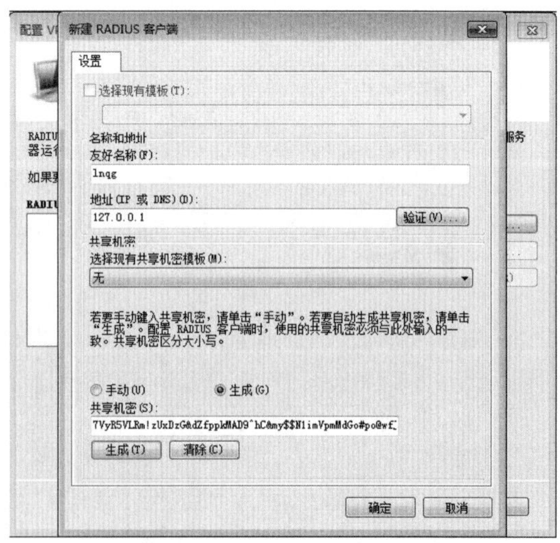

图9-26 添加RADIUS客户端

⑧ 单击“下一步”按钮，出现配置身份验证方法，选择默认设置，如图9-27所示。

⑨ 单击“下一步”按钮，出现选择组的信息，因这里选择了MS-CHAPv2认证，那么需要指定授权给VPN拨入的用户组。这里添加了Administrators和Users组。最好是新建一个新组专门用于VPN接入，这里简略用了现成的用户组，如图9-28所示。

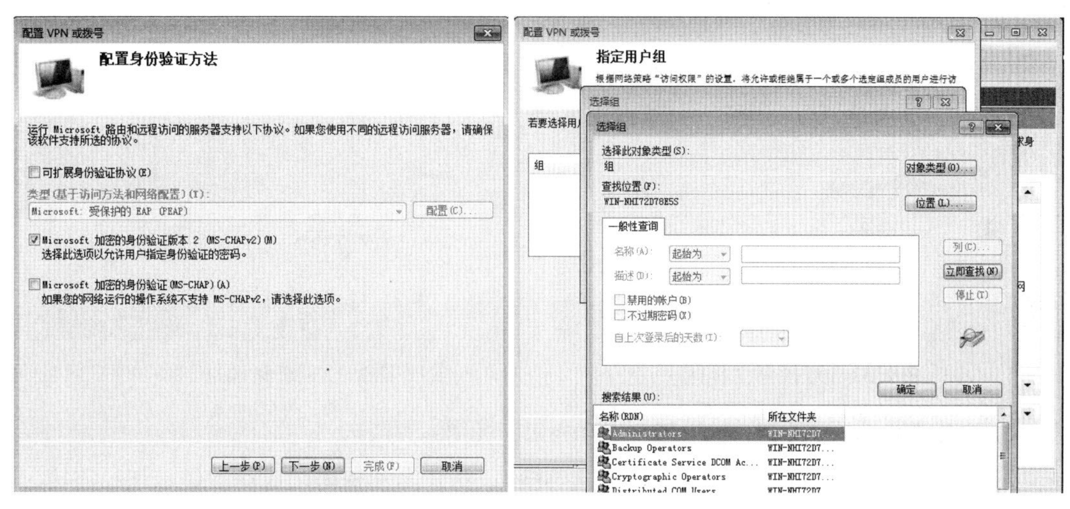

图9-27　配置身份验证方法　　　　图9-28　指定用户组

⑩ 下一步 IP筛选器，采用默认设置；下一步 指定加密设置，也采用默认设置；再下一步指定一个领域名称，仍采用默认设置。

⑪ 最后完成，如图9-29所示。

⑫ 给VPN连接建立账户：选择“开始”|“管理工具”|“服务器管理”，选择“配置”|“本地用户和组”|“用户”，右击右边窗口并新建一个用户VPN并设置密码为123456，新用户默认隶属于Users组，已经具备VPN拨入权限，如图9-30所示。

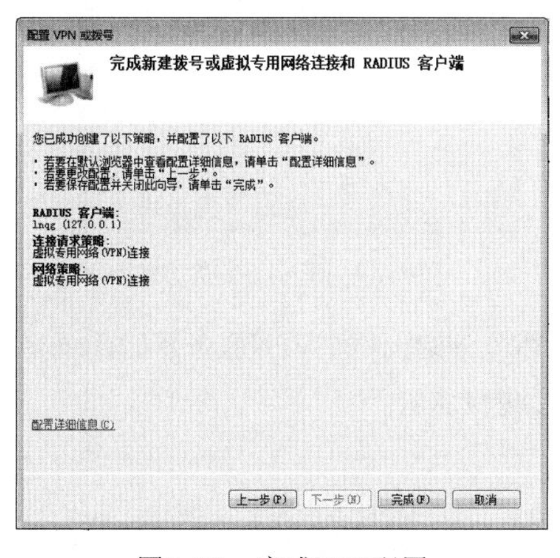

图9-29　完成NPS配置

图9-30　建立新用户vpn

3. 测试VPN连接

① 在“网络与共享中心”单击“设置新的连接或网络”打开向导，选择连接到工作区，如图9-31所示。

② 选择第一项“使用我的Internet连接（VPN)(I)”，因是测试，地址选择本地地址，如图9-32所示。

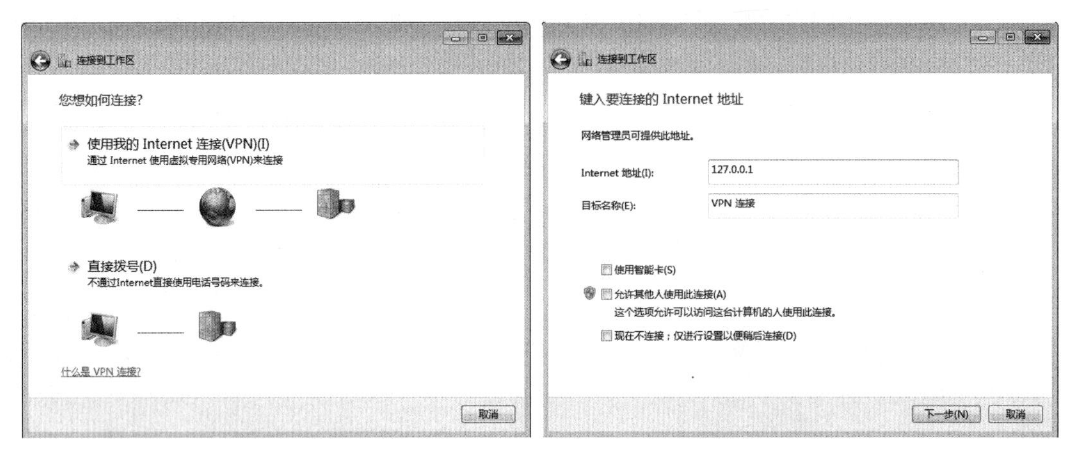

图9-31　连接到工作区　　　　图9-32　选择地址

③ 单击“下一步”按钮，输入用户名和密码，如图9-33所示。

④ 单击“连接”按钮，开始尝试连接，并验证用户名和密码，成功后提示已经连接，至此拨入成功。查看信息可以看到已经取得之前分配的192.168.1.201这个IP地址，如图9-34所示。

图9-33　用户名密码输入框

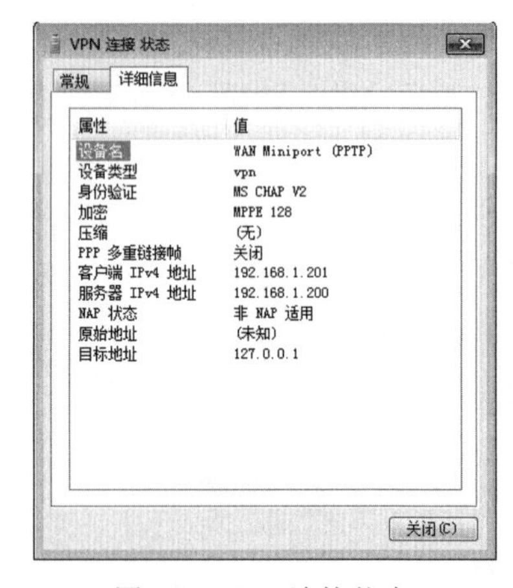

图9-34　VPN连接状态

这只是从最简单的入手，在Windows Server 2008环境下架设一个VPN服务器的简单案例。要实现VPN功能并投入实际使用，还有许多细节需要继续完善。

9.4.4　Internet Explorer安全应用实例

1. Internet安全设置

这里以Internet Explorer 8为例，打开Internet Explorer，选择菜单栏中的“工具”|“Internet选项”命令，打开“安全”选项卡，选择Internet，就可以针对Internet区域的一些安全选项进行设置。虽然有不同级别的默认设置，但最好是根据自己的实际情况调整一下，单击下方的“自定义级别”按钮，显示出具体组件的设置，如图9-35所示。

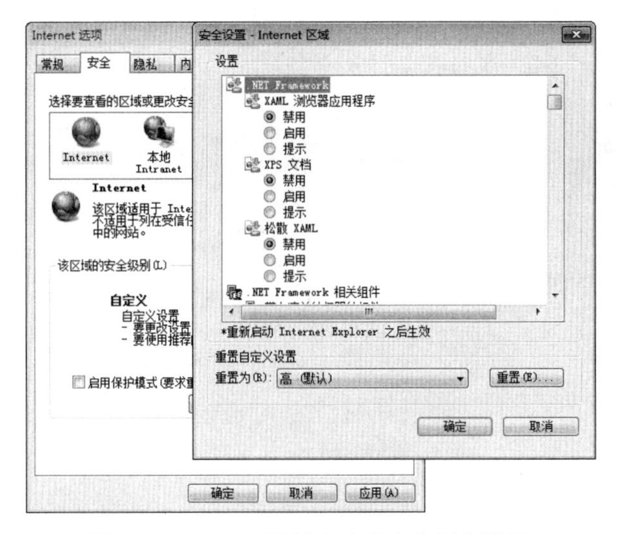

图9-35　Internet区域自定义安全级别设置

在这里需要说明一点，对于IE 8安全级别只有高（默认）无法更改的解决办法：

按下【Win+R】组合键，在“运行”对话框中，输入regedit，打开注册表编辑器，找到HKEY_LOCAL_MACHINE\Software\Microsoft\Windows\CurrentVersion\Internet Settings\Zones\3分支，将右侧的滚动条拉到最下面，找到MinLevel，将MinLevel修改为10000(十六进制)，单击“确定”按钮即可，如图9-36所示。

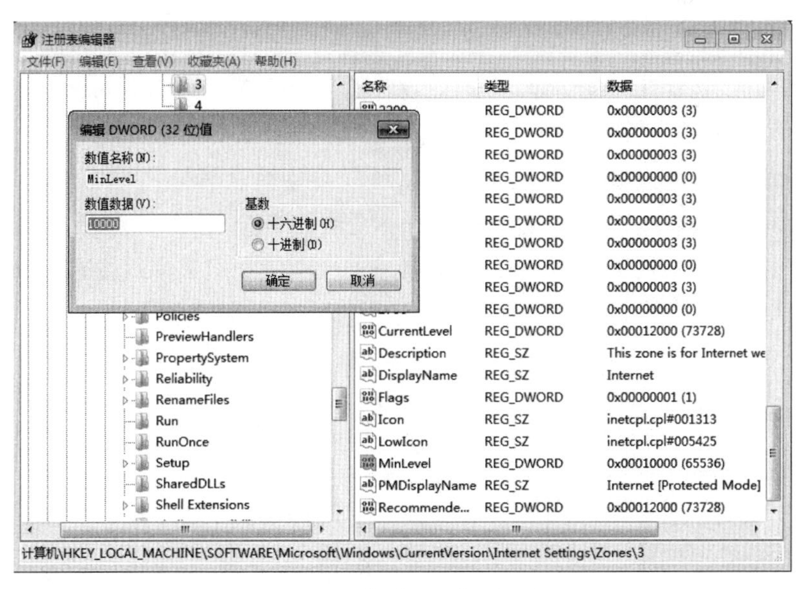

图9-36　修改IE8默认级别

2. 可信站点的安全设置

在“Internet选项”的“安全”选项卡下，单击“受信任的站点”，然后单击“站点”按钮，在弹出的对话框中输入希望添加的网络地址（例如http://www.lnqg.com.cn），然后单击右侧“添加”按钮即可，如图9-37所示。

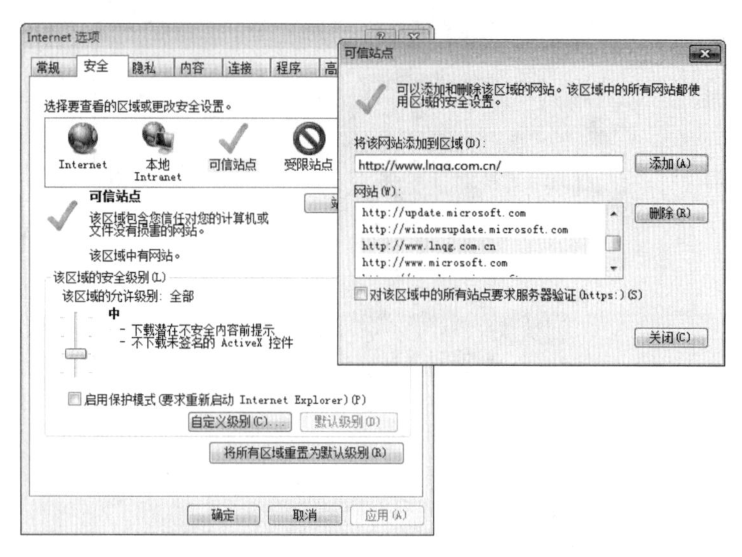

图9-37　可信任站点设置

3. 隐私（cookie）安全设置

大部分用户，关于隐私方面的设置，基本不会设置，也不知道设置，泄露个人信息最多就是这个。对于cookie，它可以让互联网服务供应商更贴心地为你服务，但是也会让别人知道你的信息，下面进行具体讲解。

（1）减少第三方cookie

打开“Internet选项”中的“隐私”选项卡，然后单击“高级”按钮，弹出“高级隐私设置”对话框，勾选“替代自动cookie处理”，设置阻止第三方cookie，并勾选“总是允许会话cookie（W）”，如图9-38所示。

（2）阻止危险网站利用cookie

在“隐私”选项卡，单击“站点”按钮，输入需要的网址，单击“阻止”按钮，如图9-39所示。“允许”是给反向设置用的，也就是禁用cookie，只允许列表中站点使用cookie。

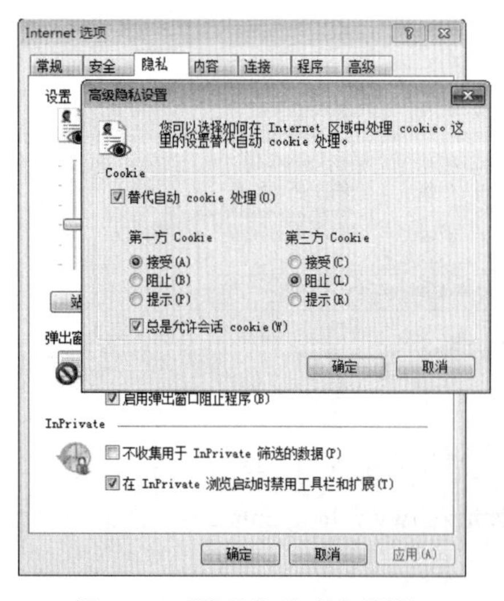

图9-38　“隐私”选项卡设置

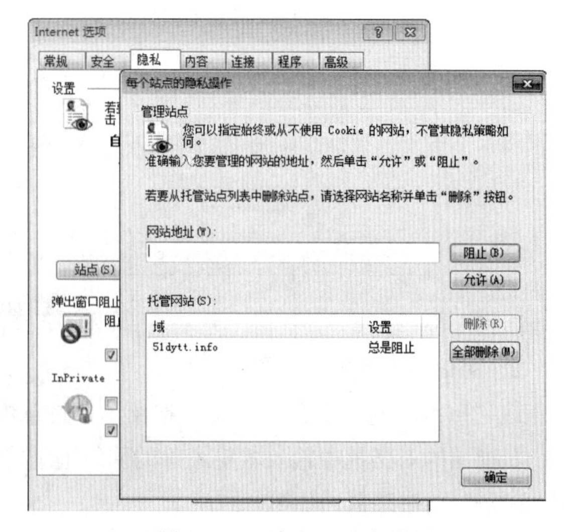

图9-39　“隐私”站点设置

4. Internet内容的安全设置

打开“Internet选项”中的“内容”选项卡，可以看到有“内容审查程序”“证书”“自动完成”和“源和网页快讯”四栏，可以根据需要进行设置，如图9-40所示。

5. Internet的高级安全设置

打开“Internet选项”的“高级”选项卡，可根据实际情况对“设置”中的各“安全”选项进行具体设置，如图9-41所示。

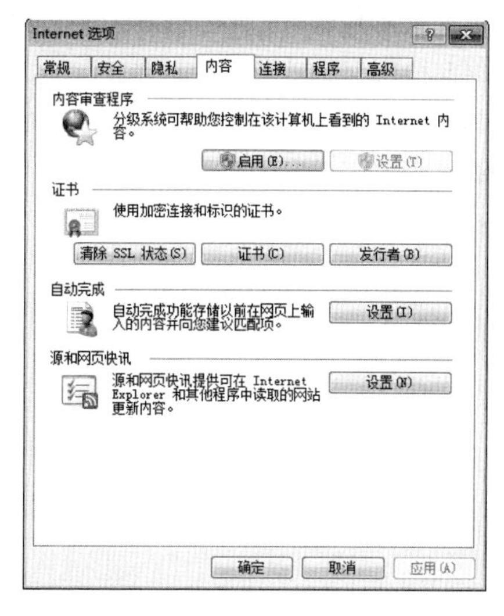

图9-40 “内容”选项卡设置

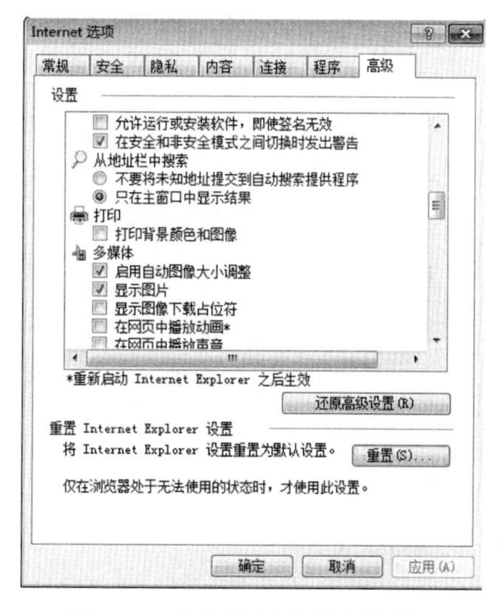

图9-41 “高级”选项卡设置

习　题

一、填空题

1. 常用的电子邮件协议有（　　）和（　　）。
2. 目前，成熟的端到端安全电子邮件标准有（　　）和（　　）。
3. Internet电子欺骗主要有（　　）、（　　）、（　　）。
4. ARP是负责将（　　）转化成对应的（　　）的协议。
5. VPN常用的连接方式有（　　）、（　　）。

二、选择题

1. Internet，Explorer浏览器本质是一个（　　）。

   A. 连入Internet的TCP/IP程序　　B. 连入 Internet的SNMP程序

   C. 浏览Internet上Web页面的服务器程序　D. 浏览Internet上Web页面的客户程序

2. 关于发送电子邮件，下列说法中正确的是（　　）。

   A. 必须先接入Internet，别人才可以给你发送电子邮件

   B. 只有打开了自己的计算机，别人才可以给你发送电子邮件

   C. 只要有E-mail地址，别人就可以给你发送电子邮件

   D. 没有E-mail地址，也可以收发送电子邮件

3. ARP为地址解析协议。关于ARP的下列说法中，正确的是（　　）。

A. ARP的作用是将IP地址转换为物理地址

B. ARP的作用是将域名转换为IP地址

C. ARP的作用是将IP地址转换为域名

D. ARP的作用是将物理地址转换为IP地址

4. 在常用的网络安全策略中，最重要的是（　　）。

A. 检测　　B. 防护　　C. 响应　　D. 恢复

5. 从攻击方式区分攻击类型，可分为被动攻击和主动攻击。被动攻击难以（　　），然而（　　）这些攻击是可行的；主动攻击难以（　　），然后（　　）这些攻击是可行的。

A. 阻止、检测、阻止、检测　　B. 检测、阻止、检测、阻止

C. 检测、阻止、阻止、检测　　D. 上面三项都不是

三、简答题

1. 电子邮件的安全漏洞有哪些？
2. 电子邮件安全策略有哪些？
3. IP电子欺骗的防范都有哪些？
4. DNS欺骗攻击原理是什么？
5. 什么是VPN？

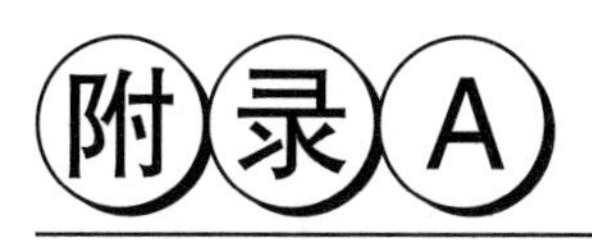

附录A

部分习题参考答案

项目1　认识网络安全

一、填空题

1．网络安全的基本要素有：机密性、完整性、可用性、可鉴别性、不可抵赖性

2．信息安全的发展历程包括：通信保密阶段、计算机安全阶段、信息技术安全阶段、信息保障阶段

3．网络安全的主要威胁有：非授权访问、冒充合法用户、破坏数据完整性、干扰系统正常运行、利用网络传播病毒、线路窃听等

4．访问控制包括三个要素：主体、客体和控制策略

5．网络安全的目标主要表现在以下几方面：可靠性、可用性、保密性、完整性

二、选择题

1．关于计算机网络安全是指（C）。

A．网络中设备设置环境的安全　　B．网络使用者的安全

C．网络中信息的安全　　D．网络的财产安全

2．计算机病毒是计算机系统中一类隐藏在（C）上蓄意破坏的捣乱程序。

A．内存　　B．软盘　　C．存储介质　　D．网络

3．在以下网络威胁中，（C）不属于信息泄露。

A．数据窃听　　B．流量分析　　C．拒绝服务攻击　　D．偷窃用户账号

4．在网络安全中，在未经许可的情况下，对信息进行删除或修改，这是对（C）的攻击。

A．可用性　　B．保密性　　C．完整性　　D．真实性

5．下列不属于网络技术发展趋势的是（B）。

A．速度越来越高

B．从资源共享网到面向中断的网发展

C．各种通信控制规程逐渐符合国际标准

D．从单一的数据通信网向综合业务数字通信网发展

三、简答题

1．简述网络脆弱的原因。

① 开放性的网络环境：Internet 的开放性，可能遭受各方面的攻击；Internet的国际性使网络可能遭受本地用户或远程用户、国外用户或国内用户等的攻击；Internet的自由性没有给

网络的使用者规定任何条款，导致用户"太自由了"，自由地下载，自由地访问，自由的发布；Internet使用的傻瓜性使任何人都可以方便地访问网络，基本不需要技术，只要会移动鼠标就可以上网冲浪，这就给用户带来很多的隐患。

② 协议本身的缺陷：网络应用层服务的隐患：IP层通信的易欺骗性；针对ARP的欺骗性。

③ 操作系统的漏洞：系统模型本身的缺陷；操作系统存在BUG；操作系统程序配置不正确。

④ 不重要的东西，不会被别人黑，存在这种侥幸心理、重装系统后觉得防范很麻烦，所以不认真对待安全问题，造成的隐患就特别多。

⑤ 设备不安全：对于购买的国外的网络产品，到底有没有留后门，根本无法得知，这对于缺乏自主技术支持，依赖进口的国家而言，无疑是最大的安全隐患。

⑥ 线路不安全：不管是有线介质（双绞线、光纤），还是无线介质（微波、红外、卫星、WIFI），窃听其中一小段线路的信息都是有可能的，没有绝对安全的通信线路。

2．网络安全的定义。

网络安全是指网络系统的硬件、软件及其系统中的数据受到保护，不因偶然的或者恶意的原因而遭受到破坏、更改、泄露，系统连续可靠正常地运行，网络服务不中断。

3．什么是系统安全？

所谓系统的安全是指整个网络操作系统和网络硬件平台是否可靠且值得信任。

4．简述网络安全威胁的定义。

所谓网络安全的威胁是指某个实体（人、事件、程序等）对某一资源的机密性、完整性、可用性在合法使用时可能造成的危害。这些可能出现的危害，是某些个别有用心的人通过添加一定的攻击手段来实现的。

5．如何进行病毒防护？

① 经常进行数据备份，特别是一些非常重要的数据及文件，以避免被病毒侵入后无法恢复。

② 对于新购置的计算机、硬盘、软件等，先用查毒软件检测后方可使用。

③ 尽量避免在无防毒软件的机器上或公用机器上使用可移动磁盘，以免感染病毒。

④ 对计算机的使用权限进行严格控制，禁止来历不明的人和软件进入系统。

⑤ 采用一套公认最好的病毒查杀软件，以便在对文件和磁盘操作时进行实时监控，及时控制病毒的入侵，并及时可靠的升级反病毒产品。

项目2　针对网络攻击的防护

一、填空题

1．网络安全的特征有（保密性）、（完整性）、（可用性）、（可控性）。

2．网络安全的结构层次包括（物理安全）、（安全控制）、（安全服务）。

3．网络安全面临的主要威胁有（黑客攻击）、（计算机病毒）、（拒绝服务）。

4．计算机安全的主要目标是保护计算机资源免遭（破坏）、（替换）、（盗窃）、（丢失）。

5．就计算机安全级别而言，能够达到C2级的常见操作系统有（NUIX）、（Nenix）、（Novell 3.x）、（Windows NT）。

6．一个用户的账号文件主要包括（登录名称）、（密码）、（用户标识号）、（组标识号）、（用户起始目标）。

7．数据库系统安全特性包括（数据独立性）、（数据安全性）、（数据完整性）、（并发控制）、（故障恢复）。

8．数据库安全的威胁主要有（篡改）、（损坏）、（窃取）。

9．数据库中采用的安全技术有（用户标识何鉴定）、（存取控制）、（数据分级）、（数据加密）。

10．计算机病毒可分为（文件病毒）、（引导扇区病毒）、（多裂变病毒）、（秘密病毒）、（异性病毒）、（宏病毒）等几类。

二、选择题

1．对网络系统中的信息进行更改、插入、删除属于（B）。

A．系统缺陷　B．主动攻击　C．漏洞威胁　D．被动攻击

2.（B）是指在保证数据完整性的同时，还要使其被正常利用和操作。

A．可靠性　B．可用性　C．完整性　D．保密性

3.（D）是指保证系统中数据不被无关人员识别。

A．可靠性　B．可用性　C．完整性　D．保密性

4．在关闭数据库的状态下进行数据库完全备份叫（B）。

A．热备份　B．冷备份　C．逻辑备份　D．差分备份

5．下面（B）攻击是被动攻击。

A．假冒　B．搭线窃听　C．篡改信息　D．重放信息

6．AES是（C）。

A．不对称加密算法　B．消息摘要算法　C．对称加密算法　D．流密码算法

7．在加密时将明文的每个或每组字符有另一个或另一组字符所代替，这种密码叫（B）。

A．移位密码　B．替代密码　C．分组密码　D．序列密码

8．DES算法一次可用56位密钥把（C）位明文加密。

A．32　B．48　C．64　D．128

9.（D）是典型的公钥密码算法。

A．DES　B．IDEA　C．MD5　D．RSA

10.（A）是消息认证算法。

A．DES　B．IDEA　C．MD5　D．RSA

三、简答题

1．简述ARP欺骗的实现原理及主要防范方法。

答：由于ARP协议在设计中存在的主动发送ARP报文的漏洞，使得主机可以发送虚假的ARP请求报文或响应报文，报文中的源IP地址和源MAC地址均可以进行伪造。在局域网中，既可以伪造成某一台主机（如服务器）的IP地址和MAC地址的组合，也可以伪造成网关的IP

地址和MAC地址的组合，ARP即可以针对主机，也可以针对交换机等网络设备。

目前，绝大部分ARP欺骗是为了扰乱局域网中合法主机中保存的ARP表，使得网络中的合法主机无法正常通信或通信不正常，例如，表示为计算机无法上网或上网时断时续等。

针对主机的ARP欺骗的解决方法：主机中静态ARP缓存表中的记录是永久性的，用户可以使用TCP/IP工具来创建和修改，如Windows操作系统自带的ARP工具，利用“arp -s 网关IP地址 网关MAC地址”将本机中ARP缓存表中网关的记录类型设置为静态（static）。

针对交换机的ARP欺骗的解决方法：在交换机上防范ARP欺骗的方法与在计算机上防范ARP欺骗的方法基本相同，还是使用将下连设备的MAC地址与交换机端口进行一一绑定的方法来实现。

2．简述常见的网络改革的步骤。

（1）第一阶段：攻击的准备阶段

需要完成如下任务。

① 确定攻击目标。

② 收集相关信息：网站信息的收集、资源信息的收集。

③ 发现系统漏洞：端口扫描、综合扫描。

④ 准备攻击工具。

（2）第二阶段：攻击的实施阶段

① 第一步，隐藏自己的位置。

② 第二步，利用收集到的信息获取账号和密码，登录主机。

③ 第三步，利用漏洞或者其他方法获得控制权并窃取网络资源和特权。

（3）第三阶段：攻击的善后阶段

① 清除日志。

② 植入后门程序：Guest用户、木马程序、安装各种工具。

3．网络安全主要有哪些关键技术？

答：主机安全技术、身份认证技术、访问控制技术、密码技术、防火墙技术、安全审计技术、安全管理技术。

4．访问控制的含义是什么？

答：系统访问控制是对进入系统的控制。其主要作用是对需要访问系统及其数据的人进行识别，并检验其身份的合法性。

5．简述网络攻击的分类。

实施外部攻击的方法很多，从攻击者目的的角度来讲，可将攻击事件分为以下3类：

① 外部攻击：审计试图登录的失败记录。

② 内部攻击：观察试图连接特定文件、程序或其他资源的失败记录。

③ 行为滥用：通过审计信息来发现那些权力滥用者往往是很困难的。

其中外部攻击包括5类：

① 破坏型攻击。

② 利用型攻击：密码猜测、特洛伊木马、缓冲区溢出等。

③ 信息收集型攻击

- 扫描技术：地址扫描（ping。。。）端口扫描反响映射慢速扫描。
- 体系结构探测：使用已知具有响应类型数据库的自动探测攻击，对来自目标主机的，对坏数据包传递所做出的响应进行检查。
- 利用信息服务：DNS转换（如果你维护着一台公共的DNS服务器，攻击者只需实施一次域转换操作就能得到所有主机的名称以及内部IP地址）。
- Finger服务：（使用Finger命令来刺探一台Finger服务器以获取关于该系统的用户的信息）。
- LDAP服务：（使用LDAP协议窥探网络内部的系统和它们的用户信息）。
- Sniffer：（通常运行在路由器，或有路由功能的主机上。是一种常用的收集有用数据的方法）。

④ 网络欺骗攻击：包括DNS欺骗攻击、电子邮件攻击、Web欺骗、IP欺骗等。

⑤ 垃圾信息攻击。

项目3 网络数据库安全

一、填空题

1．数据库常见有的攻击方有（SQL注入）、（跨站脚本攻击）、（网页挂马）。

2．数据库的破坏来自以下几方面：（利用权限机制）、（利用完整性约束）、（提供故障恢复能力）、（提供并发控制机制）。

3．为了保护数据库，防止恶意的滥用，可以从（环境级）、（职员级）、（OS级）、（网络级）、（DBS级），低到高的5个级别上设置各种安全措施。

4．与传统防火墙不同，WAF工作在（应用层），因此对（Web应用防护）应用防护具有先天的技术优势。

5．SQL注入即通过把（SQL命令）插入到Web表单递交或输入域名或页面请求的查询字符串，最终达到（欺骗服务器执行恶意的SQL命令）。

二、选择题

1．对网络系统中的信息进行更改、插入、删除属于（B）。

A．系统缺陷　　B．主动攻击　　C．漏洞威胁　　D．被动攻击

2．（B）是指在保证数据完整性的同时，还要使其能被正常利用和操作。

A．可靠性　　B．可用性　　C．完整性　　D．保密性

3．Web中使用的安全协议有（C）。

A．PEM　SSL　　B．S-HTTP　S/MIME　　C．SSL　S-HTTP　　D．S/MIME　SSL

4．网络安全最终是一个折中的方案，即安全强度和安全操作代价的折中除增加安全设施投资外，还应考虑（D）。

A．用户的方便性　　B．管理的复杂性

C．对现有系统的影响及对不同平台的支持　　D．上面3项都是

三、简答题

1．针对数据库破坏的可能情况，数据库管理系统（DBMS）核心已采取哪些相应措施对数据库实施保护？

答：① 利用权限机制，只允许有合法权限的用户存取所允许的数据。

② 利用完整性约束，防止非法数据进入数据库。

③ 提供故障恢复能力，以保证各种故障发生后，能将数据库中的数据从错误状态恢复到一致状态。

④ 提供并发控制机制，控制多个用户对同一数据的并发操作，以保证多个用户并发访问的顺利进行。

2．简述多用户的并发访问。

数据库是共享资源，允许多个用户并发访问（Concurrent Access），由此会出现多个用户同时存取同一个数据的情况。如果对这种并发访问不加控制，各个用户就可能存取到不正确的数据，从而破坏数据库的一致性。

3．简述备份和还原。

备份是指将数据库复制到一个专门的备份服务器、活动磁盘或者其他能足够长期存储数据的介质上作为副本。一旦数据库因意外而遭损坏，这些备份可用来还原数据库。

还原是与备份相对应的数据库管理工作，系统进行数据库还原的过程中，自动执行安全性检查，然后根据数据库备份自动创建数据库结构，并且还原数据库中的数据。

4．简述SQL server安全防护应该考虑哪些方面。

答：① 使用安全的密码策略。很多数据库账号的密码过于简单，这跟系统密码过于简单是一个道理。对于数据库更应该注意，同时不要让数据库账号的密码写于应用程序或者脚本中。在安装SQL Server时，使用混合模式，输入数据库的密码。

② 加强数据库日志的记录。审核数据库登录事件的“失败和成功”，在实例属性中选择“安全性”，将其中的审核级别选定为全部，这样在数据库系统和操作系统日志里面，就详细记录了所有账号的登录事件。

③ 改默认端口。在默认情况下，SQL server使用1433端口监听，1433端口的被扫描率是非常大的，将TCP/IP使用的默认端口变为其他端口，并拒绝数据库端口的UDP通信。

④ 对数据库的网络连接进行IP限制。使用SQL Server提供的IPSEC可以实现IP数据包的安全性，对IP连接进行限制，只保证授权的IP能够访问，也拒绝其他IP的端口连接，对安全威胁进行有效的控制。

⑤ 程序补丁。经常访问微软的安全网站，一旦发现SQL Server 的安全补丁，应立即下载并安装。

项目4　计算机病毒与木马防护

一、填空题

1．计算机病毒按寄生方式和感染途径可分为（引导型病毒）、（文件型病毒）和（混合型病毒）。

2．引导型病毒感染磁盘中的引导区，蔓延到用户硬盘，并能感染到用户盘中的（主引导记录）。

3．引导型病毒按其寄生对象的不同又可分为两类：（MBR（主引导区）病毒）和（BR（引导区））。

4．文件型病毒分为（源码型病毒）、（嵌入型病毒）和（外壳型病毒）。

5．混合型病毒，也称综合型、复合型病毒，同时具备（引导型）和（文件型）病毒的特征，即这种病毒既可以感染磁盘引导扇区，又可以感染可执行文件。

6．计算机病毒按照链接方式分类可分为（源码型病毒）、（嵌入型病毒）、（外壳型病毒）、（操作系统型病毒）。

二、选择题

1．下面是关于计算机病毒的两种论断，经判断（A）。

（1）计算机病毒也是一种程序，它在某些条件上激活，起干扰破坏作用，并能传染到其他程序中去；（2）计算机病毒只会破坏磁盘上的数据。

A．只有（1）正确　　B．只有（2）正确

C．（1）和（2）都正确　　D．（1）和（2）都不正确

2．通常所说的“计算机病毒”是指（D）。

A．细菌感染　　B．生物病毒感染

C．被损坏的程序　　D．特制的具有破坏性的程序

3．对于已感染了病毒的U盘，最彻底的清除病毒的方法是（D）。

A．用酒精将U盘消毒　　B．放在高压锅里煮

C．将感染病毒的程序删除　　D．对U盘进行格式化

4．计算机病毒造成的危害是（B）。

A．使磁盘发霉　　B．破坏计算机系统

C．使计算机内存芯片损坏　　D．使计算机系统突然掉电

5．计算机病毒的危害性表现在（B）。

A．能造成计算机器件永久性失效

B．影响程序的执行，破坏用户数据与程序

C．不影响计算机的运行速度

D．不影响计算机的运算结果，不必采取措施

6．计算机病毒对于操作计算机的人，（C）。

A．只会感染，不会致病　　B．会感染致病

C．不会感染　　D．会有厄运

7．以下措施不能防止计算机病毒的是（A）。

A．保持计算机清洁

B．先用杀病毒软件将从别人机器上拷来的文件清查病毒

C．不用来历不明的U盘

D．经常关注防病毒软件的版本升级情况，并尽量取得最高版本的防毒软件

8．下列4项中，不属于计算机病毒特征的是（D）。

A．潜伏性　　B．传染性　　C．激发性　　D．免疫性

9．宏病毒可感染下列的（B）文件。

A．exe　　B．doc　　C．bat　　D．txt

三、简答题

1．计算机病毒有哪些传播途径？

① 通过移动存储设备进行传播：磁带、光盘、U盘、移动硬盘等。

② 通过不可移动的计算机硬件设备进行传播：通过计算机的专用ASIC芯片等传播。

③ 通过有线网络系统进行传播：电子邮件、WWW浏览、FTP文件传输、BBS、网络聊天工具等。

④ 通过无线通信系统进行传播：由于未来有更多手机通过无线通信系统和互联网连接，手机已成为病毒的新的攻击目标。

2．计算机病毒的感染过程是什么？

① 当宿主程序运行时，截取控制权。

② 寻找感染的突破口。

③ 将病毒代码放入宿主程序。

3．简述特洛伊木马的基本原理。

特洛伊木马包括客户端和服务器端两部分，攻击者通常利用一种称为绑定程序（exe-binder）的工具将木马服务器绑定到某个合法软件上，诱使用户运行合法软件。只要用户运行该软件，特洛伊木马的服务器就在用户毫无察觉的情况下完成了安装过程，攻击者要利用客户端远程监视、控制服务器，必须先建立木马连接；而建立木马连接，必须先知道网络中哪一台计算机中了木马，获取到木马服务器的信息之后，即可建立木马服务器和客户端程序之间的联系通道，攻击者就可以利用客户端程序向服务器程序发送命令，达到操控用户计算机的目的。

4．简述计算机病毒的生命周期。

① 开发期：有计算机编程知识的人一般都可以制造一个病毒。

② 传染期：在一个病毒制造出来后，病毒的编写者将其分发出去并确认其已被传播出去。

③ 潜伏期：一个设计良好的病毒可以在它活化前的很长时期里被复制。这就给了它充裕的传播时间。

④ 发作期：带有破坏机制的病毒会在满足某一特定条件时发作。

⑤ 发现期：通常情况下，一个病毒被检测到并被隔离出来后，它会被送到计算机安全协会或反病毒厂家，在那里病毒被通报和描述给反病毒研究工作者。

⑥ 消化期：在这一阶段，反病毒开发人员修改他们的软件以使其可以检测到新发现的病毒。

⑦ 消亡期：有一些病毒在消失之前有一个很长的消亡期。

5．什么是病毒的多态？

所谓病毒的多态，就是指一个病毒的每个样本的代码都不相同，它表现为多种状态。采

用多态技术的病毒由于病毒代码不固定，这样就很难提取出该病毒的特征码，所以只采用特征码查毒法的杀毒软件是很难对这种病毒进行查杀的。

项目5 使用Sniffer Pro防护网络

一、填空题

1．在计算机网络安全技术中，DoS的中文译名是（拒绝服务攻击）。

2．（DDos/分布是拒绝服务攻击）的特点是先是用一些典型的黑客入侵手段控制一些高带宽的服务器，然后在这些服务器上安装攻击进程，集数十台、数百台甚至上千台机器的力量对单一攻击目标实施攻击。

3．SYN flooding 攻击即是利用的（TCP）协议设计弱点。

4．(蜜罐)是一个孤立的系统集合，其首要目的是利用真实或模拟的漏洞或利用系统配置中的（弱点），引诱攻击者发起攻击。它吸引攻击者，并能记录攻击者的活动，从而更好地理解击者的攻击。

二、选择题

1．网络监听是（B）。

A．远程观察一个用户的计算机　　B．监视网络的状态、传输的数据流

C．监视PC系统的运行情况　　D．件事一个网络的发展方向

2．如果要使Sniffer能够正常抓取数据，一个重要的前提是网卡要设置成（C）模式。

A．广播　　B．共享　　C．混杂　　D．交换

3．Sniffer在抓取数据的时候实际上是在OSI模型的（C）层抓取。

A．物理层　　B．数据链路层　　C．网络层　　D．传输层

4．TCP协议是攻击者攻击方法的思想源泉，主要问题存在于TCP的三次握手协议上，以下（B）顺序是正常的TCP三次握手过程。

① 请求端A发送一个初始序号ISNa的SYN报文；

② A对SYN+ACK报文进行确认，同时将ISNa+1，ISNb+1发送给B

③ 被请求端B收到A的SYN报文后，发送给A自己的初始序列号ISNb，同时将ISNa+1作为确认的SYN+ACK报文

A．①②③　　B．①③②　　C．③②①　　D．③①②

5．DDoS攻击破坏网络的（A）。

A．可用性　　B．保密性　　C．完整性　　D．真实性

6．拒绝服务攻击（A）。

A．用超出被攻击目标处理能力的海量数据包销耗可用系统带宽资源等方法的攻击

B．全称是Distributed Denial Of Service

C．拒绝来自一个服务器所发送回应请求的指令

D．入侵控制一个服务器后远程关机

7．当感觉到操作系统运行速度明显减慢，打开任务管理器后发现CPU的使用率达到100%

时，最有可能受到（B）攻击。

A．特洛伊木马　B．拒绝服务　C．欺骗　D．中间人攻击

8．死亡之ping、泪滴攻击等等都属于（B）攻击。

A．漏洞　B．DOS　C．协议　D．格式字符

项目6　数据加密

一、填空题

1．密码按密钥方式划分，可分为（对称加密）式密码和（非对称加密）式密码。

2．DES加密算法主要采用（替代算法）和（换位算法）的方法加密。

3．非对称密码技术也称为（公钥）密码技术。

4．DES算法的密钥为（64）位，实际加密时仅用到其中的（56）位。

5．数字签名技术实现的基础是（PKI）技术。

二、选择题

1．所谓加密是指将一个信息经过（A）及加密函数转换，变成无意义的密文，而接受方则将此密文经过解密函数及（　　）还原成明文。

A．加密钥匙、解密钥匙　B．解密钥匙、解密钥匙

C．加密钥匙、加密钥匙　D．解密钥匙、加密钥匙

2．以下关于对称密钥加密说法正确的是（C）。

A．加密方和解密方可以使用不同的算法　B．加密密钥和解密密钥可以是不同的

C．加密密钥和解密密钥必须是相同的　D．密钥的管理非常简单

3．以下关于非对称密钥加密说法正确的是（B）。

A．加密方和解密方使用的是不同的算法　B．加密密钥和解密密钥是不同的

C．加密密钥和解密密钥匙相同的　D．加密密钥和解密密钥没有任何关系

4．以下算法中属于非对称算法的是（B）。

A．DES　B．RSA算法　C．IDEA　D．三重DES

5．CA指的是（A）。

A．证书授权　B．加密认证　C．虚拟专用网　D．安全套接层

6．以下关于数字签名说法正确的是（D）。

A．数字签名是在所传输的数据后附加上一段和传输数据毫无关系的数字信息

B．数字签名能够解决数据的加密传输，即安全传输问题

C．数字签名一般采用对称加密机制

D．数字签名能够解决篡改、伪造等安全性问题

7．以下关于CA认证中心说法正确的是（C）。

A．CA认证是使用对称密钥机制的认证方法

B．CA认证中心只负责签名，不负责证书的产生

C．CA认证中心负责证书的颁发和管理、并依靠证书证明一个用户的身份

D．CA认证中心不用保持中立，可以随便找一个用户来作为CA认证中心

8．关于CA和数字证书的关系，以下说法不正确的是（A）。

A．数字证书是保证双方之间的通信安全的电子信任关系，他由CA签发

B．数字证书一般依靠CA中心的对称密钥机制来实现

C．在电子交易中，数字证书可以用于表明参与方的身份

D．数字证书能以一种不能被假冒的方式证明证书持有人身份

三、简答题

1．什么是密码体制的五元组。

五元组（M,C,K,E,D）构成密码体制模型，M代表明文空间；C代表密文空间；K代表密钥空间；E代表加密算法；D代表解密算法。

2．简述口令和密码的区别。

密码：按特定法则编成，用以对通信双方的信息进行明、密变换的符号。换而言之，密码是隐蔽了真实内容的符号序列。就是把用公开的、标准的信息编码表示的信息通过一种变换手段，将其变为除通信双方以外其他人所不能读懂的信息编码，这种独特的信息编码就是密码。

口令：是与用户名对应的，用来验证是否拥有该用户名对应的权限。

区别：当前，无论是计算机用户，还是一个银行的户头，都是用口令保护的，通过口令来验证用户的身份。在网络上，使用用户口令来验证用户的身份成了一种基本的手段。而密码是指为了保护某种文本或口令采用特定的加密算法产生新的文本或字符串。

3．密码学的分类标准是什么？

按操作方式可分为：替代、置换、复合操作

按使用密钥的数量可分为：对称密钥（单密钥）、公开密钥（双秘钥）

按对明文的处理方法可分为：流密码、分组密码

4.“恺撒密码”据传是古罗马恺撒大帝用来保护重要军情的加密系统。它是一种替代密码，通过将字母按顺序推后3位（k=3）而起到加密作用，如将字母A换作字母D，将字母B换作字母E。据说恺撒是率先使用加密函的古代将领之一，因此这种加密方法被称为恺撒密码。设待加密的消息为"UNIVERSITY"，密钥 k为5，试给出加密后的密文。

答案：ZSNAJWXNYD

5．给定素数p=11，q=13，试生成一对RSA密钥。

解答：

即用RSA算法计算：

(1)密钥的模 n和欧拉函数φ (n)的值；(2) 设选择公钥e=7，计算私钥d的值。

(1)N=p*q=11*13=143　　　φ (n)=(p-1)*(q-1)=10*12=120 (2)d*e mod φ (n)=1

7*d mod 120=1　　　d=103

项目7　防火墙技术

一、填空题

1．IPSec的中文译名是（IP层协议安全结构）。

2．（防火墙）是一种网络安全保障技术，它用于增强内部网络安全性，决定外界的哪些用户可以访问内部的哪些服务，以及哪些外部站点可以被内部人员访问。

3．常见的防火墙有3种类型：（包过滤防火墙）、应用代理防火墙和状态检测防火墙。

4．防火墙按组成组件分为（软件防火墙）和（硬件防火墙）。

5．包过滤防火墙的过滤规则基于（包过滤规则）。

二、选择题

1．防火墙技术可以分为（①D）等3大类型，防火墙系统通常由（②D）组成，防止不希望的、未经授权的信息进入被保护的内部网络，是一种（③B）网络安全措施。

① A．包过滤、入侵检测和数据加密　　B．包过滤、入侵检测和应用代理

C．包过滤、应用代理和入侵检测　　D．包过滤、状态监测和应用代理

② A．杀病毒卡和杀病毒软件　　B．代理服务器和入侵检测系统

C．过滤路由器和入侵检测系统　　D．过滤路由器和代理服务器

③ A．被动的　　B．主动的

C．能够防止内部犯罪的　　D．能够解决所有问题的

2．防火墙是建立在内外网络边界上的一类安全保护机制，其安全构架基于（①D）。一般作为代理服务器的堡垒主机上装有（②A），其上运行的是（③A）。

① A．流量控制技术　B．加密技术　C．信息流填充技术　D．访问控制技术

② A．一块钱网卡且有一个IP地址　　B．两个网卡且有两个不同的IP地址

C．两个网卡且有相同的IP地址　　D．多个网卡且动态获得IP地址

③A．代理服务器软件　B．网络操作系统　C．数据库管理系统　D．应用软件

3．以下不属于Windows Server 2012中的IPSec过滤行为的是（D）。

A．允许　B．阻塞　C．协商　D．证书

4．以下关于防火墙的设计原则说法正确的是（A）。

A．保持设计的简单性

B．不单单要提供防火墙的功能，还要尽量使用较大的组件

C．保留尽可能多的服务和守护进程，从而能提供更多的网络服务

D．一套防火墙就可以保护全部的网络

5．下列关于防火墙的说法正确的是（A）。

A．防火墙的安全性能是根据系统安全的要求而设置的

B．防火墙的安全性能是一致的，一般没有级别之分

C．防火墙不能把内部网络隔离为可信任网络

D．一个防火墙只能用来对两个网络之间的互相访问实行强制性管理

6．为确保企业局域网的信息安全，防止来自Internet的黑客入侵，采用（C）可以实现一定的防范作用。

A．网络管理软件　　B．邮件列表

C．防火墙　　D．防病毒软件

7．（B）不是防火墙的功能。

A．过滤进出网络的数据包

B．保护存储数据安全

C．封堵某些禁止的访问行为

D．记录通过防火墙的信息内容和活动

项目8 无线区域网安全

一、填空题

1．在无线局域网中，（802.11）是最早发布的基本标准，（802.11a）和（802.11g）标准的传输速率都达到了54 Mbit/s，（802.11b）和（802.11g）标准是工作在免费频段上的。

2．在无线网络中，除了WLAN外，其他的还有（家庭网络（Home RF）技术）和（蓝牙（Bluetooth）技术）等几种无线网络技术。

3．无线局域网（Wireless Local Area Network，WLAN）是计算机网络与（无线通信技术）相结合的产物。

4．无线局域网的配置方式有两种：（Ad-Hoc模式（无线对等模式））和（Infrastructure基础结构模式）。

二、选择题

1．IEEE 802.11标准定义了（A）。

A．无线局域网技术规范　　B．电缆调制解调器技术规范

C．光纤局域网技术规范　　D．宽带网络技术规范

2．IEEE802.11使用的传输技术为（D）。

A．红外、跳频扩频与蓝牙　　B．跳频扩频、直接序列扩频与蓝牙

C．红外、直接序列扩频与蓝牙　　D．红外、跳频扩频与直接序列扩频

3．IEEE802.11b定义了使用跳频扩频技术的无线局域网标准，传输速率为1 Mbit/s、2 Mbit/s、5.5 Mbit/s与（B）。

A．10 Mbit/s　　B．11 Mbit/s　　C．20 Mbit/s　　D．54 Mbit/s

4．红外局域网的数据传输有3种基本的技术：定向光束传输、全反射传输与（C）。

A．直接序列扩频传输　　B．跳频传输

C．漫反射传输　　D．码分多路复用传输

5．无线局域网需要实现移动结点的（A）功能。

A．物理层和数据链路层　　B．物理层、数据链路层和网络层

C．物理层和网络层　　D．数据链路层和网络层

6．关于Ad-Hoc网络的描述中，错误的是（B）。

A．没有固定的路由器　　B．需要基站

C．具有动态搜索能力　　D．适用于紧急救援等场合

7．IEEE 802.11技术和蓝牙技术可以共同使用的无线通信频点是（B）。

A．800 Hz　　B．2.4 GHz　　C．5 GHz　　D．10 GHz

8．下面关于无线局域网的描述中，错误的是（C）。

A．采用无线电波作为传输介质　　B．可以作为传统局域网的补充

C．可以支持1 Gbit/s的传输速率　　D．协议标准是IEEE 802.11

9．无线局域网中使用的SSID是（B）。

A．无线局域网的设备名称　　B．无线局域网的标识符号

C．无线局域网的入网密码　　D．无线局域网的加密符号

三、简答题

1．简述无线局域网的IEEE802.11x有哪些标准。

目前支持无线网络的技术标准主要有IEEE802.11x系列标准、家庭网络技术、蓝牙技术等。IEEE802.11是第一代无线局域网标准之一，该标准定义了物理层和介质访问控制MAC协议规范，物理层定义了数据传输的信号特征和调制方法，定义了两个射频（RF）传输方法和一个红外线传输方法。802.11标准速率最高只能达到2Mbit/s。此后这一标准逐渐完善，形成IEEE 8.2.11x系列标准。

802.11标准规定了在物理层上允许三种传输技术：红外线、跳频扩频和直接序列扩频。红外无线数据传输技术主要有三种：定向光束红外传输、全方位红外传输和漫反射红外传输。

802.11b即Wi-Fi（Wireless Fidelity，无线相容认证），它利用2.4GHz的频段。2.4GHz的ISM(Industrial Scientific Medical)频段为世界上绝大多数国家通用，因此802.11b得到了最为广泛的应用。

802.11a（Wi-Fi5）标准是802.11b标准的后续标准。

802.11g是为了提高传输速率而制订的标准，它采用2.4GHz频段，使用CCK（补码键控）技术与802.11b（Wi-Fi）向后兼容，同时它又通过采用OFDM（正交频分复用）技术支持高达54Mbit/s的数据流。

802.11n可以将WLAN的传输速率由目前802.11a及802.11g提供的54Mbit/s，提高到300Mbit/s甚至高达600Mbit/s。

2．无线局域网的网络结构有哪些?

（1）Ad-Hoc模式（无线对等模式）

这种应用包含多个无线终端和一个服务器，均配有无线网卡，但不连接到接入点和有线网络，而是通过无线网卡进行相互通信。它主要用来在没有基础设施的地方快速而轻松地建立无线局域网。

（2）Infrastructure模式（基础结构模式）

该模式是目前最常见的一种架构，这种架构包含一个接入点和多个无线终端，接入点通过电缆连线与有线网络连接，通过无线电波与无线终端连接，可以实现无线终端之间的通信，以及无线终端与有线网络之间的通信。通过对这种模式进行复制，可以实现多个接入点相连接的更大的无线网络。

3．常用的无线局域网络有哪些？它们分别有什么功能?

目前的无线局域网络技术主要有IEEE802.11x网络、家庭网络技术、蓝牙技术等。

（1）IEEE802.11x系列网络

IEEE802.11是第一代无线局域网标准之一。该标准定义了物理层和介质访问控制MAC协议规范，物理层定义了数据传输的信号特征和调制方法，定义了两个射频（RF）传输方法和一个红外线传输方法。802.11标准速率最高只能达到2 Mbit/s。此后这一标准逐渐完善，形成IEEE 8.2.11x系列标准。

目前，最普遍的无线局域网技术是扩展频谱（简称扩频）技术。扩频通信是将数据基带信号频谱扩展几倍到几十倍，以牺牲通信带宽为代价来提高无线通信系统的抗干扰性和安全性。扩频的第一种方法是跳频（Frequency Hopping），第二种方法是直接序列（Direct Sequence）扩频。这两种方法都被无线局域网所采用。

（2）家庭网络（Home RF）技术

家庭网络技术一种专门为家庭用户设计的小型无线局域网技术。

Home RF的工作频率为2.4 GHz。原来最大数据传输速率为2 Mbit/s，2000年8月，美国联邦通信委员会(FCC)批准了Home RF的传输速率可以提高到8～11 Mbit/s。Home RF可以实现最多5个设备之间的互联。

（3）蓝牙技术

蓝牙（Bluetooth）技术实际上是一种短距离无线数字通信的技术标准，工作在2.4GHz频段，最高数据传输速度为1 Mbit/s（有效传输速度为721kbit/s），传输距离为10 cm～10 m，通过增加发射功率可达到100 m。

蓝牙技术主要应用于手机、笔记本计算机等数字终端设备之间的通信和这些设备与Internet的连接。

4．在无线局域网和有线局域网的连接中，无线AP提供什么样的功能？

无线AP的作用相当于局域网集线器。它在无线局域网和有线网络之间接收、缓冲存储和传输数据，以支持一组无线用户设备。接入点通常是通过标准以太网线连接到有线网络上，并通过天线与无线设备进行通信。在有多个接入点时，用户可以在接入点之间漫游切换。接入点的有效范围是20～500m。根据技术、配置和使用情况，一个接入点可以支持15～250个用户，通过添加更多的接入点，可以比较轻松地扩充无线局域网，从而减少网络拥塞并扩大网络的覆盖范围。

5．无线局域网常见的攻击有哪些？

一般对无线网络的攻击主要包含窃听、欺骗、接管等，具体可以包括以下4个方面。

① 窃听。

② 欺骗和非授权访问。

③ 网络接管与篡改。

④ 拒绝服务攻击。

6．简述WEP协议标准、缺陷及可能的攻击。

（1）WEP协议标准

在IEEE 802.11标准中，WEP（Wired Equivalent Privacy，有线等效保密协议）是一种保密协议，主要用于无线局域网（WLAN）中两台无线设备间对无线传输数据进行加密。它是经

过Wi-Fi认证的无线局域网产品所支持的一种安全标准。

WEP特性里使用了RSA数据安全性公司开发的rc4算法。目前，大部分无线网络设备都采用该加密技术，一般支持64/128位WEP加密，有的可高达256位WEP加密。

（2）WEP密钥缺陷主要源于三个方面：

① WEP 帧的数据负载

② CRC-32算法在WEP中的缺陷

③ 在WEP过程中，无身份验证机制

7．无线网络安全机制实现技术有哪些?

无线网络安全机制实现技术有如下几种：

① 服务集标识符（Service Set ID，SSID）。

② MAC地址过滤。

③ WEP安全机制（Wired Equivalent Protection，WEP）。

④ WPA安全机制。

⑤ WAPI安全机制。

项目9 Internet 安全与应用

一、填空题

1．常用的电子邮件协议有（SMTP）和（POP3）。

2．目前，成熟的端到端安全电子邮件标准有（PGP）和（S/MIME）。

3．Internet电子欺骗主要有（ARP电子欺骗）、(DNS电子欺骗）、(IP电子欺骗）

4．ARP是负责将（IP地址）转化成对应的（MAC地址）的协议

5．VPN常用的连接方式有（通过Internet实现远程访问）、(通过Internet实现网络互连和连接企业内部网络计算机）

二、选择题

1．Internet，Explorer浏览器本质是一个（D）

A．连入Internet的TCP/IP程序

B．连入Internet的SNMP程序

C．浏览Internet上Web页面的服务器程序

D．浏览Internet上Web页面的客户程序

2．关于发送电子邮件，下列说法中正确的是（C）

A．必须先接入：Internet，别人才可以给你发送电子邮件

B．只有打开了自己的计算机，别人才可以给你发送电子邮件

C．只要有E-mail地址，别人就可以给你发送电子邮件

D．没有E-mail地址，也可以收发送电子邮件

3．ARP为地址解析协议。关于ARP的下列说法中，正确的是（A）

A．ARP的作用是将IP地址转换为物理地址

B．ARP的作用是将域名转换为IP地址

C．ARP的作用是将IP地址转换为域名

D．ARP的作用是将物理地址转换为IP地址

4．在常用的网络安全策略中，最重要的是（B）。

A．检测　　B．防护　　C．响应　　D．恢复

5．从攻击方式区分攻击类型，可分为被动攻击和主动攻击。被动攻击难以（C），然而（C）这些攻击是可行的；主动攻击难以（C），然后（C）这些攻击是可行的。

A．阻止、检测、阻止、检测

B．检测、阻止、检测、阻止

C．检测、阻止、阻止、检测

D．上面三项都不是

三、简答题

1．电子邮件的安全漏洞有哪些？

答：① 缓存漏洞；② Web信箱漏洞；③ 历史记录漏洞；④ 密码漏洞；⑤ 攻击性代码漏洞。

2．电子邮件安全策略有哪些？

① 选择安全的客户端软件；② 利用防火墙技术；③ 对邮件进行加密；④ 利用病毒杀软件；⑤ 对邮件客户端进行安全配置

3．IP电子欺骗的防范都有哪些？

① 抛弃基于IP地址的信任策略；②进行包过滤；③使用加密方法；④使用随机的初始序列号

4．DNS欺骗攻击原理是什么？

在域名解析过程中，客户端首先以特定的标识（ID）向DNS服务器发送域名查询数据报，在DNS服务器查询之后以相同的ID号给客户端发送域名响应数据报。这里，客户端会将收到的DNS响应数据报的ID和自己发送的查询数据报的ID相比较，两者相匹配，则表明接收到的正是自己等待的数据报；如果不匹配，则丢弃之。

5．什么是VPN？

虚拟专用网络（Virtual Private Network，VPN）指的是在公用网络上建立专用网络的技术。